목재와 문명

차재경 지음

국민대학교 출판부

머 리 말

목재는 인류의 역사와 함께 했고, 인류에게 많은 것을 제공하여 왔다. 하지만 그 중요한 역할들은 잘 알려지지 않고 있다. 돌, 청동기 및 철은 인류 발전에 잠시 기여했지만 재료로서의 목재는 다른 물질에 비해 풍부하고 다양했으며, 쉽게 얻을 수 있었고 필요하면 항상 이용할 수 있어 인류와 함께 했다.

목재를 연료로 사용한 불은 초기인류에게 다양한 음식물의 섭취와 함께 추운 기후 등 지구환경의 변화에 적응할 수 있게 했다. 특히 현대문명에 중요한 에너지원인 석유와 석탄이 연료로 사용되기 전까지 목재는 가장 중요한 자원이었다. 목재의 확보는 국력과도 밀접한 관계가 있어 목재를 충분히 공급할 수 있었을 때 나라가 번영하였고 부족하게 되었을 때 쇠퇴하였다. 특히 목재는 배를 만드는데 철이 사용되기 전까지 중요한 재료로서 역할을 했다. 목재로 만든 배는 교역과 함께 국가의 부와 권력을 나타내는 중요한 도구로서 역할을 했다. 목재의 공급은 주택과 도시의 양식에도 크게 영향을 미쳤다. 주택과 도시는 목재공급이 부족했을 때 목재와 태양에너지를 더 효율적으로 이용할 수 있도록 설계되었다. 20세기에는 콘크리트와 철이 주택, 배 및 다리를 위한 재료로서 목재를 대신하게 되었지만, 많은 지역에서는 아직도 목재가 건물, 다리 및 요트 등 레크리에이션을 위한 배의 재료로 사용되고 있으며, 점차 더 많은 관심을 끌기 시작했다.

목재는 인류의 정신적·문화적인 면에도 크게 기여를 했다. 특히 목재는 가구발달에 기여했다. 다른 동물과 다르게 인간만이 사용하는 가구가 인류사회의 발달과 생활양식의 변화로 형태와 모양이 변하고 발전하는데 목재는 금속이 사용되기 전까지 기여했다. 인류의 정신적인 발달에 또 다른 기여는 음악의 발달을 생각하지 않을 수 없다. 음악의 발달에는 목재로 만든 악기가 크게 기여하였음을 사람들은 잘 알고 있다. 특히 초기인류는 자연에서 발생되는 서로 다른 소리들을 구별하게 되었고, 그와 함께 자신들의 정체성 발견과 감정의 표현 및 전달 수단으로 신호 등을 위해 악기의 조상인 목재로 만든 도구를 사용하게 되었다.

환경친화적이고 갱신가능한 자원인 목재는 다른 모든 재료들이 사라진 미래에도 우리의 삶에 중요한 역할을 할 것이다. 하지만 역사상 가장 위대했고 미래에도 중요한 역할을 할 하나의 물질이 무엇이겠는가? 하고 우리 자신들에게 물어보았을 때 목재라고 대답할 수 있는 사람이 얼마나 되겠는가? 인간생활에서 중요한 공헌을 하여 왔고 후손에게 물려줄 가장 큰 유산인 목재자원을 더 현명하게 이용하고 보존하기 위해서는 목재의 중요성에 대한 사람들의 인식이 필요하다. 이 책은 인류에게 중요한 재료인 목재를 더 잘 이해시키고 진가를 알리기 위해 특정 시기의 사회 · 정치 · 경제적인 조건에서 목재의 역할에 대해 알아보았다. 인간의 신체 등이 변하지 않는다면 과거의 목재이용에 대한 지식이 현재와 미래에도 분명히 도움이 될 것이다. 우리가 현재 사용하고 있는 목재는 미래에도 사람들의 필요에 의해 중요한 역할을 계속할 수 있게 될 것이다. 목재가 중요한 역할을 계속할 수 있도록 역사적으로 극적인 변화를 많이 경험한 서양세계의 발달과 쇠퇴에서 목재의 역할을 마지막 장에 있는 참고자료들에 기초하여 기술하였다.

마지막으로 이 책이 나오도록 도와주신 분들께 감사드립니다. 그동안 어려운 때에도 항상 격려를 하여준 아내인 이 진옥 여사에게 고맙다는 말을 전합니다. 특별히 원고를 처음부터 끝까지 읽고 충고를 아끼지 않은 동서이며 정신과 전문의인 안 병탁 님께도 감사드립니다. 또한 이 책의 그림들을 그려준 김 덕용, 안 정송, 이 호상 군에게 감사드립니다.

차 례

제 1 장 인류 및 문명의 출현과 목재/산림

메소포타미아의 티그리스 강과 유프라테스 강, 이집트의 나일 강, 인디아의 인더스 강 및 중국의 황하 강의 기름진 유역에서 농업의 발달은 많은 사람들이 생활할 수 있게 하였고, 첫 번째 문명이 이들 지역에서 탄생되게 했다. 이들 문명에 대하여 알아보기 전에 이 장에서는 인류의 출현과 발달과정에서 산림과 목재가 어떤 기여를 했는가 알아본다.

1.1. 초기인류와 산림

인류의 출현을 살펴보면, 약 6천만년전 초기 포유류가 탄생했고, 여러 진화과정을 거쳐 사람의 조상이 약 5백만년 전에 출현했다. 진화론자들은 인류의 조상인 호모 사피엔스가 산림에 거주하는 인간과 비슷한 원숭이로부터 진화되었다고 주장하지만 어떤 이유로 직립하게 되었는가는 확실하게 설명하지 못하고 있다. 정설은 초기인류가 기후변화로 인해 산림면적이 감소하여 산림으로부터 넓은 초원으로 이동해야 했고, 새로운 환경에서 음식을 찾기 위해 더 먼 거리를 볼 필요가 있어 두 발을 사용하게 되었다고 한다. 하지만 이와는 또 다른 이유로 진화를 거쳐 직립하게 되었다고 주장하는 학자들도 있다. 이 또한 원숭이로부터 진화하였다는 주장으로 약 500만 년 전에 바닷물이 북동부아프리카의 내륙으로 들어와 원숭이의 수가 크게 감소하였다. 이 때 생존한 원숭이들이 바닷물 속에서 생존을 위해 두 발을 사용하게 되었다고 한다.

초기인류의 직립은 높은 온도에 적응하기 위해서였다고 주장하는 학자들도 있다. 직립은 특히 열대의 넓은 초원에서 햇빛에 직접 노출되는 신체의 면적을 줄이고 시원한 바람에 노출되는 면적을 증가시킬 수 있다. 또한 직립은 두 손을 자유롭게 사용할 수 있어 물건의 운반과 함께 음식물을 저장하고 안전한 지역에서 먹을 수 있도록 하여 초기인류가 동물과 다른 계획적인 생활을 할 수 있게 했다.

인류의 자연환경 변화에 대한 적응

지구에서 자연환경의 변화는 산림면적의 감소와 함께 많은 고대 생물들을 사라지게 했다. 하지만 초기인류는 넓은 열대의 초원과 자연환경의 변화에 잘 적응하였다. 이는 육식동물에 대한 다양한 방어 방법의 개발과 식량을 구하기 위한 집단생활로 가능하였다. 초기인류의 음식물에 동물의 고기가 포함된 것은 인류사회의 조직체 발전에 중요한 역할을 했다. 동물의 고기는 초기인류에게 다른 것으로부터 얻기 어려운 단백질을 공급하는 중요한 음식물이었지만 혼자 사냥을 했을 때 성공할 확률이 적고 불규칙하였다. 하지만 집단에 의한 사냥은 성공 확률을 증가시켜 초기인류를 기아로부터 해방시킬 수 있었다. 적응방법 중에 다른 하나는 식량으로 동물의 고기에 많은 양의 식물자원을 포함시켜 식량부족을 해결했다. 또한 계절적인 환경변화는 건조한 계절에 음식물의 다양성과 양의 감소로 인하여 예전에 사용하지 않은 음식물을 찾게 했다. 이 때 발견한 새로운 음식물들은 나무와 같은 식물의 뿌리와 열매였다.

불의 사용 또한 추운 기후 등 지구의 환경변화에 적응하게 하였다. 목재를 연료로 사용한 불은 음식을 더 나은 맛과 함께 씹고 소화하기 쉽게 만들었으며, 다양한 음식물을 섭취할 수 있게 했다.

소리와 목재

두 손 및 불의 사용과 함께 인류발달에 중요한 것은 소리들을 통해 하나의 개체로서 자신들의 정체성 발견과 감정을 전달할 수 있게 된 것이다. 특히 자연에서 발생되는 소리들은 인류의 발달에 중요한 영향을 미쳤다. 폭포소리, 바람소리, 천둥소리 등의 청각에 의한 경험들은 시각의 사용과 함께 다른 소리들과 구별할 수 있게 하여 주었다. 또한 초기인류는 자연에서 발생되는 소리들을 모방하거나 영혼이나 신이 내는 것으로 종종 생각했다.

오늘날에도 오지에서 사용하는 사람들이 내는 소리들은 고대에도 전달수단으로 사용되었다. 소리들은 전달과정에서 자연환경에 영향을 받고, 특히 산이 많은 지역에서는 장거리에 전파될 수 있는 높은 진동수의 소리들이 더 멀리 전해졌다. 이는 소리로 신호를 보내기 위한 욕망을 불러 일으켰고 높은 진동수의 소리를 내기 위해 목재로 만든 도구를 사용하게 했다.

대부분의 소리는 속이 빈 목재에서 공기를 진동시키는 원리에 기초했다. 자연적인 소리들은 거의 같은 소리를 내지만 도구에 의해 내는 소리는 구멍의 크기와 바람의 세기에 따라 서로 다른 리듬과 멜로디를 만들 수 있다. 다음은 초기 악기의 출현에 대한 시나리오이다. 목재와 나무껍질은 많은 악기의 중요한 구성물로 속이 빈 나무줄기는 북으로 사용되었을 것이다. 또한 원하는 소리를 내기 위해 잘려진 목재는 얇은 막을 가진 북으로 발달했으며, 이후에 북은 모양과 크기가 다양하게 되었다. 여러 길이의 목재 조각들은 실로폰, 캐스터네츠, 딱따기 등의 용도로 사용될 수 있었다. 팬파이프(panpipe)와 같은 악기들은 서로 다른 길이로 대나무 등을 자른 다음 그 크기에 따라 배열하였다. 자연적으로 구멍이 난 돌과 말린 과일, 대나무, 갈대 등 많은 재료들도 여러 길이로 자른 다음에 서로 고정시켜 다양한 소리를 내는데 사용했을 것이다.

소리는 또한 초자연과 초기인류를 연결하기 위한 이상적인 매개체였을 것이다. 초기인류는 나무를 생명이 있고, 신이 쉬는 곳 등으로 다양하게 생각했을 것이다. 그들은 나무를 어루만질 때 내는 다양한 소리를 알게 되었고, 그들의 노력은 속이 빈 나무로부터 마법의 북, 소리가 나는 나무 및 토템기둥을 만들게 했다. 속이 빈 나무줄기는 은신처와 함께 관, 요람 및 전리품을 보관하는 궤 등의 초기 가구로도 이용되었을 것이다.

1.2. 구석기시대와 목재

인류 역사의 첫 번째 시대는 석기시대로 알려져 있다. 인간이 돌로 도구와 연장을 만들어 사용하였지만 목재 또한 선사시대부터 주거용 움막, 땔감, 무기 및 다양한 종류의 도구 재료로 인간생활에 이용되어 왔다. 영국에서 발견된 30만 년 전 것으로 추정되는 목재로 만든 창과 독일에서 발견된 15만 년 전의 것으로 추정되는 주목의 목재로 만든 창이 이러한 사실을 말해 준다. 구석기시대(기원전 2,000,000년~기원전 8,000년) 말기에는 낚시와 화살촉 등과 함께 목재로 만든 연장과 효과적인 교통수단인 카누 등이 개발되었다. 따라서 어떤 학자들은 석기시대를 목재시대라 불러야 한다고 주장한다.

교통수단의 이용

배의 가장 초기 형태는 물에 뜨는 뗏목(그림 1-1)이었을 것이다. 목재는 특히 초기인류들의 강을 건너기 위한 항해에 이바지했을 것이다. 그들은 지각력이 있어 강이나 호수를 건너는 데 바람이 도움이 된다는 것을 알게 되었지만 처음에는 아마 바람과 싸웠을 것이다. 손과 발로 배를 움직이는 방법은 산들바람조차도 방해를 했기 때문에 노를 고안했을 것이다. 곧 이어 초기인류는 아마 나뭇잎이 많이 붙어있는 통나무가 바람에 의해 다른 방향으로 가는 것을 관찰하고, 바람의 힘을 이용하는 것이 좋다는 것을 알게 되었을 것이다. 그들은 떨어지는 나뭇잎과 팔을 벌려 망토를 펼쳤을 때 망토에 대한 바람의 효과를 경험함으로 초기 배의 원리를 알게 되었을 것이다. 바람의 원리를 이용한 배들은 예전보다 위험하고 쉽게 가라앉았지만 더 빨라졌다.

그림 1-1. 통나무 3개를 묶어 만든 통나무 배

구석기인들은 통나무를 파는 개념을 경험을 통해 고안할 수 있었을 것이고, 초기 배의 조상 중에 하나인 통나무를 파내어 만든 배(그림 1-2)는 아직도 직경이 큰 나무가 많은 여러 지역들에서 사용되고 있다. 가장 간단한 양식의 파낸 배는 적당한 크기의 통나무 내부를 불이나 돌로 만든 칼 등으로 파내서 만들었다. 이러한 배는 통나무의 크기에 의해 제한을 받았기 때문에 더 복잡한 배는 큰 직경의 통나무 부족으로 속이 빈 통나무를 쪼개서 만들었다. 또한 파낸 배는 더 다양한 모양으로 만들기 위해 충전제를 첨가하거나 목재를 연하게 하기 위해 뜨거운 물로 속이 빈 통나무를 채운 다음 양 측면을 강제로 외부를 향해 밀어서 만들었다. 배는 더 항해에 적합하게 되었고, 더 많은 물건의 운반을 위해 사람들은 속이 빈 통나무를 기초로 다양한 형태와 기능을 가진 배를 만들었다.

그림 1-2. 통나무를 파내어 만든 배

목재를 이용한 또 다른 중요한 발견은 다리이다. 선사시대에는 주변에서 얻을 수 있는 재료를 사용하여 다리를 만들었고, 목재가 인간에 의해 다리를 건설하는데 사용된 최초의 재료였을 것이다. 아마 수로를 가로질러 넘어진 나무가 최초의 다리였을 것으로 추측된다. 하지만 최초로 인간에 의해 만들어진 다리는 구석기인들에 의해 기원전 15,000년경 돌도끼로 넘어뜨린 나무로 만들어졌을 것으로 추정된다.

구석기시대 초기

인류는 수십만 년 동안 음식물을 사냥과 채집에 의지했다. 구석기인들은 주변 환경과 밀접한 관계를 가졌고, 사냥할 동물과 먹을 수 있는 식물이 어느 것인지 알게 되었다. 하지만 농작물을 재배하고 동물을 기르는 것은 알지 못했기 때문에 산림으로부터 과일, 야생의 곡식 및 식물을 채집하였고, 동물을 사냥하여 음식물로 사용했다.

동물의 사냥과 야생식물의 채집은 인류에게 어떤 생활양식을 갖도록 했다. 인류학자들은 구석기시대의 사회구조를 20~30명의 작은 집단이었을 것이라 한다. 이들은 같이 살며 동물의 이동과 식물의 생육주기에 따라 이동하는 유목생활로 자연과 긴밀한 관계를 유지했다. 구석기인들은 걸어서 이동할 수 있는 거리 안에서 음식물을 구할 수 없게 되었을 때 다른 지역으로 이동했다. 사냥은 동물의 행동 관찰에 의지했고 집단의 노력이 요구되었다. 집단의 노력은 목재와 동물의 뼈로 만든 창의 고안으로 사냥의 효율을 증대시켰다. 이 시기에 몇몇 큰 동물에 대한 사냥은 집단들 사이에 협력에 의해 이루어져 경쟁의 필요성을 감소시켰고, 한 지역 안에서 거주하는 사람들의 수도 크게 증가시켰다.

주택은 단순한 거처로 크기가 작고, 주거지 근처에서 수집한 목재 등으로 매우 짧은 시간에 설치했으며, 기술이 발달되지 않아 가장 기본적인 형태로 만들었다. 여자들은 풀을 모았고, 근처의 나무로부터 가지들을 잘라 땅에 세웠다. 가지들은 기본적인 뼈대 구조를 만들기 위해 활 모양으로 휜 다음 강한 줄로 묶었다. 풀로 덮은 거처는 그림 1-3과 같이 보통 하나의 큰 나무 아래에 위치했다. 원형의 거처는 창문, 연기 구멍 및 문이 없이 출입구만 있었다. 주택의 낮은 내부는 특정 용도로 공간이 나누어지지 않았다. 주거지는 보통 음식물을 쉽게 확보할 수 있는 지역으로 동물에 의해 방해받지 않도록 물웅덩이로부터 멀리 떨어지게 했다. 추운 지역에 사는 구석기인들은 동굴을 거처로 사용했다. 동굴은 아치형 출입구를 가지고 있었고, 벽들은 장식하였지만 모양은 바꾸지 않았다.

그림 1-3. 구석기시대 초기의 주택

구석기시대 초기에는 여성과 남성 모두에게 가장 중요한 일은 음식을 구하는 것이었다. 여성은 어린아이를 낳고 돌보았기 때문에 일반적으로 주거지와 가까운 곳에서 과일 등 음식물을 채집하였다. 남성의 일은 야생동물을 사냥하는 등 주거지에서 멀리 떨어진 장소에서 이루어졌다. 남성과 여성 모두가 집단의 생존을 위해 중요한 역할을 하였기 때문에 학자들은 남성과 여성이 동등한 지위에 있었고, 중요한 결정도 함께 했다고 한다.

구석기시대 중기

구석기인들은 사냥꾼이나 어부로서의 삶에 익숙해지게 되었다. 거처는 한 두 시간 내에 설치되었지만 예전보다 사용기간이 늘어났다. 사회구조도 발전되었으나 생활방식은 예전과 크게 다르지 않았다. 그들은 여러 재료의 기본 특성들을 알게 되었고, 복잡한 도구들을 만들어 효과적으로 이용했다. 인간은 도구를 지혜롭게 사용할 줄 안다는 면에서 다른 동물들과 차이가 있다. 인류가 최초로 사용했던 도구의 재료는 돌과 주위에서 쉽게 구할 수 있는 목재를 가장 먼저 꼽을 수 있다. 점차 그들은 은신처, 옷 및 탈것들을 만드는데 여러 재료들을 함께 사용했고, 주거 형태는 크게 변화하여 기후 조절기능이 더 세련되고 면적과 내부의 높이가 예전보다 크고 높아졌다. 내부는 불을 사용하여 요리하는 장소와 잠자는 장소 등으로 나뉘었다. 거처의 재료들 중에 일부는 새로운 지역으로 이동할 때 운반하여 재사용하였다. 또한 거처는 예전의 형태와 비교하여 매우 다양하게 되었지만 예전과 같은 원형의 평면에 둥근 천장이나 원뿔 모양의 지붕으로 간단한 형태였다. 목재로 만든 뼈대가 둥근 천장을 지지하기 위해 사용됐다. 원뿔형 주택은 목재로 삼각형이나 사각형 모양으로 만든 뼈대가 지붕을 지지했다. 지붕의 덮개는 동물의 가죽이나 자작나무 껍질 등과 같은 나무 껍질을 사용했다.

구석기시대 말기

구석기시대 말기에 지구의 총 인구는 천만 명을 넘지 않았다. 사회의 기본단위는 가족이었고, 일상적인 일은 곡식과 열매를 채집하고 적의 공격으로부터 가족을 보호하는 것이었다. 남자는 사냥을 하고, 물고기를 잡고, 무기와 연장을 만들며, 이웃들과 전쟁을 했다. 여자는 야생의 곡식과 과일을 모았고, 음식을 요리하며, 아이들을 돌보았다.

열대림 지역 화전민들의 삶이 큰 공동사회를 형성하는데 기여했다. 비가 적은 지역과 다르게 열대림은 음식물을 찾기 위해 잦은 이주가 필요없어 초기 농업기술의 발달과 함께 큰 공동사회를 형성할 수 있게 했다. 이들은 사냥, 낚시 및 곡식의 채집과 함께 화전에 농작물을 재배했다. 농작물의 재배는 길들여진 동물이 없어 도끼, 칼 및 땅을 파기 위한 나무토막 등과 같은 도구와 인간의 노동력만이 사용되었다. 잦은 비는 거의 일년 내내 농작물을 자라게 했으나 과도한 양분의 흡수로 토양을 척박하게 했고, 그로인해 발생된 농작물의 수확 감소는 화전민들을 주기적으로 다른 지역에 이주하게 했다. 하지만 그들은 예전보다 거주지를 덜 이동하였기 때문에 개인 재산의 종류, 수 및 주택 형태에 변화를 가져왔다. 또한 거주자 수의 증가는 주택을 예전의 원형 평면으로부터 원형의 건물을 따라 경계를 고리 모양으로 연결하게 했고, 타원형이나 직사각형으로도 확장시켰다. 이들 주택은 그림 1-4와 같이 산림에 위치한 큰 건초가리를 닮았다.

주택의 또 다른 형태는 대부분의 시간을 초원에서 보냈던 유목민의 이동식 천막이다. 이동식 천막은 목재로 만든 뼈대에 동물가죽을 덮어 만들었다. 재료들은 쉽게 운반할 수 있는 가벼운 것들이었고, 기후와 부족사회의 생활양식이 주로 주택의 건축 방법, 구조 및 모양을 결정하게 했다. 대부분의 구조는 크기의 제한을 받아 상대적으로 작은 공간들을 거주자들의 필요에 따라 분리하고, 배치했다.

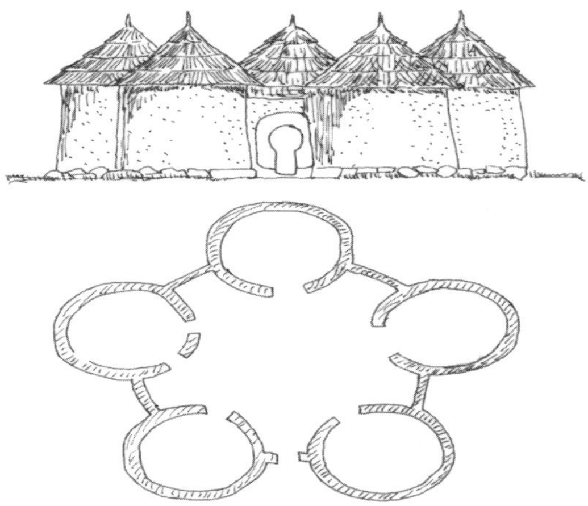

그림 1-4. 구석기시대 말기의 군집 주거형태

구석기시대 말에는 사회적 특성으로 가장 재능이 있는 사냥꾼과 연장자의 명령에 복종하고 초자연에 대한 종교의식을 가졌으며, 그로인해 초기 지배계급이 출현했다. 또한 풍요로운 삶과 함께 음악 등의 비물질적인 것에 대한 중요성은 인식했지만 가장 기본적인 도시의 특성은 아직 부족했다.

1.3. 신석기시대 및 농경사회의 시작과 목재

기원전 8천 년경에 일어난 중요한 변화는 무엇보다 곡식과 과일등의 채집과 사냥으로부터 체계적인 농업으로의 발전이다. 사냥과 곡식의 채집으로부터 생존을 위한 농작물의 재배는 식량을 규칙적으로 제공받게 하여 주었다. 다음은 농업의 시작에 대한 시나리오이다. 산림의 파괴로 사냥이 점차 어렵게 되자 여자와 아이들은 식량을 찾아 헤매야 했고, 산림에서 자라던 씨앗을 초원에서도 발견하게 되었다. 이들 씨앗은 먹기에 좋았고, 다른 초원에서도 찾을 수 있었으며, 이들 씨앗이 싹이 트고 다음 해에도 초원에서 자라나는 것을 관찰하게 되었다. 각자가 초원에서 밀 등을 재배하면서 수백 명씩 집단으로 거주가 가능하게 되었다. 점차 집단의 크기가 커지면서 더 많은 식량생산을 위해 인류는 도구가 필요하게 되었고, 또 다른 비옥한 땅을 위해 산림을 태웠다.

어떤 학자들은 농작물의 재배와 동물의 사육을 최초의 혁명인 농업혁명이라 부른다. 혁명적인 변화는 극적이고 많은 노력이 요구되었고, 규칙적이고 더 많은 식량의 확보를 위해 산림을 더 크게 파괴하였으며, 유목민으로서 삶을 포기하고 정착사회에 거주를 시작하게 했다. 인류 역사에서 이 혁명의 영향은 대부분의 초기 농업사회들이 음식물의 호구지책 수준에 머물렀음에도 산업혁명만큼 의미가 크다. 사람들은 식물과 동물을 직접 기르고 관리를 통해 소유라는 개념을 알게 됐다. 그들이 소유한 땅은 예전에 생활했던 땅과 비교하여 매우 작았다. 작은 땅과 큰 땅 소유자들 사이에 계급 차이가 나타났으나 사회구조에는 적게 영향을 미쳤다. 농부는 안정적인 농작물 수확을 위해 선별한 씨앗을 뿌리고 재배했다. 경험으로 얻은 지식을 통하여 농부들은 농작물 재배를 위한 일상적인 일을 가지게 되었다. 그들은 생산이 되지 않는 기간과 다음해 씨앗을 뿌리기 위해 식량의 일부를 비축해야 했다. 학자들은 체계적인 농업이 처음 어느 지역에서 시작되었는지 확신하지는 못한다. 하지만 기원전 8,000년에서 7,000년 사이에 세계의 4개 지역에서 각각 독립적으로 발전했을 것으로 믿는다. 이들 지역은 각각 서로 다른 식물을 재배했다. 밀, 보리 등은 근동, 남부아시아에서는 쌀, 수수 및 고구마, 아프리카는 콩과 감자, 중앙아메리카에서 옥수수를 재배했다.

재배된 곡식의 저장은 더 많은 사람들이 주어진 지역에 살 수 있게 했고, 주택의 더 많은 집중이 이루어져 촌락 형태로 발전되었다. 주택은 더 오랫동안 사용이 예상되어 집을 짓는데 더 많은 주의와 노력을 하게 했다. 그 결과로 건물은 유목생활의 주택보다 더 내구력이 있게 되었다. 기본 주거형태는 둥근 모서리들과 안장 형태의 지붕을 가진 직사각형의 주택 및 원뿔형의 풀로 이은 지붕을 가진 원통형 오두막이었다. 가장 간단한 형태의 주택은 오직 하나의 방을 가지고 있었다. 복잡한 형태는 일부다처나 부모의 가족과 자식의 가족이 함께 생활했다. 농부들은 점차 큰 집단적 거주 형태를 채택했고, 저장 시설과 함께 다른 보조의 건물인 요리를 위한 공간, 가축의 축사 및 제단을 위한 공공건물이 모습을 나타냈다.

신석기시대(기원전 8,000년~기원전 4,000년)의 농업혁명을 통하여 사람들은 촌락에 정착하였고, 직업이 전문화되기 시작하였다. 흙으로 만든 토기는 딱딱하게 하기 위해 불로 구웠고, 식량을 보관하는데 사용되었다. 바구니도 저장하는데 사용되었다. 체계화된 사회는 식량 및 생필품의 저장과 함께 교역을 시작했고, 인접 지역과 초과 생산된 물건의 교역이 중요한 교통기관을 발달시켰다. 큰 동물은 물건을 나르는데 이용되었고, 나무껍질과 동물가죽이 배를 만드는데 이용되었다. 나무껍질로 만든 배(그림 1-5)들은 현재도 이용되고 있는 북아메리카 인디안 부족들의 전통적인 선박이다. 목재로 만든 보트들의 대부분은 철물에 의한 결합이 없이 단지 산림에서 수집한 재료로 지역에 따라 여러 모양으로 만들어졌다. 배를 만들기 위한 연장으로는 나무로부터 수피를 제거하기 위한 목재로 만든 끌, 통나무로부터 판재나 뼈대를 만들기 위한 톱 및 이음매의 구멍을 뚫기 위해 돌로 만든 송곳 등이 필요했을 것이다. 나무껍질로 만든 배는 수로를 따라 물건들을 운반하기에 충분했다. 배는 자작나무목재로도 만들었고, 선수, 내부 판재, 늑재 및 가로대를 고정하기 위해 이음매들은 가문비나무 뿌리를 줄로 사용했다. 목재로 만든 죔쇠도 배의 앞면을 고정시키기 위해 사용되었을 것이다. 또한 접합부들은 산림에서 쉽게 구할 수 있는 로진 등과 같은 밀폐제로 물이 스며들지 않게 했을 것이다. 그림 1-6과 같은 동물 가죽을 이용한 배는 가벼운 목재로 뼈대를 만든 다음 동물 가죽을 씌워 고정시켰다.

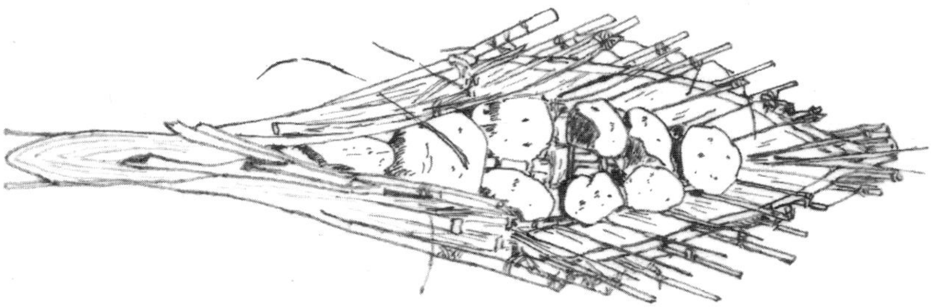

그림 1-5. 나무껍질로 만든 배

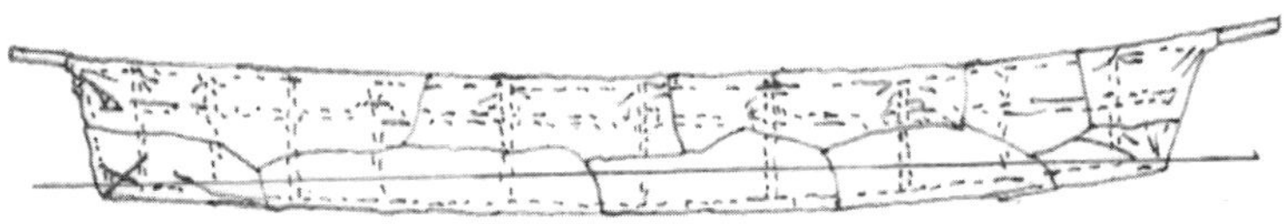

그림 1-6. 목재로 만든 뼈대 위에 동물의 가죽을 덮어 만든 배

신석기시대의 체계적인 농업은 남성과 여성의 역할에 중요한 변화를 가져왔다. 남성은 들에서 하는 일과 동물을 돌보는 일에 주로 책임이 있었으며, 여성은 어린아이를 돌보고, 우유로 치즈를 만드는 일 등에 종사했다. 시간이 지나면서 집밖에서 하는 일이 집안에서 하는 일보다 더 중요하게 인식되어 남성이 사회에서 더 지배적인 역할을 하게 되었다.

1.4. 문명의 발생

인류는 사회가 더 커지고 복잡하게 되므로 새로운 형태 즉 문명을 탄생시켰다. 이제까지 문명의 기원에 대해 많은 주장들이 있었다. 많은 주장들 중에 하나는 도전과 응전의 지속 이론으로 도전이 인류를 노력하게 하였고, 그 결과로 문명이 발생되었다고 한다. 어떤 학자는 재료적 측면에서 주장하였다. 즉, 식량의 초과생산 등이 직업의 전문화와 계급체계의 출현을 가능하게 하였다고 한다. 또한 메소포타미아문명이 출현한 퍼타일 크레슨트 지역은 농업이 자연적으로 이루어지지 않고, 인간의 많은 노력이 물을 관리할 수 있게 했으며, 풍족한 식량을 생산하기 위한 조직과 지배체계의 필요성이 문명도시를 만들었다고 한다. 어떤 학자들은 종교적인 힘에 의해 문명을 만들었다고도 생각한다.

농산물의 초과생산은 또한 인력보다 다른 동력원을 사용한 복잡한 도구들의 도움으로 이루어졌다. 장거리에 위치한 시장에 농산물 운반의 필요성은 운송체계를 발달시켰다. 또한 농업의 발달은 토지의 사용방법과 시장 경제의 발달 및 인구밀도를 증가시켰고, 식량 생산에 필요 없는 사람들이 다른 일에 전념할 수 있게 했다.

직업의 전문화는 주택에서 지붕의 경사, 처마의 돌출 및 창문의 모양과 크기를 지역의 기후에 따라 다양하게 하였고, 기술의 발전으로 더 정교하게 했다. 주택은 전보다 더 공간이 넓었고, 보통 방이 여러 개였으며 각각의 기능을 가지고 있었다. 농업의 발달로 인구는 빠르게 증가하였고, 농경사회가 시작될 때 5백만 명이었던 것이 약 3,000년 전 철기시대 초기에는 1억2천만 명에 이르게 되었다. 인구가 증가하면서 산림은 새로운 경제원리에 의해 파괴되고 농경지가 되었다. 처음에는 농업이 산림을 매우 느린 속도로 파괴하였으나 인구가 증가하면서 산림의 파괴는 더욱 빨라지게 되었다.

제 2 장 고대문명과 목재

중요한 고대문명들은 기원전 5,000에서 서기 200년 사이에 주로 출현했다. 초기 고대문명들은 기름진 충적토로 이루어진 큰 강들의 유역에 형성된 농업사회로부터 발전되었다. 기름진 강들의 유역은 농산물을 초과 생산하였고, 강들은 운송 및 왕래를 편리하게 하였다. 또한 강 유역의 측면에 있는 사막들과 산맥은 이웃 부족들의 침입에 방어수단으로 제공되었다. 고대문명들은 농업으로부터 얻은 부로 도시를 만들었고, 도시인구는 전체 인구에 비해 매우 적었으며, 도시의 발달은 매우 느리게 진행되었다. 정신적으로나 물질적으로 도시거주에 대한 적응 또한 서서히 이루어졌고, 고대문명들에 의해 절정에 이르게 됐다. 이 시기는 목재 및 환경을 이용하면서 번영하였으나, 문명의 번영과 함께 많은 목재 자원 및 환경이 파괴되었다.

2.1 고대도시와 문명

고대도시는 문명발달에 중요한 추진력이었다. 소포클레스는 인류의 가장 큰 재능이 '언어, 바람같이 빠른 사고력 및 도시 거주습성' 이라 했다. 약 10,000년 전에 처음 나타난 도시는 인류의 에너지를 극대화하여 자연을 지배하고, 사람들 사이의 접촉에 의해 다양성을 제공하므로 이해력을 풍부하게 하였으며, 과학과 예술 등 모든 분야에서 창조성을 자극했다. 도시의 출현은 모든 면에서 인간능력의 큰 발전을 가져왔고, 인적자원의 동원 및 장거리 운송을 마음대로 할 수 있어 토목공사의 발전과 농업생산성의 큰 증가를 가져왔다. 동시에 도시는 항상 인류의 역사에서 극단적으로 위치하여 문명의 많은 어두운 특징, 즉 환경의 약탈, 정부와 군대의 경제적 착취 및 전쟁의 원인을 제공하기도 했다.

인간들은 토지에 물을 공급하고 홍수를 조절하기 위한 계획을 실천하기 위해 조직화되었다. 직업의 분화가 일어났고, 특히 상인계급 등이 출현했다.

왕과 성직자는 무덤, 사원 및 궁전을 건설하기 위한 건축기술의 발전에 기여했다. 하지만 도시와 농촌은 서로 분리될 수 없었다. 서기 1800년경에도 5,000명 이상 되는 도시들에 거주하는 인구는 전 세계적으로 3%정도였다. 문명의 발달시기에 대부분의 사람들이 농촌에 거주했고, 도시는 식량과 원료를 농촌으로부터 제공받아 문명을 이루었으며, 종교적, 행정적, 법적 및 상업적 서비스의 제공자였다. 종종 도시는 경제적인 부를 착취하기 위해 군대를 이용하였고, 다른 지역의 자원을 이용하기 위해 환경을 파괴했다.

2.2 근동지역의 고대문명

청동기시대(기원전 4,000~2,500)에는 근동지역에서 그들 사회의 경제를 완전히 변화시킨 많은 발견과 발명이 이루어졌다. 기술의 발전은 바퀴의 사용, 쟁기의 고안, 배의 설계 등이 있었고, 기원전 4,000년경에는 구리와 주석의 합금인 청동을 생산했다. 청동은 강했고, 모든 종류의 도구, 특히 무기 등에 효과적이었다. 가죽이나 금속으로 목재를 연결하여 만든 2개 혹은 4개의 바퀴가 있는 마차는 기원전 3,000년경에 근동지역에서 널리 사용하였고, 물건과 사람의 이동에 썰매나 롤러보다 효과적이었다. 바퀴를 사용한 마차는 염소, 당나귀 등이 끌었으며, 무거운 것은 황소가 끌었다. 또한 쟁기는 동물이 끌고 사람에 의해 조정되는 방법이 근동지역에서 기원전 3,000년경에 사용되었다. 이는 한 가족에 의해 효과적으로 농사를 지을 수 있게 했고, 수확량을 크게 증가시켰다. 바퀴는 토기의 제작에도 응용되고 많은 원형 그릇을 만들 수 있게 하여 새로운 교역품의 탄생과 함께 새로운 직업들이 만들어지게 했다.

같은 시기에 바람이 바다에서 배에 이용되었다. 기원전 3,000년경에 나일 강 등에서 돛단배가 사용되었고, 목수의 정교한 기술은 더 큰 배의 제작을 가능하게 하였다. 강을 따라 많은 물건을 운반할 수 있는 능력은 장거리 교역으로 발전되었고, 목수와 배를 만드는 직업이 생겨나게 했다. 이 시기에 이집트의 나일 강 및 메소포타미아의 티그리스 강과 유프라테스 강 유역에서 문명이 탄생되었다.

2.2.1. 메소포타미아문명

메소포타미아는 그리스어로 '강 사이에' 라는 뜻이나 일반적으로 티그리스 강과 유프라테스 강의 유역들과 전체 평원을 나타내는데 사용되고 있다. 평원은 동쪽과 북쪽의 산맥에 의해 경계를 이루고 있다. 서부와 남부 지역에는 시리아사막과 아라비아사막이 위치하고 있다. 매년 두 큰 강은 북쪽에 위치한 산맥의 눈이 녹은 물로 넘치게 되었고, 불어난 강물은 평원의 기름진 충적토층이 페르시아 만까지 확장되게 했다. 또한 이 지역은 보리와 밀이 야생으로 자라 농업을 기원전 8,000년경에 시작할 수 있었다. 선사시대의 농업사회는 사냥-음식물 채집과 초기 농업사회 사이의 경계선에 가까웠다. 기원전 4,000년 이전에 메소포타미아는 잉여 농산물에 의한 농업경제를 이룩했다. 기원전 3,500년과 기원전 3,000년 사이에 물고기 및 야생동물이 풍부한 삼각주는 3개 지역(그림 2-1)으로 나뉘어졌다. 정착민들은 인류에게 알려진 첫 번째 문명인 수메르의 도시국가 건설을 가능하게 했고, 수메르의 북쪽에 위치한 두 강의 사이에 평원은 홍수가 적었지만 강수량과 관개에 의해 기름지게 되었다. 이 지역은 처음에는 아카드로 알려졌고, 후에 바빌로니아로 불렸다. 셈족이 기원전 2,000년경에 정복하여 바빌론이라는 새로운 도시를 만들었다. 세 번째 지역은 아시리아로 바빌로니아 북쪽으로부터 토러스산맥에 걸쳐 위치했다. 언덕들은 주위의 산맥으로부터 흘러내리는 많은 시내들에 의해 물이 공급되었다. 아시리아는 기원전 8세기와 7세기 사이에 메소포타미아 전체를 정복하여 메소포타미아문명을 북쪽으로 이동시켰다.

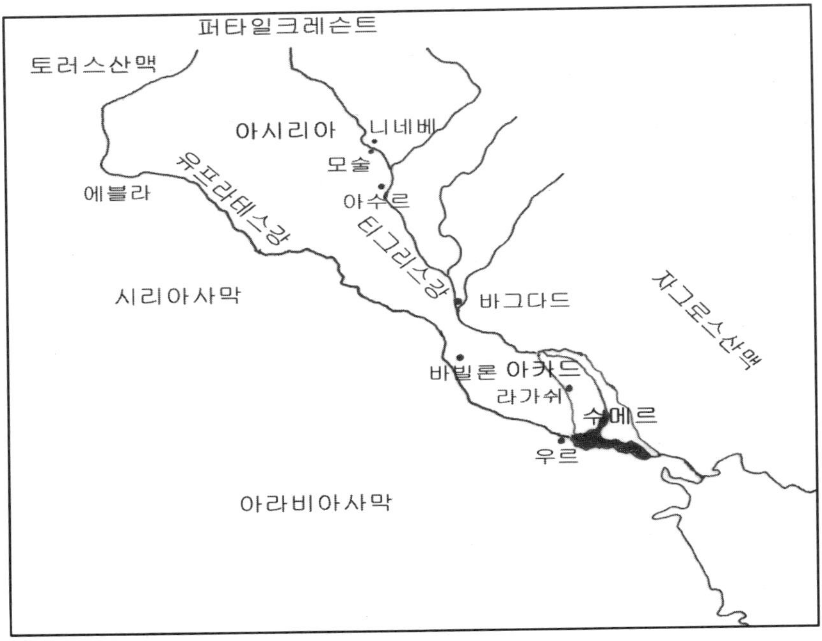

그림 2-1. 고대 메소포타미아

가 구

메소포타미아의 가구에 대한 정보는 유물보다 예술작품에 의존하고 있다. 원통형 도장 등에 새겨진 양각세공들은 가구들의 실례를 보여준다. 이들은 사용된 재료와 구조에 대한 상세한 정보를 제공하지는 못하지만 이들을 통해 가구가 사용된 사회의 배경을 종종 알 수 있다. 예로 의자는 존경을 표시하는 기능이 고대이집트에서보다 더 강조되고 있다는 사실을 알 수 있다. 고대이집트 왕의 무덤에서 발견된 그림은 모든 사람이 앉아 있다. 하지만 메소포타미아의 양각세공(그림 2-2)은 왕궁의 정원에서 연회를 하고 있는 모습을 보여주고 있고, 앉아 있는 사람이 왕이나 신이며, 다른 사람들은 모두 서 있다. 침대는 잠잘 때와 음식을 먹을 때 눕기 위한 용도로 사용되었을 것이다. 왕은 옆에 테이블이 놓인 높은 침대에 기대고 있는 반면에 왕비는 발들을 걸상 위에 놓고 안락의자에 앉아 있다.

그림 2-2. 아시리아의 양각세공

악 기

선사시대와 원시문명으로부터 더 높은 수준의 문명으로 발전은 악기가 예술 및 연회에 사용되게 했다. 도시에서 직업 및 계급의 분화는 직업적인 가수 및 음악가들을 만들었다. 이 시점부터 악기는 두 종류인 대중악기와 전문적인 예술가들이 사용하는 악기로 나뉘었다. 후자는 더 큰 음악적 효과와 더 쉽게 다룰 수 있도록 발전되었다.

매우 적은 수의 악기들이 메소포타미아에서 발굴되었다. 이들 중에 대부분은 우르에 있는 왕들의 묘지에서 발견되었고, 많은 연주자들과 음악적인 장면들을 묘사하는 3,000년 이상 되는 쪽매붙임, 인장 및 양각세공 등이 있다. 기원전 2,800년경 이전의 우르 인장에는 한 쌍의 딱따기를 연주하는 모습을 보여주고 있다. 딱따기 이상으로 흥미로운 것은 시스트럼이다. 시스트럼은 그림 2-3과 같이 흔들 때 소리를 내는 움직이는 방울들과 가로대가 있는 U자 형태의 박차 모양을 했다. 심벌들은 아시리아에서 기원전 7세기에 나타난다. 이들은 두 형태들이 있으며, 하나의 형태는 수평으로 위치시키고 수직으로 가볍게 쳤다. 다른 형태는 수직으로 위치시키고 수평으로 쳤다. 속이 비고 내부에 조약돌을 넣은 딸랑이가 또한 발견되었다.

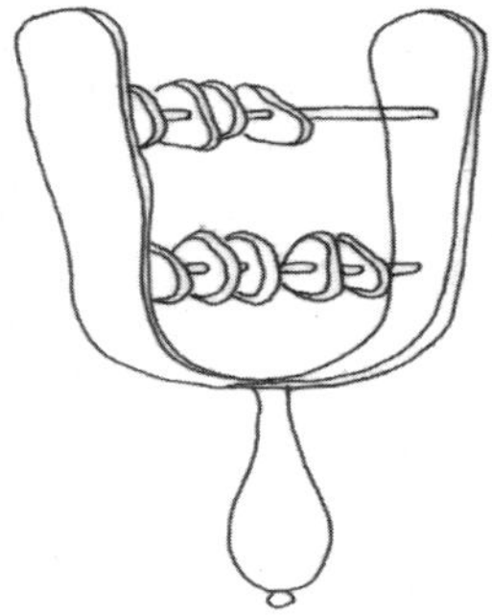

그림 2-3. 시스트럼

관악기들은 다른 취주악기들처럼 드물게 묘사되었다. 플루트는 기원전 2,600년경 의식용 음악에 소개되었다. 메소포타미아의 음악적인 장면들에 묘사된 관악기들의 일부는 갈대로 만든 것들이 확실하다. 트럼펫은 군인들이 연주했고, 아시리아의 서사시에 묘사되고 있다. 메소포타미아 예술작품에서 보이는 북들은 얇은 프레임형 북과 수평으로 잡는 작은 원통형 북, 긴 다리가 있는 북 및 수직으로 운반하며 양손으로 치는 작은 북이 있다. 또한 한 측면이 땅에 놓이는 거대한 북은 연주자의 목이나 얼굴까지 이르러 1.5m~1.8m에 달했고, 두 사람이 동시에 쳤다. 북은 액막이, 예언 및 신을 위해 사원에서 사용되었다. 또 다른 거대한 북은 폭이 1m 정도로 두 사람은 치고 땅에 놓는 대신 또 다른 한 사람이 운반할 수 있도록 가벼웠다. 아시리아사람들은 30cm 높이의 작은 원통이거나 재봉용 골무 모양의 북을 연주자의 벨트에 수직으로 매달고 맨손으로 쳤다.

수금(그림 2-4)은 수메르 예술품에 기원전 3,000년경 처음 묘사된다. 수금은 앉아 있는 남자보다 더 높고 땅에 수직으로 놓였으며, 운반할 때조차 수직으로 했다. 모든 수금은 테의 더 짧은 부분을 연주자 가까이에 놓고, 더 긴 부분이 연주자로부터 멀리 위치하게 했다. 줄은 8개나 11개로 가로대를 둘러싸 휘감았고, 작은 목재조각으로 된 쐐기에 의해 단단히 고정되었으며, 양손으로 뜯었다.

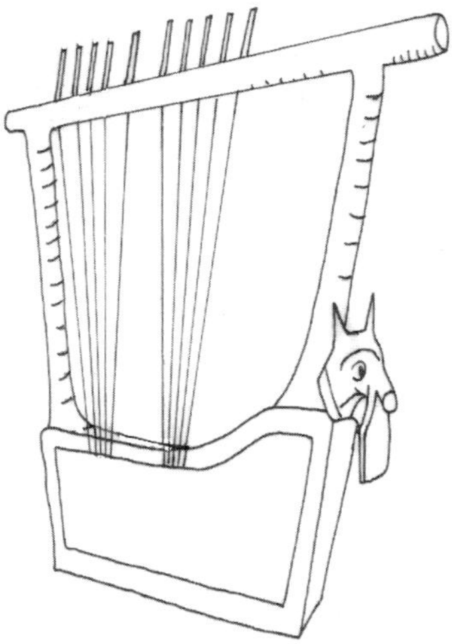

그림 2-4. 목재로 만든 수메르의 수금

메소포타미아 하프들은 너무 많고 다양하여 분류하기가 어렵지만 두 중요한 아치형과 각진 형태를 가지고 있었다. 아치형 하프는 본체의 한 끝을 곡선 모양의 잘록한 부분으로 길게 연결하여 아치를 형성했다. 각진 하프는 본체와 잘록한 부분이 각을 형성했다. 류트(그림 2-5)는 바이올린을 포함한 현대 현악기의 가장 가까운 조상으로 기원전 2,000년경부터 메소포타미아의 인장 및 장식판 등에 처음 나타난다. 그들은 매우 작은 본체와 많은 격자세공들이 있는 긴 잘록한 부분 및 줄 조리개 없이 고정된 두 줄을 가지고 있었다.

수메르의 도시국가(기원전 3,000~기원전 2,340)

메소포타미아문명은 수메르사람에 의해 시작되었다. 수메르사람들의 기원은 잘 알려져 있지 않다. 하지만 수메르사람들은 북쪽 계곡에 거주한 셈족과 완전히 다른 언어를 사용했고, 아마 기원전 3,500년경 이후 산기슭의 인구 초과로 삼각주로 이동했을 것이다. 티그리스 강과 유프라테스 강 유역은 초원으로 수자원이 풍부하여 메소포타미아와 수메르문명의 발달에 이상적인 조건들을 제공했다. 하지만 처음에는 작은 농촌을 이루었고, 많은 식량 생산과 함께 매년 발생되는 홍수를 막기 위한 수로와 둑을 만들기 위해 많은 사람이 필요하게 되었다. 수로를 설계하고, 토지와 물, 식량의 분배를 위해 정치적인 통제와 함께 이를 해결하기 위해 공동사회를 형성하였다. 또한 항해할 수 있는 강이 삼각주를 통과하여 페르시아만과 함께 무역과 왕래를 촉진했다. 특히 북동쪽에 위치한 자그로스산맥과 남서쪽의 아라비아사막은 메소포타미아를 적어도 유목 부족들이 말을 길들이기 전까지 그들의 침입으로부터 보호했다.

그림 2-5. 메소포타미아의 류트

창의력이 풍부하고 잘 체계화된 노동의 분업을 익힌 수메르사람들은 기원전 3,000년경에 남부메소포타미아에 수메르문명의 기본단위인 우르, 우룩, 움마 및 라가쉬 등 독립된 도시들을 건설하였고, 도시들이 확장됨으로 주변지역들을 경제·정치적으로 통치하기 시작했다. 도시는 신의 이름으로 정치·경제적 문제들을 조정하는 성직자와 관료가 있었고, 많은 신들이 수메르에 있었다. 기원전 3,000년경 이후에는 도시들 사이에 전쟁이 자주 일어나

군사적 지도력이 필요하게 되었다. 군대의 지도자는 왕이 되고, 신과 성직자 사이의 중간계급으로 가정된다. 따라서 왕과 성직자는 상위계급에 속했다. 또한 거대한 공공사업을 계획하기 위해 가장 초기 형태의 글씨와 수학을 발전시켰다. 이는 십진법과 1분은 60초, 1시간은 60분으로 하고 원의 각도를 360도로 하는 60에 기초한 체계를 고안했고, 2차 방정식도 사용했다. 그들은 또한 최초로 성문법과 종교적 • 농업적 목적으로 하루를 24시간, 한 주를 7일로 하는 태음력을 만들었다. 수메르사람들은 경제가치의 표준으로 금과 은을 최초로 사용했고, 사업계약서를 만들었으며, 신용체계를 도입했다. 그들은 단순한 토기를 사용했으나, 금과 은으로 만든 장신구는 섬세했다. 그들은 또한 구리 등의 금속을 장식용으로 만들어 사용했다.

도시건설과 주택

수메르 도시들은 이웃 농촌들로부터 음식물을 공급받았다. 중요 농산물은 보리, 밀과 대추야자 열매였다. 씨족사회로 구성되고 많은 진흙 벽돌로 만든 농촌마을들이 도시 주변지역에 흩어져 있었다. 사람들은 기름진 충적토양에 관개수로를 이용하여 물을 공급했다. 가장 부유하고 큰 수메르 도시들 중에 하나인 우룩은 기원전 3,000년경에 146개 이상의 도시 밖에 있는 마을들에 의해 둘러싸였다. 기원전 3,000년과 2,700년 사이에 농촌마을 주민들이 발전하는 도시들에 유입되어 마을의 수는 감소했다.

수메르 도시들은 성벽으로 둘러싸였다. 예로 우룩은 9~10미터마다 방어용 탑이 있는 성벽에 의해 약 4km^{2}가 둘러싸여 있었다. 성벽은 도시와 농촌 사이의 단순한 경계선 이상이었다. 적들을 감시하는 것과 함께 성벽들과 출입문들의 거대함은 도시의 방문객들을 감동시켰다. 도시는 진흙이 풍부하여 진흙으로 만든 벽돌로 건설되었고, 돌이나 목재는 건축 목적으로는 적게 이용되었다. 손으로 쉽게 진흙으로 만든 건축용 벽돌은 딱딱해질 때까지 햇빛에 말렸다. 수메르사람들은 진흙으로 만든 벽돌로 창의성을 발휘하여 둥근 지붕과 아치를 고안했다. 진흙으로 만든 벽돌은 현재에도 이 지역의 농촌에서 사용되고 있다.

거리와 외부세계를 향한 창문이 없는 서민주택들은 도시의 중앙에 위치한 광장 주위로 세워졌다. 전형적인 도시주택(그림 2-6)은 중앙의 안뜰 주위로 방이 위치했다. 안뜰은 모든 생활 및 작업 공간과 연결되었다. 계단은 보통 출입구 가까이에 위치하여 위층이나 지붕에 연결되었다. 응접실, 부엌 및 다른 보조의 방들은 안뜰을 향하였다. 주택의 이러한 기본 특성은 6,000년 이상 존속해 왔으며, 오늘날에도 이라크에 있는 바그다드의 전통주택은 고대주택의 모든 본래 요소들을 가지고 있다. 주택은 거리로부터 발생되는 소음을 막았고, 약탈자 및 매우 뜨거운 햇빛으로부터 보호했다. 대부분의 주택들은 출입구가 좁은 길에 있었다. 가난하고 부유한 사람들이 소유한 작고 큰 주택들이 같은 지역에 섞여 있었으나 그들의 기본 특징은 중앙의 안뜰과 보호된 출입구를 가진 것이 일반적이었다. 실지로 가난하고 부유한 사람들이 서로 이웃에 사는 것이 전통으로 근동지역의 도시에서는 아직도 일반적이다. 수메르에서도 부자와 가난한 사람이 자연스럽게 같이 살았고, 이는 도시주택의 내부 특성 탓이 아니고 사회정책 때문이었을 것이다. 가구의 수는 적었으나 침대와 안락의자들이 종종 사용되었다.

그림 2-6. 우르의 도시주택

돌과 목재의 부족은 기둥, 각주(pier), 아치 및 둥근 천장이라는 건축용어와 함께 벽돌 건축에 기초한 정교한 건축기술을 발전시켰다. 하지만 거주에 적합한 공동사회인 도시건설은 그래도 많은 목재를 필요로 했다. 남부메소포타미아에 위치한 도시국가들의 지도자들은 목재를 확보하기 위해 산에 길을 만들고, 큰톱으로 나무를 잘랐다. 잘려진 통나무는 강을 따라 뗏목으로 만들어져 남쪽에 위치한 도시로 운반됐다. 또한 큰 사원과 궁전을 건축하기 위해 많은 양의 목재가 사용됐다.

교역의 발달과 운송기관

무역 및 상업의 중요성 증가와 함께 운송수단의 발달은 운송능률을 향상시켰다. 기원전 3,000년경에는 바퀴의 고안과 함께 바퀴가 있는 마차를 황소가 끌게 함으로써 물건운반을 쉽게 했다. 도시는 운하가 없이 존재할 수 없었다. 농부는 물을 공급받기 위해 운하에 의지했고, 상인들 또한 물건의 운송을 운하에 의지했다. 하지만 운하건설에 필요한 많은 연장을 확보하기 위해 많은 목재가 사용됐다. 경작의 더 나은 방법과 함께 기술적인 고안들은 농업과 운송에 요구되는 노동자의 수를 감소시킨 반면에 농산물의 생산량을 증가시켰다.

수메르의 중요한 산업은 농업이었으나, 다른 산업도 중요하게 되었다. 메소포타미아인들은 모직 섬유, 도자기 및 금속세공품을 생산하였고, 채석장에 길도 만들어 통나무를 이용하여 돌을 운반했다. 목수는 화물선을 만들기 위해 삼나무로 판재를 만들었다. 목재로 만든 배는 아라비아와 인도로부터 많은 목재, 석재 및 철 등을 수입하는데 이용됐고, 외국과의 교역은 구리, 주석, 목재 및 과일 등 광범위하게 이루어졌다.

산업발달과 목재이용

기원전 2,100년경에 수메르에서는 도끼, 망치, 괭이, 낫 등 작업을 위한 청동도구의 사용이 크게 증가했다. 청동도구의 일반적인 사용은 일상적인 작업을 쉽게 만들었으나 주물공장의 용광로를 위한 목재 연료의 사용을 크게 증가시켰다. 목공소의 유물들은 목재로 만든 생필품을 말해준다. 목재로 만든 테이블이 일반적으로 사용되었다. 테이블과 함께 사용될 의자들 및 테이블 위의 접시들도 목재로 만들어졌다. 목재가 지붕의 보, 사다리, 지렛대 등에도 사용되었으며 나무의 가지로는 숯을 만들었고, 곧은 목재는 강과 운하의 제방을 만들고 지지하는데 사용되었다.

많은 목재의 사용은 목재부족을 일으켜 외국으로부터 많은 목재를 수입하게 했다. 삼나무목재는 현재 터키의 남서부지방에 위치한 토러스산맥으로부터 참나무목재는 아라비아반도의 남동지역으로부터 가져왔다. 목재를 가득 실은 배가 아라비아반도의 북쪽지방과 인도로부터 바다를 통해 들어왔다. 현재는 시리아지역인 북쪽지방으로부터 노간주나무, 전나무, 단풍나무 등의 목재를 수입했다. 또한 목재공급이 줄어들자 통치자들은 나무가 많은 북쪽지방을 공격하고, 벌채하여 목재를 남쪽에 위치한 수메르로 보내기 시작한다. 남부메소포타미아의 계속된 번영은 북쪽지방의 벌채 때문에 발생된 토양침식으로 인해 많은 토양이 유프라테스 및 티그리스 강에 퇴적되어 이들 강을 이용한 항해와 함께 위태롭게 됐다.

수메르의 쇠퇴

많은 학자들은 금, 은, 구리 등 자원이 없던 수메르가 페르시아 만으로부터 멀리 떨어진 지역에서 전쟁들과 인도의 거대한 도시들이 사라짐으로 교역의 중단과 함께 쇠퇴했다고 한다. 다른 주장은 이민자들과 야만족의 침입이 수메르를 서서히 붕괴되게 했다고도 한다. 하지만 알려지지 않은 이유로 경제적 중심이 점차 상류로 이동했고, 두 강들 사이의 변화가 수메르의 도시들을 쇠퇴하게 했다. 큰 강들은 장거리 교역의 수단과 함께 기름진 충적토를 제공했다. 북쪽지방의 벌채결과는 침니(沈泥)의 퇴적들로 강을 위협했고 상선들을 앞 바다에 머물게 했다. 반면에 새로운 경제적인 기회들이 북쪽지역에 주어졌고, 시리아와 아나톨리아 등에서 새로운 시장이 형성되게 했다. 시리아에 위치한 에블라의 공식문서들은 상업 중심지로서의 중요성을 보여주고 있다. 교역은 국가에 의해 이루어졌고, 상인들은 외교관들이었다. 수메르의 도시들은 문화·경제·정치적으로 중요한 위치를 상실했으며, 바빌로니아와 아시리아의 도시들이 대신했다. 지속적인 노력이 없어 농업에 사용될 물은 줄어들고, 벌채가 남부메소포타미아의 농경지에도 영향을 주었다. 북쪽지방의 벌채와 함께 시작된 토양 침식은 시간이 지날수록 악화되어 농산물의 수확 감소로 이어졌다.

수메르의 문화·경제·정치적인 지배는 교역과 함께 농산물의 생산량과 매우 밀접한 관계가 있었다. 기원전 2000년경에 교역의 쇠퇴와 함께 농산물의 생산량이 계속하여 감소했을 때 수메르왕국은 붕괴되었다.

바빌로니아

수메르의 교역 쇠퇴로 인한 목재부족과 함께 수메르에 위치한 대부분의 도시들은 사라지고, 힘의 중심이 바빌로니아로 이동했다. 산림파괴가 원인이 된 식량 생산의 감소가 또한 수메르문명의 몰락에 기여한 중요한 이유 중에 하나였을 것이다. 또한 수메르의 도시국가들 중에 많은 수가 커지고 팽창함에 따라 땅과 물을 지배하기 위한 새로운 갈등이 도시들 사이에 발생하였다. 메소포타미아의 광활한 평원에 위치한 수메르의 도시들은 외부의 침입에 약점을 가지고 있었다. 북쪽의 수메르 도시국가들에는 아카드사람들이 거주했다. 기원전 2340년경 아카드사람들의 지도자인 사르곤(Sargon)은 새로운 왕국을 세웠고, 지금의 시리아에 위치한 에블라로 불리는 번영된 국가를 정복했다. 유적을 통해 본 에블라는 목재가 풍부했고 훌륭한 문화를 가진 잘 체계화된 도시국가였다는 것이 밝혀졌다. 바빌로니아는 기원전 2600년에서 2250년까지 번영하여 북서부의 메소포타미아 외에 넓은 지역을 지배했다. 경제적 성장과 번영 및 문화적 성취에도 불구하고 사르곤의 후계자들은 그들의 제국을 결국에는 지킬 수 없었다.

급속한 성장시기에 목재는 수요가 크게 증가하여 그 가치가 값비싼 보석류의 가격에 접근하였다. 기원전 24세기에 아카드 왕국이 번영하고 강력한 나라였을 때 왕은 보석을 탐내는 것처럼 목재를 약탈하였다. 목재가 아카드 왕들에게 너무 가치가 있었기 때문에 산들의 이름까지도 이용가치가 있고 지배적인 나무의 이름으로 불렀다고 한다.

예전에 아카드의 사르곤 왕에 의해 통일이 된 적이 있는 메소포타미아는 바빌로니아 왕 함무라비(기원전 1792~1750)에 의해 다시 통일이 되었다. 함무라비는 수메르문명을 흡수하고 받아들였다. 하지만 바빌로니아는 기원전 약 1,600년에 아나톨리아에 위치한 히타이트족의 군대에 패배했다. 히타이트족의 공격으로 약해진 바빌로니아는 결국에 메소포타미아의 동쪽에 위치한 이란의 유목민인 카사이트인에 의해 쉽게 정복되었다.

아시리아

아시리아인은 셈족으로 북쪽에 위치한 높은 산들에서 거주하던 유목민이었다. 아시리아의 성공 비결은 잘 훈련된 군대와 잘 알려진 것과 같이 잔인함에 있었다. 아시리아는 도시를 점령하면 완전히 파괴했고, 주민들을 학살하거나 수백 킬로미터 떨어진 곳으로 이주시켰다. 아시리아는 전체 메소포타미아와 잠시지만 이집트를 점령했다. 이들은 세 개의 수도인 아수르, 님루드 및 니네베를 건설하였다. 아수르, 님루드 및 니네베는 축성술, 신을 위한 건물들 및 왕권을 위한 큰 궁전 등 고유하고 독특한 특성을 가지고 있었으나 주거지역들은 수메르 도시들의 주거지역과 유사했다. 아시리아도 부자들의 큰집들과 노동자들의 작은 집들이 섞여 있었다. 님루드는 둘레가 약 8km에 이르는 성벽과 넓은 운하에 의해 보호되었다. 궁전은 소나무 등의 목재로 세우고, 문은 삼나무 등의 목재로 만들었다. 니네베의 석회석으로 만든 성벽은 길이가 약 12km로 15개의 문이 있었으며, 30만 명 정도가 거주하였다. 하지만 아시리아의 모든 도시들은 기원전 612년경에 바빌로니아 등의 연합군에 패배한 다음 화재로 모두 파괴되었다.

2.2.2. 고대이집트문명

이집트의 지형과 지세는 초기 고대이집트의 역사에서 중요한 역할을 하였다. 이집트는 천연의 장애물인 북쪽의 지중해, 서쪽과 동쪽에 위치한 사막과 나일 강의 남쪽에 위치한 큰 폭포들이 상대적으로 방어를 쉽게 하였다. 하지만 이들 장애물들은 교역을 방해하지 않았다. 규칙적인 나일 강의 홍수와 상대적 고립은 또한 안전감과 불변의 느낌을 고대이집트사람들에게 주었고, 고대이집트문명은 수천 년 이상의 연속성으로 특징 지워진다.

고대이집트 사회는 상층부에 신과 왕이 있는 계층적 구조로 왕은 귀족과 성직자 등의 상류계급에 둘러싸여 있었고, 지배계급은 행정부와 많은 부를 제공하는 자신들의 토지를 관리했다. 지배계급 아래에는 상인과 장인이 있었다. 상인들은 도시와 농촌에 형성된 시장에 나일 강을 이용해 물건을 공급하였다. 무역에 종사하는 상인들은 왕에 의해 시리아와 크레타로 목재와 생필품을 구하기 위해 보내졌다. 특히 레바논의 삼나무목재로 만든 가구 등은 장인들에 의해 만들어졌다. 하지만 많은 고대이집트사람들은 농업에 종사했다. 고대이집트사람들은 지리적 환경으로 폐쇄성과 전통을 중요하게 생각하는 정착 농민이었다. 고대이집트사람들은 신이 거의 모든 것을 충족시켜주는 땅을 주었다고 생각했다. 따라서 종교는 고대이집트사람들의 삶의 중심에 있었다. 많은 신이 숭배되었고, 이들 중에 일부인 동물상들은 신석기시대의 토템숭배에서 유래된 것이다. 무엇보다 고대이집트사람들은 죽은 사람의 영혼이 심판이 끝난 다음 육체에 되돌아가 물질적인 삶을 즐긴다고 믿었다.

나일 강 유역에서 식물과 동물의 재배 및 사육이 기원전 5,000년경에 시작되었고, 고대이집트사람들은 나일 강을 따라 주로 밀과 보리를 재배했으나 무화과, 대추야자, 포도, 콩 및 야채들을 포함하여 농작물의 수를 점차 증가시켰다. 소 사육은 유제품과 고기를 공급했고, 후에 소금을 사용하여 고기를 보관했다. 메소포타미아 강들과 다르게 나일 강의 홍수는 예측할 수 있었고, 강은 삶을 위협하지 않고 향상시켜 주었다. 하지만 조직화된 관개시설이 필요하여 나일 강을 따라 위치한 작은 촌락들은 메소포타미아에서 요구되는 거대한 공사는 아니었지만 그래도 노력을 기울여야 했다. 결과적으로 고대이집트사람들은 나일 강 유역의 좁은 지역을 따라 작은 촌락을 중심으로 농업에 종사했고, 기원전 3,600년경에는 농산물을 초과 생산하기 시작했다. 지중해로부터 약 160km 떨어진 상류지역에서 강은 크게 두 줄기로 나누어져 삼각주를 형성했고, 고대이집트의 중요 도시들은 삼각주의 주변지역에서 발전했다. 잉여 농산물과 함께 사막들에 의해 침략으로부터 보호가 이루어진 강 유역은 문명의 중요한 발상지가 되기 위한 기본적인 조건들을 가지고 있었다.

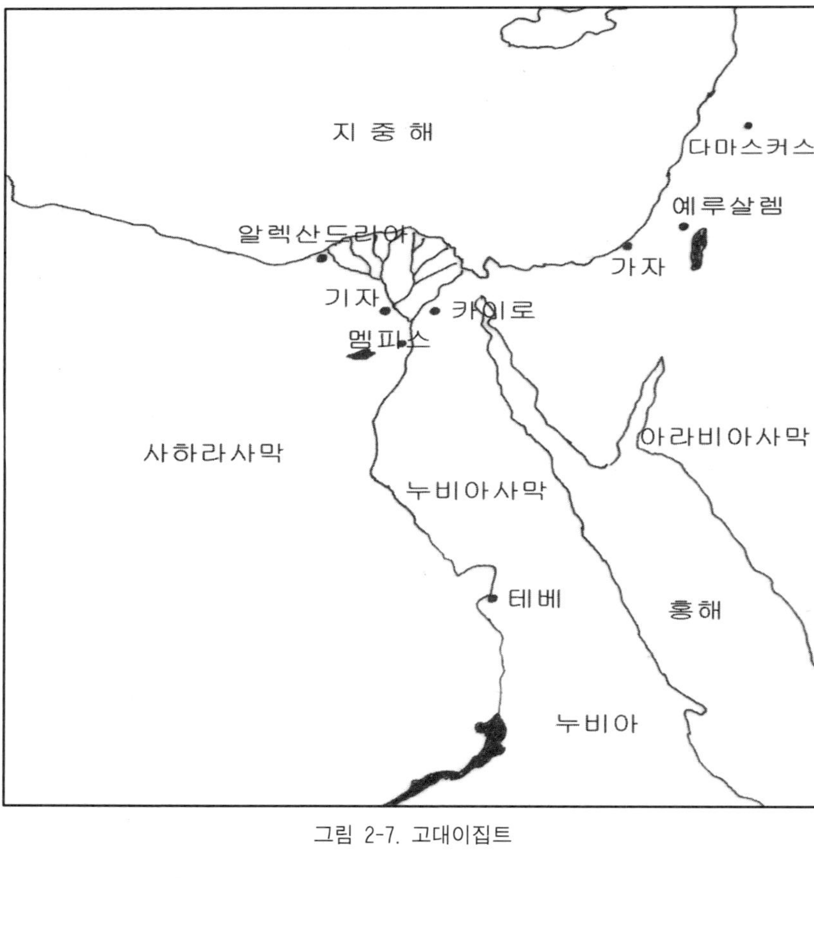

그림 2-7. 고대이집트

도시와 주택

수메르 도시들과 비교하여 고대이집트 도시들의 형태는 매우 적게 알려져 있다. 고대이집트사람들은 거대한 불멸의 건축물을 탄생시켰고 또한 거대한 도시들을 세우기 위한 기술들을 가지고 있었을 것이다. 하지만 유적들은 그들의 생활 대신에 죽은 자를 위한 은신처들의 건축에 주로 솜씨를 사용했던 것을 가리킨다. 아마 죽음과 영속성에 대한 강조는 그들이 경험한 변화와 격변의 결과로부터 왔을 것이다. 고대이집트사람들은 유목민으로서 살았고, 농업의 발달과 함께 유목생활로부터 정착하게 되었다. 영원의 상징은 아마 새로운 가치들과 함께 정착생활의 새로운 조건을 나타내기 위해 필요하게 되었다. 피라미드들은 영원의 이상적인 유적들로 경사면 때문에 파괴되거나 붕괴되지 않게 돌들을 쌓아 올렸다. "모든 세계가 시간을 두려워하나 시간은 피라미드들을 두려워한다."는 아랍의 속담이 그들의 영속성을 가장 잘 표현한다.

피라미드는 미라로 만든 왕의 시체를 보관하기 위한 묘이다. 첫 번째 피라미드가 기원전 2,600년경에 만들어졌고, 가장 크고 장엄한 피라미드가 기원전 2,540년에 기자에 세워졌다. 유명한 이 피라미드는 면적이 13에이커이고, 기초의 각 측면 길이가 230m이고 높이가 146.6m로 2백만 개의 석회암 블록들이 사용되었으며, 그들 중 어떤 것은 무게가 15톤에 이르렀다. 피라미드를 위한 석회석은 강 근처의 채석장으로부터 공급받았다. 피라미드는 거대한 석재 건축물이지만 그것을 축조하는데 목재로 만든 많은 도구들이 사용되었다. 돌을 운반하기 위한 삼나무와 소나무 목재는 인접한 레바논으로부터 구했다. 굵은 통나무를 깔고 밧줄에 묶어 돌들을 운반하기 위해 엄청난 양의 목재가 사용되었을 것이다.

돌로 세운 피라미드와 큰 묘지에 비하여, 고대이집트사람들의 주택은 햇빛에 말린 벽돌과 같이 시간이 지나면 부서지기 쉬운 건축 재료를 사용했다. 상당히 평화로운 나라인 고대이집트에 있는 도시들은 요새로 만들 필요가 없었고, 도시 구조가 치밀하지 못했으며, 성벽에 의해 구속되지 않았다. 고대이집트 주택의 가장 신뢰할 수 있는 예인 피라미드나 돌로 만든 무덤의 건설에 종사한 노동자들을 위한 도시 터가 발굴되었다. 주택들은 야자나무 줄기로 천장을 만들고 흙으로 덮었으며, 햇빛으로 말린 벽돌이 사용됐다. 마루는 회반죽으로 만들었고, 내부 벽에는 신들의 모습을 나타내는 그림들이 그려졌다. 창들은 천장 바로 아래에 위치했고 목재로 만든 창살이 있었다.

교 통 수 단

나일 강은 거대한 수상통로로 운송 및 왕래를 쉽게 했다. 북쪽을 향한 물의 흐름이 왕래를 편리하게 했다. 상류로 이동은 강이 홍수가 나지 않았을 때는 강기슭 가까이에서 발생하는 역류에 의해 가능했지만 물이 흐르는 힘을 극복하기 위해 북쪽으로부터 부는 바람을 이용하는 것이 더 효과적이었다. 바람들의 변덕스러운 성질로 인력이 오랫동안 동력의 수단으로 제공되었지만 나일 강의 유용함은 고대이집트사람들이 예전보다 더 큰 배를 개발하게 했다.

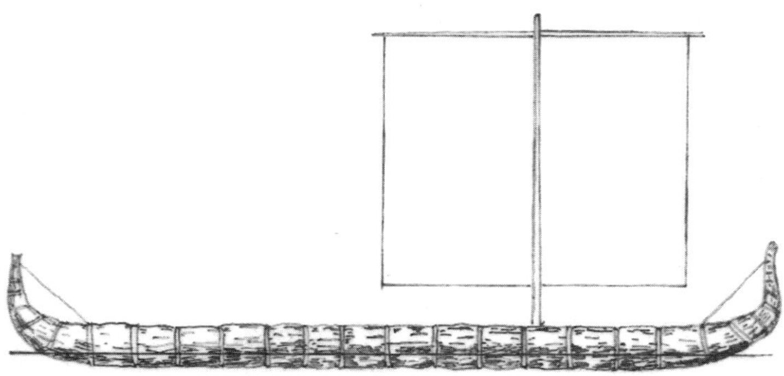

그림 2-8. 기원전 3400년 이전에 나일강가에서 자라는 갈대로 만든 배

고대이집트사람들은 적어도 기원전 2,600년경에 목재로 배들을 만들었다. 하지만 그들은 목재로 배를 만들기 전에는 나일 강 유역에서 많이 자

랐던 갈대를 이용하여 그림 2-8과 같이 배를 만들었을 것이다. 고대이집트사람들은 기원전 2,500년경부터 아직까지 알려지지 않은 나라인 펀트(Land of Punt)와 교역을 위한 항해를 시작했다. 배는 매우 유연한 야자나무 목재로 선체가 만들어져 호수나 강의 항해에는 적합했지만, 너무 약해 대양항해에 적합하지 않았기 때문에 배를 만드는 사람은 그림 2-9와 같이 선체가 분리되는 것을 막기 위해 밧줄로 만든 트러스를 사용해야 했다. 배의 난간 위로 줄에 의해 돛대에 고정된 트러스는 유치한 것처럼 보이지만 최근까지지도 사용되어 왔다. 많은 긴 선체의 증기선과 연락선들이 배 끝의 숙임을 막기 위해 목재나 철로 만든 비슷한 모양의 트러스로 고정되었다.

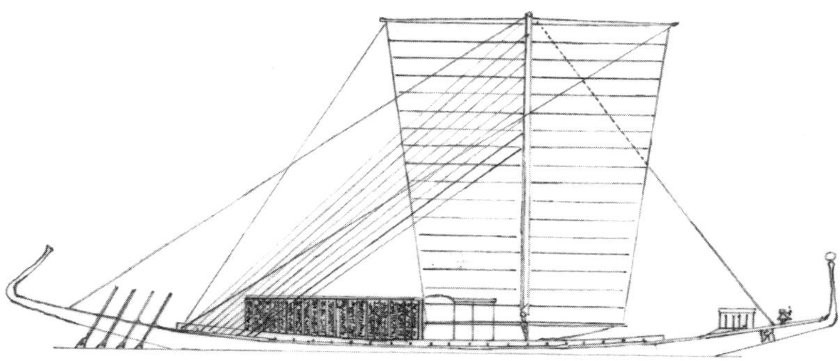

그림 2-9. 기원전 2600년경의 초기 대양항해를 위한 배

선체의 형태가 개선됨으로 고대이집트사람들은 이집트, 메소포타미아 등의 강들 외에 페르시아 만과 지중해를 항해했다. 어떤 지역에서는 바람 체계를 예측할 수 있었고, 다른 지역들은 어떤 관측할 수 있는 기후 형태를 가지고 있어 바람 체계에 순응할 수 있었다. 무역과 전쟁 모두를 위해 계획적인 항해는 이집트사람들이 처음으로 중요한 상업적이고 성공적인 문명을 실현할 수 있게 했다.

고대이집트는 기원전 2,000년 초에 동 지중해에서 경쟁자를 만났고, 에게 해 주변의 섬들에서 그리스와 미노아 사이에 전쟁은 기원전 1,500년경에 고대이집트와 교역을 했던 지중해 섬들로부터 이집트의 배들을 몰아내는 결과가 되었다. 미노아인들은 바다 사람으로 이집트사람들의 적이었다. 그들은 이집트를 침략했고 람세스 3세와 전쟁을 했다. 최초의 해전은 항해 역사에서 첫 번째 전함(그림 2-10)의 출현과 함께 고대이집트 왕의 무덤에 기록되었다. 람세스 3세는 승리에도 불구하고 바다의 패권을 획득하는데 실패하였고, 이집트는 오랜 쇠퇴의 길로 접어들었으며, 목재가 풍족했던 페니키아는 지브롤터 해협을 통과하여 영국에 이르는 무역 제국을 세웠다.

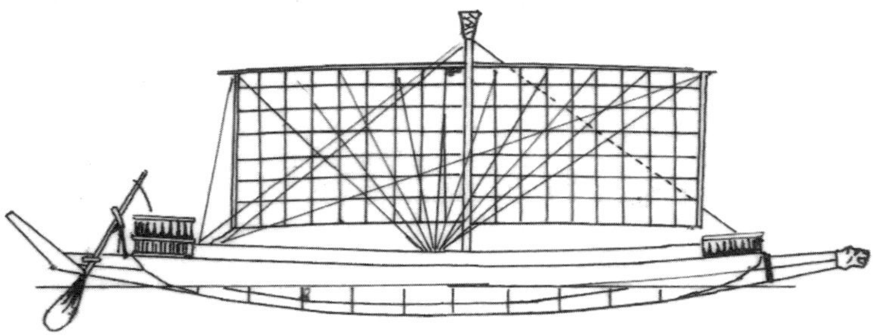

그림 2-10. 기원전 1200년경 전형적인 람세스 3세의 전함

고대이집트의 악기

고대이집트의 악기들은 매우 건조한 기후 때문에 썩는 것으로부터 보호됐고, 많은 음악적인 장면들이 무덤의 벽에 그려져 보존됐다. 딱따기는 고대이집트에 기록된 최초의 악기로 기원전 3,000년경 이전에 그려진 그림은 춤추는 여자들이 딱따기를 연주하는 모습을 보여준다. 딱따기는 부메랑처럼 구부려진 두 개의 막대기로 이루어졌고, 사냥에 사용된 날아가는 무기들로 인류학자들에게 잘 알려졌다. 고대이집트의 날아가는 무기는 정확히 딱따기와 같은 형태를 가지고 있었다. 사냥꾼들은 나일 강 기슭에 있는 파피루스 숲에 접근하여 물새들을 찾아내기 위해 딱따기를 쳤고, 물새들이 높이 날면 딱따기를 세게 던졌다. 실용적인 이용과 함께 도구가

악기로 변하게 된 것은 드문 경우 중에 하나이다. 수확을 위한 또 하나의 악기가 기원전 2700년경 만들어진 고대이집트 무덤에서 나타난다. 그림 2-11은 한 무리의 남자들이 양손으로 쥔 짧은 막대기들을 서로 치며 걸어가고 있다.

그림 2-11. 딱따기를 든 고대이집트의 농부들

막대기들의 충돌에 의한 리듬의 이용은 기원전 3,000년경 이후 만들어진 양각세공에도 나타난다. 포도농장 농부들이 발로 포도들을 밟고 있는 동안 다른 남자들은 피로에 지친 노동자들의 흥을 돋우기 위해 막대기를 치고 있다. 이는 음악 활동들의 근원으로 노동 리듬의 예이다. 이들은 목재나 동물의 뼈로 만들었고, 상단에는 인간의 손이나 동물, 남자의 머리 모양으로 조각했다.

시스트럼은 손잡이와 가로대가 있는 틀로 구성되었고, 서로 다른 두 형태로 만들었다. 이중에 하나는 다른 나라에서 발견되지 않고 이집트에서만 발견되며, 작은 사원모양(그림 2-12)을 했고, 그 아래에 여신의 머리 모양을 한 조각이 무거운 틀을 지지하고 있다. 시스트럼은 문이 있는 작은 사원을 정면에서 본 것과 같고, 방울들은 틀의 양 측면에 줄로 구멍을 통해 매달아 소리를 내게 했다. 다른 형태는 금속으로 만들었고, 손잡이가 있었으며, 말발굽 모양을 했다.

그림 2-12. 고대이집트의 시스트럼

플루트는 사냥꾼이 동물들을 현혹시키기 위해 연주했던 것으로 기원전 3,000년경 최초로 기록에 나타난다. 고대이집트의 플루트는 일반적으로 길이가 90cm정도이고, 직경이 2.5cm인 등나무목재로 만들었다. 또한 플루트는 아래 끝 가까이에 2~6개의 구멍을 가지고 있었다. 플루트는 부는 각도를 다양하게 하여 더 많은 음을 낼 수 있었고, 어떤 악기보다 더 영적인 소리를 낼 수 있었다. 그러한 특유의 특성을 가진 플루트들이 오늘날에도 이슬람 세계에 존재한다.

클라리넷은 위쪽이 막힌 관악기로 위쪽 끝 가까이에 청(tongue)으로 덥혀지는 작은 구멍이 있었다. 원시시대의 클라리넷은 등나무목재로 만들어졌고, 구멍은 등나무목재의 3면에 만들었고, 4번째 구멍이 없는 면은 재료의 탄성에 의해 청을 진동하게 했다. 클라리넷의 기원은 알려져 있지 않지만 최초로 발견된 클라리넷은 이중의 클라리넷 형태였다. 활모양의 하프는 수메르의 아치형 하프와 매우 유사하다. 이는 아마 수메르로부터 고대이집트에 하프가 전해졌기 때문일 것이다.

고대이집트는 아시아로부터 많은 영향을 받았다. 악기에 대한 영향은 수직의 각진 하프, 수금, 류트, 트럼펫 등 많은 아시아의 악기들이 고대이집트에서 갑자기 출현한다. 반면에 고대이집트의 플루트 등이 사라진다. 서남아시아는 기원전 1,500년경에 고대이집트에 의해 정복되었고, 왕들은 공물의 일부로 악기들과 노래하고 춤추는 여자들을 이집트로 보냈다. 하프와 수금 등 새로운 악기들은 고대이집트의 음악 레퍼토리를 풍부하게 했다.

이전에는 고대이집트에서 나타나지 않았던 북들도 아시아로부터 소개되어 이집트사람들을 사로잡았다. 예전에 고대이집트의 음악은 북 등이 없이 조용한 특성을 가졌고, 하프와 플루트로 리듬보다 선율에 의해 영감을 주었다. 원통형 북은 길이가 65cm이고 폭이 29cm로, 후에 원통형 북은 더 길어졌고, 맨손으로 양면을 쳤으며, 수평으로 운반했다.

새로운 악기들 중에 오보에는 플루트를 대신했고, 이중의 리드(reed)를 가지고 있었으며, 이중의 리드는 등나무의 두 잎으로 만들어졌다. 고대이집트에서 오보에는 직경이 1,2cm보다 작고 길이가 약 60cm되는 가느다란 등나무목재로 만들어졌다. 그들은 항상 쌍으로 사용되었고, 서로 느슨하게 고정하고 입으로 동시에 불었다. 류트(그림 2-13)는 오보에 및 북과 함께 고대이집트에 전해졌다. 몸체는 목재로 만들었고 보통 타원형이며 공명판으로 동물가죽이 사용됐다.

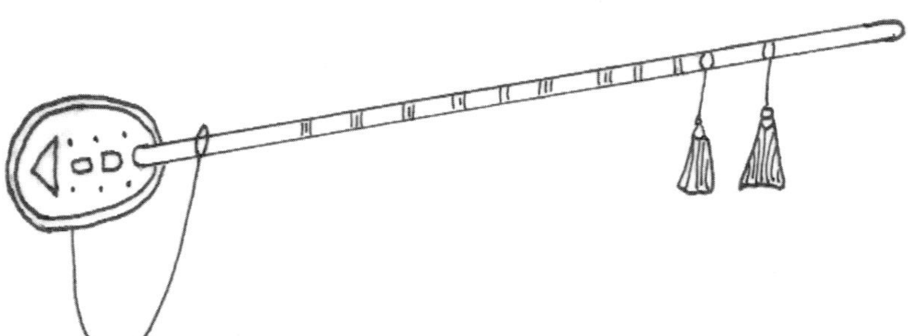

그림 2-13. 고대이집트의 류트

고대이집트의 트럼펫은 노란 금속으로 만들었고, 입에 무는 부분과 좀 넓게 벌어진 입을 가진 원추형으로 길이가 약 60cm며, 기원전 1400년경에 군인들에 의해 사용된 것으로 알려지고 있다. 그러나 단지 군사적 목적으로만 이용되지 않았고, 신성한 악기로서 고대이집트의 주신 중에 하나인 오시리스의 숭배에도 사용되었다.

심벌과 캐스터네츠가 고대그리스 점령기에 소개되었다. 지배자들의 변화와 문화적인 통일 결과로 고대이집트의 악기는 고유한 특성이 사라지고, 세계주의를 경험한다. 고대그리스 점령기에 소개된 캐스터네츠는 좁은 의미의 딱따기로 두드려지는 면들은 속이 비어 공명한다. 고대이집트의 캐스터네츠는 두 형태가 있고 하나는 매우 작은 목재로 만든 구두 모양을 했으며, 절반을 길이로 자르고 홈을 팠다. 다른 형태는 도토리 모양이었다. 유물들은 고대그리스사람들의 무덤에서 나왔다. 심벌 또한 고대그리스로부터 전해졌다. 심벌은 넓고, 평평한 가장자리와 중앙에 큰 공명실로 제공되도록 돌기가 있었다. 이들은 수직으로 잡고 연주자의 손을 수평으로 이동시켜 서로 세게 쳤다.

고대이집트의 가구

고대이집트는 가구제작에 많은 목재를 사용했다. 하지만 불행히도 고대이집트에는 가구제작에 적합한 목재의 종류가 적어 지중해 국가, 서아시아 및 아프리카지역으로부터 수입한 목재를 사용했다. 청동으로 만든 도구의 사용과 함께 목공기술의 발달은 많은 목재를 사용하게 했다. 가장 널리 사용된 수종은 아카시아였고, 다른 고유 수종인 대추야자 등은 가구 만드는데 덜 바람직했다. 기원전 2700년경에 많은 목재가 수입되었고, 중요한 수입목재들은 수단으로부터 흑단 및 시리아와 레바논으로부터 삼나무목재였다. 수입목재 중에는 양 물푸레나무, 전나무, 느릅나무, 단풍나무, 참나무, 소나무, 플라타너스 등의 목재도 있었다. 자연 건조실과 같은 기후로 한번 적당히 건조되면 목재는 시간이 지나도 치수가 안정적으로 유지됐다.

고대이집트사람들의 목공기술들은 관에 사용된 여러 종류의 결구들을 통하여 많이 알려지고 있다. 목재는 판재로 사용하기에 충분히 크지 않아서 쪽모이세공의 다양한 방법들을 개발했다. 작은 부재들을 연결하기 위한 결합부들은 횡단면 결합, 나무못, 스카프조인트, 주먹장이음 등이 사용되었다. 나무못은 기원전 3,000년경에, 연귀이음은 기원전 2700년경에 사용되었으며, 주먹장이음은 약간 늦은 4번째 왕조에서 사용되었다. 밧줄에 의해 간단히 묶는 방법이 또한 일반적으로 사용되었다. 동물의 가죽, 가죽 끈 및 아마포가 부재를 서로 묶기 위해 사용되었다. 연결하고 묶기 위한 기술들과 함께 못이 목재와 금속을 결합하는데 사용되었다. 금속은 가구의 경첩과 자물쇠를 만드는데도 이용되었다.

판재 및 휜 목재의 사용과 함께 고대이집트사람들은 많은 구조를 고안했고, 얇은 단판을 겹쳐서 만든 합판이 기원전 2700년경에 알려졌다. 흑단으로 만든 단판과 상아가 일반적으로 장식에 사용됐다. 상감세공이 단판 조각의 현저한 색 차이를 이용한 디자인에 사용됐다. 값비싼 목재와 함께 상아, 도자기, 색이 있는 유리, 귀중한 돌 등을 이용한 상감세공은 또 다른 중요한 기술이었다. 다른 표면장식은 석고 바탕 위에 도장, 금과 은으로 도금, 돋음 세공 조각이 포함됐다. 투명하고 검은 색의 유약이 또한 마무리 칠로 사용되었다. 의자의 방석은 아마 천과 가죽으로 만들었다.

가장 정교한 가구는 지배층의 현세와 사후의 삶을 위해 만들어졌기 때문에 장식들은 상징적인 뜻을 포함했다. 해의 평원반, 날개 달린 해, 생명의 상징인 앵크 및 후에 스핑크스는 종교적이고 신앙적인 상징들이었다. 뱀, 독수리, 야자나무, 파피루스 및 연꽃무늬 등 토착 동물들과 식물들도 상징으로 사용되었다.

가장 일반적인 목공 도구인 선반은 고대이집트에 없어 의자의 다리들에 대한 가공은 아마 손으로 했을 것이다. 목공용 선반은 기원전 7세기경에 시리아사람들이나 고대그리스사람들에 의해 고안된 것으로 알려지고 있다.

고대이집트의 일반사람들은 등받이 없는 의자, 테이블 및 궤 외에는 사용하지 못했다. 농부들은 마루에 앉거나 천으로 짠 멍석으로 덮고, 흙으로 만든 긴 의자를 사용했다. 상류계급의 고대이집트사람들은 무덤에서 발견된 것과 비슷한 가구를 사용했을 것이다.

고대이집트 가구의 가장 인기 있는 물건은 테이블과 등받이가 없는 의자로 건축과 같이 기둥과 상인방의 개념에 기초했다. 수직의 지지부재인 건물의 기둥이나 테이블 및 등받이 없는 의자의 다리 가장 끝부분은 보통 파피루스의 꽃, 야자나무 등의 모양으로 장식했다. 수평부재인 건축의 상인방과 테이블 및 등받이가 없는 의자의 뼈대는 지붕, 좌석 및 테이블의 윗면을 지지했다. 기본적인 형태는 건축과 가구의 발전에 기초를 제공했다. 실재로 고대그리스는 기둥 및 상인방 개념을 채택하고, 새로운 기술들과 새로운 표준 설계 및 규정들을 첨가했다.

의 자

등받이가 없는 걸상은 앉기 위한 가장 일반적인 형태였다. 가장 초기에는 돌이나 통나무에 앉았을 것이다. 초기에 다리가 3개인 등받이 없는 걸상은 돌로 만들었고, 목재로 만든 등받이 없는 걸상은 거의 존재하지 않으며 단지 정교한 가구가 무덤에 보존됐다. 초기에 목재로 만든 등받이 없는 걸상들은 주먹장이음과 가장자리에 가죽을 사용했다. 접는 등받이 없는 걸상(그림 2-14)은 X-자 형태로 축을 사용하여 대각선으로 교차되게 부재를 연결하였다. 이러한 설계는 효과적인 착석, 이동 및 안정감을 제공하여 오늘날에도 이용되고 있다.

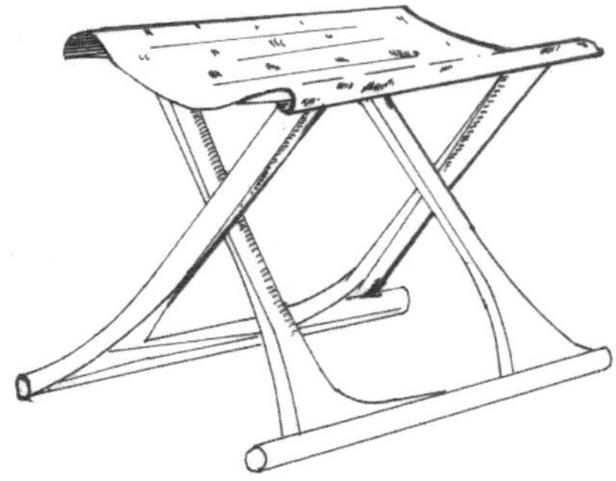

그림 2-14. X자형 접는 걸상

기원전 15세기경에 가장 일반적인 등받이 없는 걸상은 가로대 및 수직이고 대각선인 버팀목의 격자들에 주먹장맞춤을 한 4개의 곧은 다리를 가진 격자모양의 걸상(그림 2-15)이었다. 곡선의 앉는 면은 보통 갈대와 골풀의 줄기로 천을 만들어 사용했다. 다른 형태는 낮고 등받이가 없는 걸상(그림 2-16)으로 앉기 위한 것보다 발을 올려놓기 위해 사용했다.

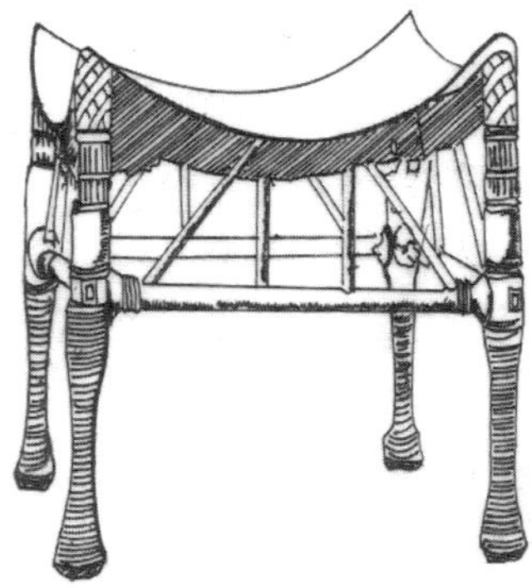

그림 2-15. 격자모양을 한 걸상

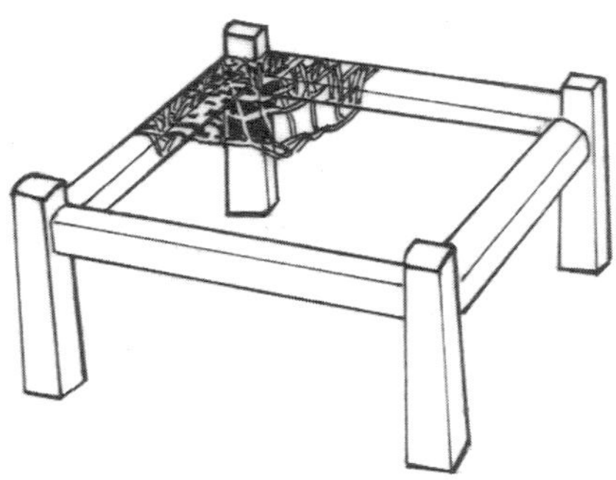

그림 2-16. 낮은 걸상

등받이가 없는 걸상과 함께 기원전 30세기경에 개발된 높은 등받이가 있는 의자는 신분을 나타내기 위해 사용했다. 높은 등받이가 있는 의자는 구 왕조시대(기원전 2686~2181)에 사용되었고, 중 왕조시대는 동물의 발 모양을 조각한 다리가 있는 의자를 볼 수 있다. 신왕조시대는 등받이가 없는 걸상이 널리 보급되었다. 기원전 1,500년경에는 의자들이 계급이 낮은 사회에서도 사용되었다. 처음에는 곧게 만든 등받이를 했고, 이는 버팀목들에 의해 지지되는 약간 경사진 등받이를 가진 더 편안한 형태로 발전되었다.

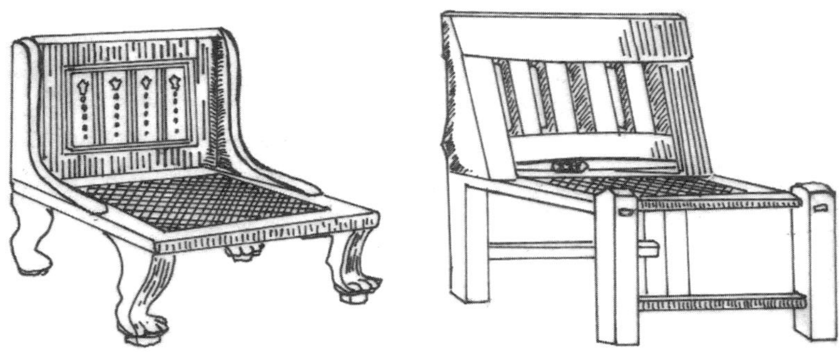

그림 2-17. 동물의 발을 가진 다리와 판판한 다리의 의자

테이블과 침대

테이블은 3개나 4개의 다리에 의해 지지되는 등받이가 없는 걸상을 닮았다. 테이블은 식사, 작업 및 전시를 위해 사용되었고, 음식은 테이블 위에 놓였으나 사람이 테이블에 앉아 식사를 했는지는 알려져 있지 않다. 테이블은 꽃병 받침대와 같이 밖을 향해 벌어진 다리를 가진 직사각형이었다. 꽃병을 놓기 위해 사용된 작은 테이블과 같은 형태는 낮거나 높고, 좁았으며 윗면에 있는 가로대는 꽃병이 미끄러지는 것을 막았다.

테이블과 등받이 없는 걸상 모두를 닮은 가구의 다른 형태는 침대였다. 하지만 침대는 4개의 다리, 두 측면의 가로대, 머리판 및 디딤판으로 구성되었다. 뼈대에는 일정한 간격으로 구멍을 뚫어 가죽천이 단단히 고정되게 하였다. 다른 방법은 뼈대를 아마로 만든 줄이나 갈대로 감쌌다.

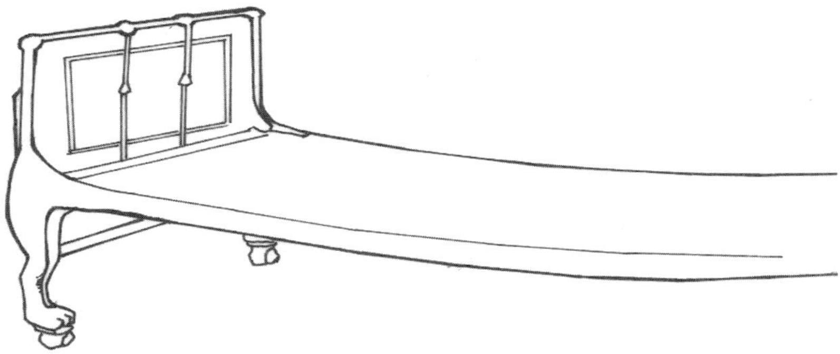

그림 2-18. 사자발 모양의 다리가 있는 침대

저장용 가구

저장용 가구는 상자들을 포함한다. 궤는 옷들이나 가정용품을 보관하는데 사용했던 상자이다. 일반적으로 상자는 열 수 있는 뚜껑과 많은 장식을 가지고 있었으며, 다리는 있거나 없었다. 윗면은 작은 지붕과 같이 궁형으로 둥글게 만들었다. 초기에는 뼈대와 패널 구조를 사용했고, 이 방법은 기원전 23세기경에 일반적으로 사용되었다. 많은 상자들은 운반용 손잡이가 설치되어 여러 사람들에 의해 무거운 물건들을 운반할 수 있었다. 놀라운 것은 상자에 매우 소수지만 서랍을 가지고 있었다는 사실이다. 고대이집트사람들은 서랍의 원리를 이미 알고 있었으나 단지 작은 상자들에 사용했다.

상자들은 상아, 수입목재, 조각, 도장 및 금도금 등이 장식으로 사용되었다. 작고 특수한 보관용 상자들은 중 왕조시대(기원전 2050~1652)에 만들어졌고, 종종 단판의 사용과 함께 세련되게 하기 위해 문질러 윤을 냈다. 신왕조시대(기원전 1657~1085)에는 가발, 화장품 및 보석을 보관하기 위해 갈대의 줄기를 사용하여 만들었고, 목재나 상아로 마감하기 위해 석고가루를 표면에 바르고 도장했다.

2.3. 인더스문명

메소포타미아의 초기 바빌로니아 및 수메르와 같은 시기에 현재의 파키스탄지역에서 잘 정돈된 거리, 주거 시설, 큰 궁궐 및 공학적인 배수시설을 갖춘 고대 도시문명이 나타난다. 정부체계가 존재했고, 동, 구리, 은 등을 정교하게 가공하여 사용했던 문명이 기원전 2500년경에 갑자기 사라진다. 사라진 이유는 알려져 있지 않지만 생존을 위한 기반의 상실 때문이었을 것이다. 고고학적 증거는 고대 인더스문명이 기원전 1500년경 펀자브와 신드에 반 유목민인 아리안 족이 침략하기 전에 멸망했고, 이 지역은 인더스 강 유역을 제외하고 오늘날 대부분이 사막지역이다.

인더스 강과 많은 지류들에 의해 물이 공급된 신드와 펀자브의 비옥한 지역은 고대 인더스문명이 출현하게 했다. 신드는 인더스 강에 의해 물이 공급되어 충적토의 평원이 만들어졌다. 반면에 펀자브는 인더스 강의 5개 지류들이 위치한 땅이었다. 인도의 도시문명은 기원전 3000년경에 정점에 이르렀다. 도시의 부는 교역 및 상업과 함께 잉여 농산물에 의해 얻었을 것으로 생각된다. 메소포타미아의 우르에서 인더스 양식의 특성을 나타내는 인장들의 발견은 기원전 2800년경에 두 고대문명 사이에 교역이 존재하였음을 나타낸다.

밀, 보리 및 야자나무가 인도의 문명사회 사람들에 의해 재배되었다. 그들은 물소 및 짧은 뿔을 가진 소, 낙타 및 코끼리와 함께 닭, 돼지 및 개를 사육했다. 이 시기에 인도에서는 유일하게 목화로 천을 짜는 것이 널리 행하여졌다. 가정의 용기들은 일반적으로 바퀴를 돌려 만든 토기가 일반적이었다. 인더스문명은 돌로부터 청동의 사용으로 변화하던 시기에 발생되어 금속이 가정용 도구와 농기구는 물론 무기에도 사용되었다. 구리, 청동 및 은이 또한 가정용 용기에 사용되었다. 이들 금속들과 함께 금이 정교하게 가공된 물건들에 사용되었다. 황소와 물소들이 바퀴가 달린 운송기구를 끄는데 사용됐다.

인더스문명은 매우 발달된 건축기술을 가지고 있었다. 최근에 발굴된 모헨조다로(Mohenzo-Daro)는 기원전 3250년과 2750년 사이에 존재했던 도시이다. 모헨조다로의 건설은 내부 면이 수직이고 진흙으로 마감한 거대한 벽을 불에 구운 벽돌로 만들었다. 벽의 외부 표면은 마감하지 않았다. 마루는 보통 벽돌로 설치했고, 대부분의 방들은 벽돌을 평면으로 놓았으나 목욕탕과 같이 과도한 마모가 발생되는 지역은 벽돌을 측면으로 놓았다. 거대한 아치는 발견되지 않고 있으나, 돌출부를 받치기 위한 아치가 벽의 움푹하게 들어간 곳과 벽의 개구부를 위해 사용되었다. 문 위의 벽돌과 창문의 개구부는 보통 목재로 만든 상인방에 의해 지지되었다. 목재는 위층의 마루들과 평평한 지붕에도 사용되었다. 이들은 보 위에 두꺼운 판재를 깔고, 흙으로 덮였다.

전형적인 주택은 안뜰이 있었고, 작은 집들은 하나의 안뜰이 있는 반면 큰집들은 여러 개의 안뜰이 있었다. 안뜰은 통로로 현관에 연결되었고, 중요한 방들은 안뜰을 향해 있었다. 벽난로는 사용되었으나 이동식 화로가 요리와 난방에 주로 사용되었다. 대부분의 거주가 위층에서 이루어졌으므로 계단이 일반적이었고 오늘날에 비해 더 경사졌다. 대부분의 주택은 우물이 있었고, 구운 벽돌로 만들었다. 모든 주택은 매우 정교한 배수체계와 연결된 목욕탕이 있었다. 수직의 배수 파이프들은 테라코타로 만들었고, 수평의 파이프는 벽돌을 사용했다.

2.4. 황하문명

중국도 다른 초기문명과 같이 황하 강을 중심으로 농업을 위한 정착과 함께 인구가 증가함에 따라 다른 문명 발생지에서와 같이 지속적으로 경작면적을 넓혀야 했다. 경작면적이 확대됨에 따라 다른 지역의 울창한 산림도 점차 농경지로 바뀌었다. 황하 강 유역과 달리 중국의 중앙부와 남부지역은 울창한 산림지역이었다.

아득한 옛날부터 농업은 중국에서 신성한 직업이었고, 기름진 유역, 거대한 충적토의 평원 및 적당한 기후와 함께 중국은 잉여 농산물에 의한 농업 경제의 출현에 이상적인 조건들을 가지고 있었다. 실지로 중국은 기원전 2350년과 1120년 사이에 동물의 뼈나 목재로 만든 가래 등 새로운 농기구 및 관개기술과 함께 농업이 크게 발달하였다. 하 왕조시대(기원전 1765~1122)에는 글쓰기를 시작했고, 매우 아름다운 청동도구를 만들었으며, 말과 함께 소, 돼지, 양, 개 및 닭들을 사육했다. 조가비가 화폐의 단위로 제공되었고, 건축술은 상당히 큰 건물들을 세울 수 있을 정도로 발달했다.

중국의 문학 및 철학의 발달을 위한 기초를 만든 시기는 주 왕조시대(기원전 1122~255)였다. 노자, 공자 및 다른 철학자들이 주 왕조시대의 후기에 활동했다. 주 왕조 때 많은 공국들이 야만인들의 침략으로부터 농업사회를 보호하기 위해 출현했다. 봉건공국들은 성벽으로 둘러싸인 도시와 여러 더 작은 다른 사회들로 구성되었고, 주변의 농업세계를 지배했다. 봉건공국들 중에 가장 강했던 국가인 진 왕조는 기원전 3세기에 통일된 제국을 건설했다. 길이가 약 2,700km인 만리장성은 진 왕조(기원전 255~206)에 의해 벽돌을 쌓아 만들어졌다. 이는 당시 이 지역에 풍부한 산림이 있어 거대한 목조건축과 많은 벽돌을 만드는데 필요한 연료로서 목재의 공급이 가능하였기 때문으로 추측된다.

모든 도시지역은 일반적으로 하나의 특징인 거의 직사각형 평면을 가지고 있었다. 이는 지구가 사각형이고 하늘이나 천국은 둥글다는 고대 중국 사람들의 생각에 기초했다. 중국의 도시 및 촌락과 함께 들판이 대칭이며 정사각형으로 배열되었다. 모든 고대의 유럽사람들은 세계 및 우주가 원형으로 평평하다고 생각했고, 이 우주론은 그들의 삶과 직업을 좌우했다. 왜 정사각형이 중국사람들 사이에 중요한 역할을 했는지는 알 수 없다. 다른 고대문명의 도시들과 다르게 고대중국의 도시들은 성벽 너머로 성장할 수 없는 결집된 전체로서 처음부터 인식되어졌다. 도시들은 방어를 목적으로 성벽들에 의해 둘러싸였다. 이 특성은 중국어에서 도시와 도시의 성벽에 대한 구별이 없는 것에서 나타난다. 실제로 성벽들은 도시의 외부뿐 아니라 내부를 지배했다. 또한 안뜰을 가진 주택들은 울타리가 있었다.

또 다른 도시들의 고유한 특징은 기후를 고려하여 크고 작은 건물들이 차가운 북쪽의 바람을 막고 햇빛을 차단하기 위한 방법으로 남쪽을 향했다. 이 영향은 안뜰의 북쪽 면과 평행으로 주 건물들을 위치시키고 종속적인 건물들은 안뜰의 동쪽과 서쪽 면을 막았다. 더 큰 건물 집단들은 남-북 축을 따라 비슷한 건물들이 연속으로 배치됐다. 도시들의 거리들은 전형적으로 남-북 및 동-서 축으로 이어졌고, 수많은 직사각형 구획을 이루었다. 주도로들은 도시의 성문으로 이어졌다. 거리에는 상점들이 있었고, 상업 활동이 작은 도시에서는 소수의 거리로 제한된 반면에 큰 도시에서는 전체 거리에서 활발하게 이루어졌다. 장인들과 소매상인들은 특정한 거리를 따라 서로 집단화되었고, 어떤 거리에서는 소매상인들의 이익을 보호하기 위해 조합과 같은 단체가 종종 구성됐다.

대부분의 제품은 가정에서 만들어졌다. 따라서 주택들은 가족들의 삶에 따라 필요에 의해 설계되었고, 거주자들을 위한 작업장 역할도 했다. 교역의 결과로 출현한 유산계급은 목재로 만든 침대, 테이블 및 의자를 갖춘 목재로 잘 건축된 주택에서 살았고, 도자기 접시를 사용했다. 그들은 목재로 만든 수레로 육지를, 배로 수로를 따라 여행했다.

전형적인 농촌주택은 중앙의 안뜰 주위에 위치한 여러 건물들로 구성되었다. 주택의 출입문은 가능하면 남쪽을 향했고, 출입문을 통과하면 즉시 벽이 나타났다. 이는 중국사람들이 사악한 악령은 직선으로만 이동하여 벽이 사악한 악령을 막는다고 믿었기 때문이다. 고대중국은 단층주택이 일반적이었다. 도시를 둘러싸고 있는 성벽보다 더 높은 주택에 사는 것은 건방진 것으로 생각했다. 기후에 대한 고려는 안뜰과 주택 사이의 관계를 지배했다. 북쪽지방에서 안뜰은 건물보다 면적이 넓었고, 남쪽지방은 반대였다. 남쪽지방에서 주택의 튀어나온 지붕은 강한 햇빛으로부터 보호했다. 도시주택들의 주 출입구는 중심축에 있지 않았다. 이는 인간이 완전하지 않고 신들에 대한 공격으로 생각했기 때문이었다.

제 3 장 동지중해의 고대문명과 목재

유럽의 고대문명은 메소포타미아문명과 고대이집트문명의 영향을 받았다고 생각되어 왔다. 하지만 오늘날의 일부 역사학자들은 유럽에서 신석기인들이 가축을 기르고 그들 스스로 널리 농업을 시작했다고 믿는다. 또한 최초의 유럽문명인 동지중해의 고대문명은 그리스의 지리적 위치가 문명발생에 중요한 역할을 했다. 메소포타미아 및 고대이집트 등과 비교하면 고대그리스는 매우 작은 강과 면적을 차지하고 있다. 많은 사람들은 그리스에서 문명이 겨울에 따뜻하고 여름에 건조하여, 따뜻함이 삶의 용기를 주었고 사람들의 에너지를 자극하여 발생되었다고 한다. 그리스는 메마른 토양과 거친 바위로 된 산이 많고 기름진 계곡이 매우 적어 끊임없는 인간의 노력을 요구했다. 고대그리스사람들은 그들의 환경을 즐기기보다 정복해야 했지만 산과 바다가 고대문명 발달에 중요한 역할을 했다. 그리스는 높은 산으로 둘러싸인 작은 강 유역의 평원들로 구성되었다. 많은 산은 그리스사람들을 서로 고립시키는 효과가 있어 고대그리스 사회들은 각자 서로 다른 삶의 방식들을 발달시켰다. 시간이 흐르면서 이들 사회들은 이익을 얻기 위해 서로 싸웠고, 도시들 사이에 경쟁은 결국 고대그리스 사회를 파멸시킨 많은 전쟁들을 일으키게 했다. 또한 바다가 고대그리스문명 발달에 영향을 했다. 그리스(그림 3-1)는 긴 해안선을 가지고 있고, 항구들로 사용될 수 있는 많은 내포들이 산재해 있었다. 고대그리스사람들은 바다에 위치한 많은 섬들에도 거주했다. 이는 고대그리스사람들을 에게 해와 지중해를 통해 외부세계와 쉽게 접촉할 수 있는 뱃사람들이 되게 했고, 나중에 지중해의 전 지역에 그리스문명을 전파시킨 식민지들을 건설하게 했다.

기원전 3,000년경에는 에게 해에 위치한 크레타 섬이 번성하여 이를 크레타문명 혹은 미노아문명이라 한다. 후에 크레타 섬은 미케네사람들의 지배를 받게 되고 미케네사람들은 크레타문명을 모방하여 비슷한 문명을 일으켰다. 미케네사람들에 의한 문명은 미케네문명이라 한다. 이 장은 목재가 두 문명의 발달과 쇠퇴에 어떤 기여를 했는가 알아본다.

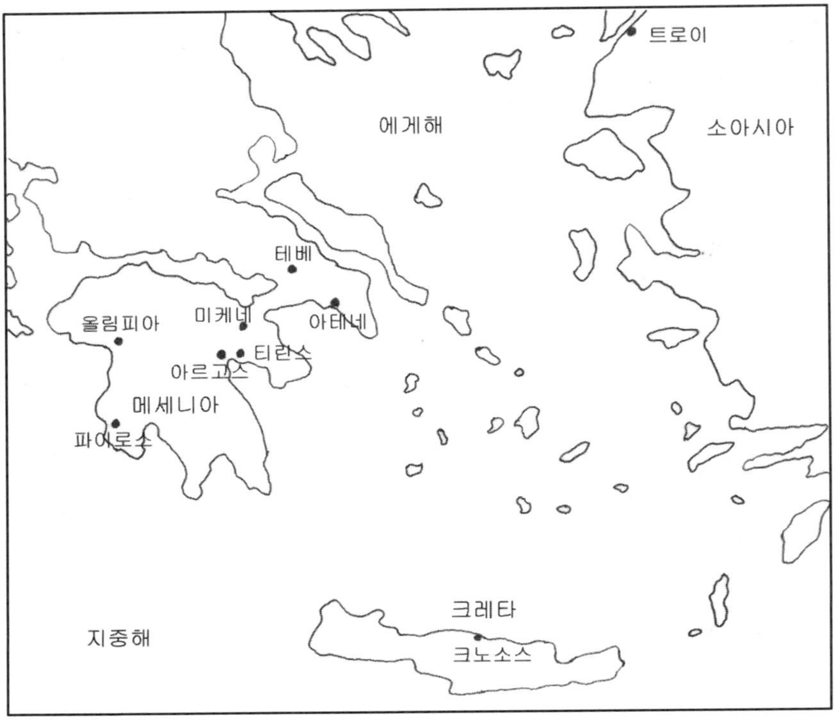

그림 3-1. 동지중해의 고대문명

배의 발달

동지중해 주변으로 발달된 고대문명들은 전쟁보다 무역에 종사했다. 이들은 물건들을 운반하기 위해 강하고 널찍한 늑골이 있으며, 두꺼운 판재로 만든 배를 개발했다. 상선은 노를 젓는 사람들을 고용할 수 없었고, 노예도 살 수 없었기 때문에 국가가 소유한 군함보다 바람을 더 효과적으로 이용한 항해의 발달을 이루게 되었다. 그림 3-2는 고대그리스문명 초기에 큰 파낸 배로부터 발전되었다. 노를 위한 지레받침이 확장된 뼈대에 의해 제공되었다. 또한 배는 최초로 배의 앞과 뒤를 물고기 모양으로 만들어 유체역학을 이용했고, 뱃머리는 선체와 연결하기 쉽게 만들었다.

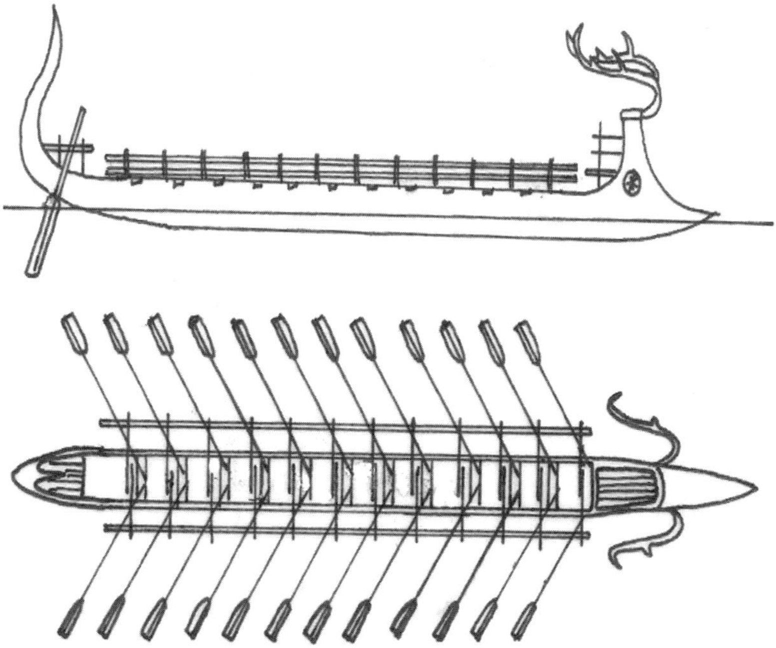

그림 3-2. 기원전 3,000년경의 고대그리스 배

3.1. 크레타문명(미노아문명)

지중해의 최초 문명은 동지중해에 위치한 크레타 섬에서 다소 갑작스럽게 나타났다. 기원전 3,000년경에 금속 특히 청동으로 무기를 만들어 사용한 청동기문명이 그리스 본토로부터 동남쪽에 위치한 크레타 섬에서 발달했다. 다른 고대문명들은 큰 강 유역에 위치한 넓고 기름진 농경지를 중심으로 농산물의 초과생산과 함께 주변의 산림으로부터 얻은 목재를 이용하여 발달했지만 크레타는 작은 섬이었다. 면적이 약 8300km^{2}인 섬은 2/3가 산들로 이루어졌고 큰 강도 없었다. 벌채와 함께 침식으로 토양이 척박하게 되기 전에는 많은 농부들이 있었겠지만 현재는 유럽에서 가장 불모지로 산들이 암석들로 이루어졌다. 크레타문명은 최초로 영국의 고고학자인 아더 에반스에 의해 발견되었고, 크레타의 전설적인 왕인 미노스의 이름으로부터 미노아문명이라고도 불렸다. 크노소스의 거대한 궁전 등의 유적들은 주로 무역에 의한 해양제국의 중심지로서 크노소스의 번영을 보여준다.

크레타 섬에 적은 수의 군사용 요새는 크레타가 자체 방어를 위해 강력한 해군을 가지고 있었음을 의미한다. 유물들은 또한 크레타사람들이 바다를 항해하여 더 진보된 고대이집트문명 및 메소포타미아문명과 접촉하였음을 보여준다. 크레타사람들은 그리스 본토의 주민들과도 접촉하여 영향을 미쳤을 것이다. 크레타문명의 정점은 기원전 2,000년에서 1,450년 사이로 특히 크노소스에 위치한 왕궁은 고도로 세련된 삶의 좋은 증거를 보여준다. 궁전 중앙의 안뜰 주위로 세워진 정교한 건축물과 장식된 꽃병, 작은 조각상과 보석류를 만들기 위한 작업장 및 왕족들을 위한 많은 방들이 있었다. 방들은 밝은 색을 사용하여 운동하는 장면과 크레타사람들이 자연을 사랑하고 많은 나무들이 있었다는 것을 나타내는 그림 3-3과 같은 프레스코벽화들로 장식됐다.

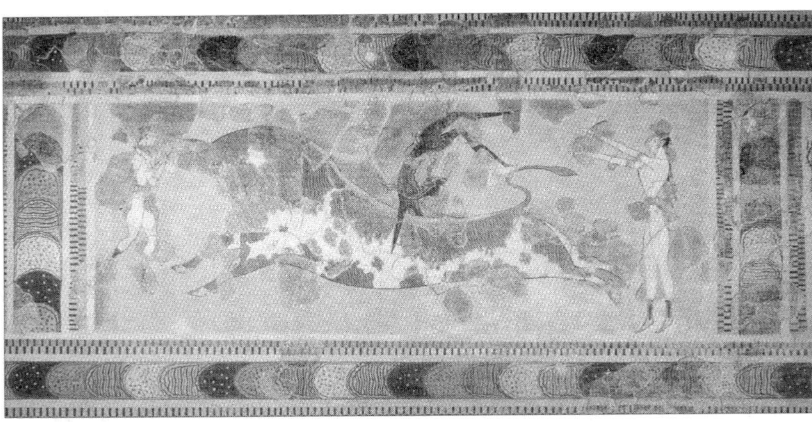

그림 3-3. 크레타의 프레스코벽화

크레타의 목재무역

크레타의 물질문명은 동지중해를 통한 목재, 직물, 금속세공품, 청동제품 및 토기 등의 교역으로 이루어졌다. 하지만 어떤 학자는 크레타문명의 시작이 목재가 부족하였던 고대이집트 및 메소포타미아와의 목재무역으로부터 시작되었다고 한다. 특히 기원전 2500년에서 2000년 사이에 메소포타미아의 목재부족은 바빌로니아가 인도의 서부해안지역을 상대로 한 목재무역의 쇠퇴로 일어나게 되었다. 이유는 알려지지 않고 있지만 함무라비가 지배하던 시기에 인도로부터 목재수입이 완전히 중단되었다. 하지만 메소포타미아에서 목재수요는 감소되지 않았다. 목재가 절대적으로 필요했기 때문에 메소포타미아사람들은 다른 지역에서 목재를 찾기 시작했다. 메소포타미아사람들은 목재가 풍부한 크레타 섬에 관심을 가지게 되었고, 크레타사람들을 상대로 교역을 시작했다. 전체 면적의 2/3가 산인 크레타는 삼나무와 함께 참나무와 소나무가 울창하게 자라 목재는 풍부했지만 생활에 필요한 어떤 물건도 생산하지 못했다.

크레타의 번영과 목재

크레타와 메소포타미아 및 고대이집트 사이에 목재무역은 크레타가 에게 해에 있는 작은 섬으로부터 지중해의 가장 강력한 나라들 중에 하나로 빠르게 발전하는데 필요한 부를 주었다. 크레타 섬의 동남해안지역에 위치한 자크로스에서 발견된 대리석으로 만든 술잔, 저장용 항아리, 편암으로 만든 화장품상자 등은 크레타의 번영을 잘 보여준다. 섬의 지배자들은 가족들과 관리들이 거처하기에 충분히 큰 궁전들을 세웠다. 그러나 궁전들은 거주를 위해서만 존재하지 않았다. 궁전의 중요한 기능은 저장장소로서 식량 등 생활에 필요한 물건들을 집결시키고, 그 곳으로부터 많은 사람들에게 분배하는 역할도 했다. 궁전에서 발견된 유물들 중에 사람의 키보다 크고 흙으로 만든 거대한 토기는 포도, 기름 및 곡식의 저장을 위해 채워졌다. 상형문자의 채택과 함께 권력의 중앙 집중으로 크레타사람들은 복잡하고 풍요로운 물질문명을 다룰 수 있게 되었다. 특히 돌로 만든 궤들은 교역을 위해 값비싼 금속들을 보관하는 일종의 금고들이었다. 창고들에는 가공을 위해 공장에 보내지거나 교역을 기다리는 물건들이 저장되었다.

크레타의 물질적인 성장은 항구 근처에 세워진 많은 도시지역에 집중되었고, 이들 도시들을 건설하기 위해 많은 목재가 사용됐다. 도시의 주택들은 목재기둥 및 천장에 목재 보가 사용됐고, 벽은 목재로 만든 뼈대에 의해 강화되었으며. 궁전과 같이 목재로 만든 발코니와 회랑이 있었다. 많은 목재가 또한 교역을 위한 배를 만드는데 사용되었고, 다른 산업의 발전도 가능하게 하였다. 크레타 이외의 지역에서 크레타에서 만든 많은 청동도구의 발견은 수출을 위해 많은 양의 청동이 생산되었음을 의미한다. 청동제품을 만들기 위해서는 주석과 구리를 녹이기 위해 많은 목재가 연료로 사용됐다. 인구의 증가와 함께 가정용 토기의 생산이 또한 증가되었고, 생산량의 증가는 목재의 소비를 증가시켰다. 건축과 배의 재료 및 토기와 청동의 연료로서 목재에 대한 수요와 함께 크레타의 도시화는 주거공간을 위해 넓은 지역의 산림을 파괴하게 했다.

인구증가와 번영 모두 크레타의 황금시대에 절정에 이르렀다. 난방과 요리를 위한 목재가 인구의 증가와 함께 가정에서 연료의 소비증가로 예전보다 더 많이 필요했다. 하지만 도시들이 커지면서 성장을 계속하기 위한 목재는 부족하게 되었다. 목재가 크레타문명의 발달에 기본 요소였으므로 목재부족은 크레타문명의 미래를 불안하게 했다.

가 구

가구들에 대한 유물은 드물고, 고대이집트와 같이 순수하게 실용적이거나 의례용이지 않았고 둘 모두를 약간 포함했다. 크노소스 궁전에서는 옥좌(그림 3-4)가 발견되었고 방의 측면에 긴 의자가 있으며, 왕이 의견을 청취하기 위한 넓은 공간은 전후 사정을 알 수 있어 인상적이다. 옥좌는 돌로 만들어져 보존되었으나 목재로 만든 것들은 복제품이다. 실재로 많은 복제품들이 전후 사정을 보여주기 위해 오늘날 만들어지고 있다. 조각, 양각세공 및 도자기그림 등도 가구들에 대한 자료를 제공한다.

그림 3-4. 크노소스 궁전의 옥좌

크레타문명의 쇠퇴와 목재부족

어떤 학자들은 내전에 의해 정치적으로 불만을 가졌던 크레타의 동남부 지역 사람들이 크노소스를 점령하면서 궁전이 파괴되었고, 결국에는 문명을 사라지게 했다고 주장한다. 많은 사람들은 또한 크레타문명이 북쪽에 있는 화산의 폭발에 의해 망했다고 믿고 있다. 하지만 문명이 사라진 다음 오랫동안 크레타 섬은 가뭄이 계속되었다. 크레타에서 가뭄이 계속되는 동안 인접 섬인 테라에서 화산폭발이 있었기 때문에 다른 관점에서 설명하는 것이 더 적합하다. 크레타는 목재부족을 경험하게 되고. 다른 지역들은 많은 목재의 공급으로 풍요를 누린다. 특히 미케네는 많은 양의 목재를 가지고 있었고, 고대이집트는 지금의 시리아지역인 페니키아의 넓은 산림을 지배하고 있었다. 하지만 이 시기에 크레타는 건축 및 산업의 연료 등에 사용하기 위한 목재를 공급받는 것이 어렵게 되었다.

크레타에서 목재부족은 건축에 사용되는 재료를 변하게 했다. 예전의 건축에서 목재의 일반적인 사용과 비교하여 기원전 15세기경에 건물들은 기둥으로 목재를 더 이상 사용하지 못했고, 보에는 목재가 계속 사용됐지만 품질이 나쁜 목재가 사용됐다. 목재부족은 청동을 재활용하여 사용하게 했다. 청동은 주성분인 구리보다 용해점이 낮아 오래된 청동도구를 재활용하는 것이 많은 연료를 절약하게 했다. 크레타사람들의 희망은 중요한 목재를 계속 공급받는 일이었다. 펠로폰네소스반도의 메세니아는 크레타의 중요한 목재공급원이었으나 이 시기에 미케네, 파이로스, 티린스 등에 도시국가들이 세워지고, 이들 도시들의 성장을 위해 목재를 사용했다. 외국으로부터 목재를 공급받기 위해 크레타사람들은 큰 배들이 필요했으나 새로운 배와 배를 고치기 위해 품질이 나쁜 목재를 사용해야만 했다. 따라서 배의 크기는 작아져야 했고 배는 항해에 적합하지 않게 되었다. 크레타 선대의 감소는 예전의 무역항로를 다른 나라들이 쉽게 차지할 수 있게 했다. 고대이집트와 미케네의 많은 목재 소유와 함께 크레타의 목재부족은 확실히 바다와 교역의 지배에 영향했다. 배의 크기 및 감소는 크레타의 상업루트를 다른 세력이 쉽게 차지할 수 있게 했다. 특히 전 장에서 언급한 것과 같이 크레타사람들은 목재를 확보하기 위해 고대이집트와 역사상 최초로 해전을 하게 된다. 이 해전에서 크레타의 패배와 함께 승리했지만 전쟁으로 큰 손실을 입은 고대이집트의 쇠퇴는 목재가 풍부한 페니키아가 기원전 15세기경에 지중해에서 교역을 지배하게 했다. 페니키아 상선(그림 3-5)은 배의 폭이 넓어 많은 물건을 운반할 수 있었고, 앞쪽에 위치한 통은 바람이 없는 바다를 항해할 때 사용할 음료수 보관을 위해 필요했을 것이다. 목재부족은 청동기시대 말에 크레타문명을 쇠퇴하게 하였고, 결국 크레타가 미케네의 지배를 받게 했다.

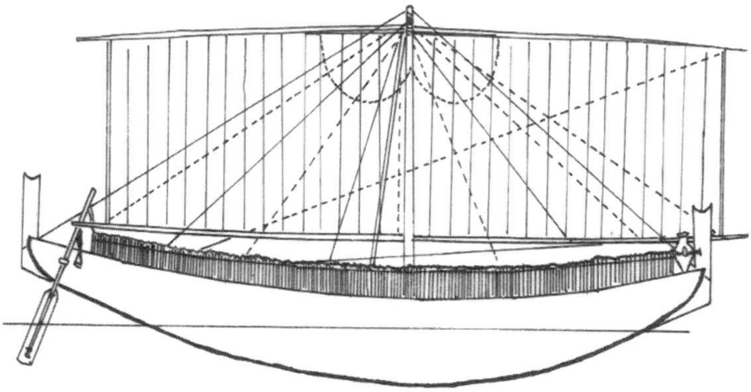

그림 3-5. 기원전 1500년경의 페니키아 상선

3.2. 미케네문명

미케네문명(기원전 1,600~1,100)은 기원전 1,400년과 1,200년 사이에 정점에 이른다. 거대한 돌로 만든 성벽으로 둘러싸인 언덕에 궁전이 세워졌다. 왕은 군대, 성직자 및 관료들의 우두머리였고, 자유시민들은 농부들과 함께 군인 및 도공들을 포함했다. 왕의 가족들이 요새화된 궁전에 사는 동안 시민들은 성벽 밖에서 흩어져 살았다. 미케네문명은 미케네, 티린스, 파이로스 및 테베 등 많은 도시국가들로 구성되었고, 도시국가들은 가장 강력한 미케네를 중심으로 동맹국을 형성했으며, 그리스와 이집트 사이의 지중해를 기원전 15세기경에 지배하기 시작했다.

무엇보다 미케네사람들은 전쟁을 즐기는 호전적인 전사들이었다. 크레타의 벽화와 다르게 미케네의 벽화들은 전쟁과 사냥하는 장면을 많이 보여준다. 또한 미케네는 거대한 상업조직을 발전시켰다. 미케네의 토기들은 동쪽으로 시리아와 이집트, 서쪽으로 남부이탈리아와 시칠리아 등 지중해 전 지역에 분포되어 있던 항구들에서 발견되어 왔다.

미케네문명의 번영과 목재

어떤 학자들은 미케네 자신이 군사적으로 팽창하여 크레타를 정복하고 미케네문명을 만들었다고 한다. 에게 해에 위치한 섬들의 일부가 미케네의 지배를 받았고, 확실한 증거는 없지만 기원전 1250년경에는 소아시아의 북서해안지역에 위치한 트로이를 점령했다고도 한다. 하지만 미케네는 많은 목재자원을 가지고 있었으며, 크레타사람들은 목재자원을 필요로 했고 미케네문명 발달에 많은 기여를 했다. 산림 또한 농업생산의 유지와 함께 건축과 연료에 필요한 목재를 미케네세계에 제공했다.

장엄한 왕궁들과 주택을 건축하는데 목재는 돌 및 흙과 함께 중요한 재료였다. 목재는 청동제품과 토기를 만드는데도 연료로 제공됐다. 청동산업은 메세니아에서 중요한 산업이었고, 청동으로 만든 괭이 및 낫 등의 농기구들은 농부들에게 매우 중요했다. 청동으로 만든 도끼, 까뀌 및 톱 등도 무역을 위한 배들을 만드는데 중요했다. 토기산업은 청동기시대 말까지 성장하였고, 미케네의 도공들에 의해 많은 목재를 연료로 사용하여 생산된 토기의 수출에도 배들이 필요했다. 미케네사람들은 목재를 사용하여 배를 만들었고, 전차도 제작했다. 두개의 바퀴가 달린 전차들은 전쟁에서 미케네 군인들을 매우 빠르게 이동시켰다.

많은 가구들이 목재로 만들어졌지만 고대그리스 가구의 종류는 고대이집트의 것들보다 많지 않다. 또한 고대그리스에서는 의자, 걸상, 궤, 작은 테이블 및 그 외에 적은 수가 발견되었다. 고대그리스의 가구는 조각과 꽃병의 그림들을 통해 정확한 재구성이 이루어졌다. 미케네의 의자들 중에 일부는 고대이집트와 서아시아로부터 직접 전해졌고, 옥좌에서 정교함이 절정에 이르렀다. 그럼에도 옥좌는 부유층들의 물건들 중에 일부였고, 꽃병에 그려진 일상생활의 모습들에서 찾을 수 있다.

그림 3-6. 기원전 2500년경의 의자에 앉아 있는 하프연주자상

산업의 발달과 함께 청동기시대 말까지 인구가 증가하였다. 인구가 증가하므로 주택을 위해 많은 지역에서 산림의 벌채가 이루어졌다. 아르고스평원에서 미케네, 티린스 및 아르고스 등 도시들은 팽창했고, 새로운 촌락들이 평원의 모든 높은 지역에서 나타났고, 점차 촌락의 수가 크게 증가했다. 또한 증가하는 식량의 수요는 더 큰 면적의 산림을 파괴시켰다.

미케네문명의 쇠퇴

미케네문명의 붕괴를 설명하기 위해 다양한 주장들이 있어 왔다. 그리스의 전설에 의하면 미케네보다 문명이 덜 발달된 또 다른 그리스 말을 하는 민족이 북쪽으로부터 침입했다고 한다. 도리안이라 불리는 침략자들이 미케네세계의 도시들을 파괴하고 펠로폰네소스반도에 정착했다. 그러나 도리안들의 침입을 증명할 고고학적 증거가 거의 없다. 많은 역사가들은 미케네가 외부 세력에 의해 망하지 않았다고 주장한다. 이는 견고한 성채를 가진 도시들이였기 때문에 내부 붕괴에 의한 것으로 미케네세계의 왕들 사이에 내부분열과 지진들이 미케네 쇠퇴의 중요한 원인들이었다고 주장한다. 확실한 것은 기원전 1100년경에 미케네가 상당히 불안정한 시기였다는 것이다. 청동기시대 말에는 펠로폰네소스반도에서 일반적인 자연 재앙들이 나타났다. 자연환경의 변화는 변덕스럽고 파괴적이었다. 산업의 발달과 함께 인구증가에 따른 도시의 팽창으로 발생된 산림파괴는 식량생산을 크게 감소시켰다. 아르고스평원은 나무가 없는 산으로부터 많은 양의 흙이 홍수기에 흘러내려와 쌓였고, 항구는 습지로 변했다. 아르고스의 산악지역은 가뭄이 계속되어 자연적인 수자원 체계가 파괴되었으며, 더 이상 경작할 땅이 없게 됐다. 또한 미케네문명에 중요한 역할을 한 청동과 토기의 생산이 목재부족으로 크게 감소했다. 목재는 미케네문명에 공헌하였고, 반대로 미케네문명을 쇠퇴하게 하였다.

고대그리스의 암흑기

미케네문명이 쇠퇴하면서 그리스는 인구가 크게 감소하였고, 이 시기를 역사가들은 암흑기(기원전 1100~750)라 부른다. 암흑기에 정치적 음모와 함께 시민들의 소요가 계속하여 일어났다. 삶의 질이 떨어졌으므로 일반 국민들이 큰 부를 축적한 군주와 같은 지도자들의 합법성에 의문을 갖기 시작했다는 것을 예상할 수 있다. 또한 미케네세계의 왕국들은 서로를 공격하여 저장된 식량과 목재 등 귀중한 물건을 약탈하기 위해 혼란스러운 상황을 이용하였다. 권력에 굶주린 사람들은 권력의 주도권을 위해 시대의 불확실한 상황을 이용했다.

기원전 850년까지 농업은 회생되지 않았다. 사정이 나빠지면서 남아있던 미케네사람들은 단지 생존을 위한 식량과 목재를 구하기 위해 많은 시간을 허비하였다. 미케네세계의 도시들은 계속하여 존재했으나 더 작은 규모가 되었다. 같은 시기에 그리스 회생에 기초가 된 새로운 변화들이 있었다. 암흑기에 많은 그리스사람들이 본토를 떠나 에게 해를 지나 여러 섬들로 이주했다. 고향을 떠난 사람들 중에 상당수는 소아시아의 해안지역과 그리스의 다른 지역인 미개척지를 향하였다. 그들 중에 일부는 예전에 사람이 거주하지 않았던 지역인 아카이아의 기름진 지역을 향해 서쪽으로 이주했다. 다른 사람들은 아직 산림이 울창한 아르카디아의 오지로 떠났다.

농부들은 식물이 살 수 없는 토양에서 농작물의 재배를 포기했지만 대신에 가뭄에도 생존할 수 있는 올리브나무를 재배했다. 올리브나무의 재배는 뿌리가 토양을 고정하고, 잎들이 태양광선으로부터 땅을 그늘지게 하여 토양을 회생시키는데 도움이 되었다. 올리브나무가 언덕에도 재배되어 더 이상의 토양 유실을 막았다.

올리브나무목재는 또한 연료부족을 완화시켰고, 건축 재료로도 제공되었다. 올리브나무의 목재는 연장의 손잡이와 함께 건축에도 사용될 수 있었으나 소나무나 삼나무 목재와 같이 곧지 않고 작업이 쉽지 않아 큰 하중과 함께 긴 길이로 사용이 불가능해 건물의 크기를 제한했다.

목재부족과 철기시대의 탄생

청동의 생산을 감소시켰던 목재부족은 철의 사용을 시작하게 하는 동기를 제공했다. 특히 키프로스에서 구리 제련으로부터 나온 찌꺼기는 많은 양의 철을 포함하고 있었다. 많은 양의 목재연료가 있었을 때 야금가들은 구리광석을 녹이고 나온 산더미처럼 쌓인 용재를 사용하지 않았다. 목재가 부족하게 되자 그들은 산업 쓰레기인 용재에서 철을 발견했다. 그들은 용재에 많은 양의 철이 포함되었다는 것과 함께 발견된 철이 구리보다 더 유용하다는 것을 알게 되었다. 야금가들은 목재부족으로 새로운 금속을 얻었고, 철기시대의 기초가 된 철로 작업을 시작했다.

제 4 장 그리스문명과 목재

미케네문명이 쇠퇴한 다음 그리스 전체는 인구가 희박하게 되고 토양은 척박하게 되었다. 그리스 전체인구는 기원전 12세기와 11세기 사이에 크게 감소하여 예전 인구의 1/4로 감소하였다. 이 장은 이러한 그리스가 다시 문명을 일으키고 발전하는데 목재가 어떤 역할을 했는가 알아본다.

4.1. 그리스의 회생

기원전 8세기에 그리스에서는 새로운 에너지들이 갑자기 나타났다. 도시국가들과 함께 지중해와 흑해에서 그리스의 식민지들이(그림 4-1) 이 시기에 나타났다. 그리스의 폴리스는 기원이 분명하지 않지만 암흑기에 발전했고, 기원전 8세기에 그리스사회에서 유일하고 중요한 기관으로 나타났다. 폴리스는 모든 중요한 정치·사회·종교 활동들이 중앙의 한 장소에서 행해졌던 작지만 독립적인 정치 단위로 정의할 수 있다. 폴리스는 도시, 읍, 촌락과 주변의 농촌지역을 모두 포함했고, 시민들은 정치, 경제, 사회, 문화 및 종교 활동을 위해 한 장소에 모였다. 이 중앙의 회합장소는 전쟁 중에 피란처로도 제공되었고, 후에 사원과 전쟁기념물 등이 세워졌던 아테네의 아크로폴리스와 같은 언덕이었다.

암흑기에 또 다른 중요한 활동들이 나타났다. 해외에서 그리스사람들의 정착은 그리스의 회생에 또 다른 중요한 에너지원이었다. 기원전 750년에서 기원전 550년 사이에 많은 그리스사람들이 그리스를 떠났다. 처음에는 식량의 부족으로 인한 굶주림이 원인이었지만, 나중에는 교역을 위한 식민지 개발이 목적이었다. 기원전 8세기경에 그리스는 염색한 모직섬유, 토기, 올리브기름 및 포도주 제품을 생산했다. 이들 제품은 교역의 발전에 중요한 역할을 했다. 많은 그리스 식민지들은 교역의 중심지가 되었고, 교역과 함께 다른 경제활동들도 회생되었다. 무기를 만드는데 청동 대신에 철이 사용되었고, 철로 만든 농기구들은 식량의 생산량을 증가시켰다.

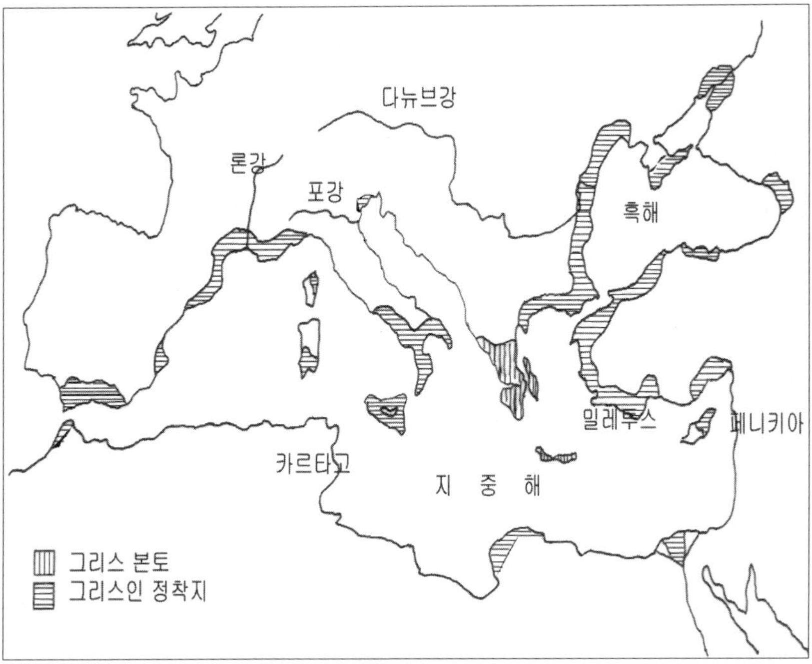

그림 4-1. 기원전 500년경의 그리스와 그리스인 정착지역

아테네는 기원전 8세기에 아티카를 통일하고 그리스세계의 중요한 도시가 되었으며, 페리클레스시대(기원전 443~429)에 황금기를 이룩했다. 마케도니아 이전의 그리스문명은 도시와 도시의 주변이 정치적이고 사회·경제적으로 상호 의존하는 도시-농촌의 실체인 폴리스의 발달과 매우 관련이 있다.

도시국가는 폴리스의 뜻을 완전히 나타내지 못하고 폴리스와 고대문명의 도시국가 사이에는 분명한 차이가 있다. 예를 들면 폴리스에서 농촌 거주자들은 수메르의 도시국가들에서 존재하지 않았던 도시 거주자들과 동등한 관계였다. 그러나 이들 두 도시 사이에는 닮은 점도 있었다. 수메르의 도시국가들과 같이 그리스의 폴리스들은 종종 서로 충돌했고 적이 공격했을 때 협력했다. 폴리스들 사이에 간헐적인 충돌 결과는 메소포타미아에서와 같이 하나의 도시로부터 다른 도시로 중심을 이동시켰다. 폴리스의 유일한 특징은 성장과 팽창의 조절정책이었다. 도시는 어떤 크기에 이르렀을 때 성장을 멈추고 새로운 폴리스를 세웠다. 따라서 새로운 폴리스들은 모 도시의 유사 식민지들이 되었다. 이 정책은 도시의 인구와 주변지역에서 생산할 수 있는 식량 사이에 균형을 이루기 위한 것에 기초했다. 그리스 토양의 비옥함은 고대문명들이 발달되었던 충적토들과 결코 비교될 수 없다는 것을 기억해야 한다. 그리스의 위성도시에 대한 정책의 중요한 부산물은 그리스문명의 초석인 상업과 교역의 팽창이었다.

4.2. 배의 발달

그림 4-2와 같은 상선은 도시국가의 출현에 크게 공헌한 교역에 이바지했다. 목재로 만든 뼈대에 겹치지 않고 판재를 깐 카르벨은 많은 화물을 실을 수 있도록 강했고, 배의 폭을 넓게 했다. 돛은 느슨하게 설치하였고, 납작한 배의 머리는 바람을 효과적으로 이용하여 항해하기 위해 설계되었다. 페니키아가 지배한 에게 해와 이오니아 해의 섬들을 빠르게 식민지로 만들기 위해 그리스사람들은 전쟁에서 신속하고 강력하며 효과적인 무기인 노를 젓는 갤리선을 개발했다. 그림 4-3과 같은 전함들은 형이상학적인 치수를 사용했고, 또한 물고기와 같이 유체역학을 이용했다.

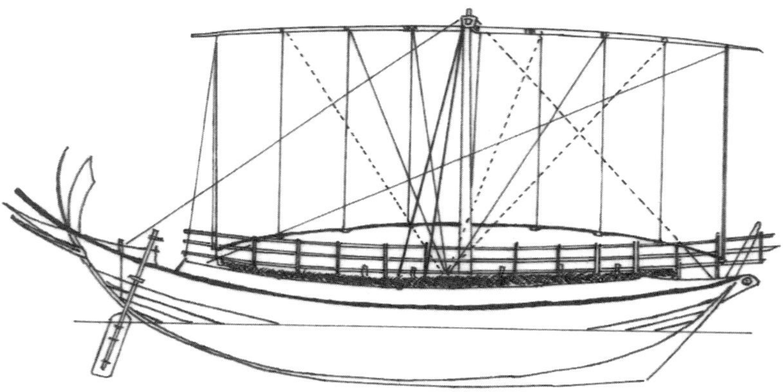

그림 4-2. 기원전 8세기의 그리스 상선

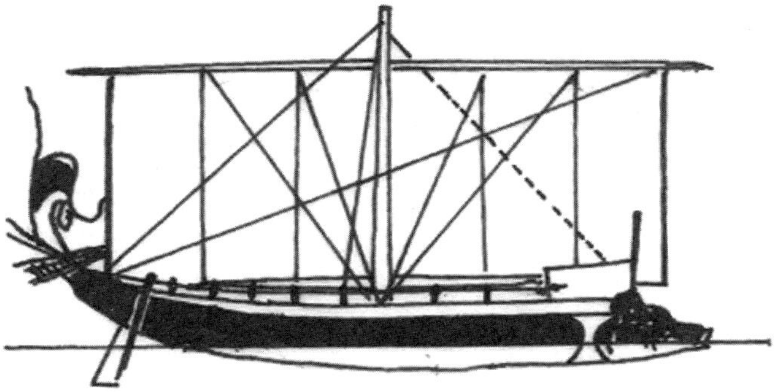

그림 4-3. 기원전 400년경의 전함인 그리스의 갤리선

4.3. 그리스의 도시

소아시아에서 가장 부유한 도시인 밀레투스는 그리스의 교역활동에 중요한 역할을 했고, 그리스문명에 크게 기여할 수 있는 새로운 아이디어들을 제공했다. 많은 도시들이 시칠리아, 이탈리아반도 및 멀리 고대 프랑스인 갈리아 및 소아시아의 해안을 따라 세워졌다. 페르시아사람들이 기원전 494년에 밀레투스, 기원전 480년에 아테네를 포함하여 많은 도시들을 파괴했지만 그리스문명을 사라지게 할 수 없었다. 결국에는 그리스가 페르시아에 승리했지만 파괴된 도시들을 다시 건설해야 했다. 아테네사람들은 예전의 조직적인 도시 형태를 되찾기 위해 옛날 양식을 버리고, 수세기 동안 서양도시 계획의 모범이 된 격자모양의 거리가 있는 도시를 다시 세웠다. 밀레투스는 가장 먼 지역을 걸어서 도달할 수 있었고, 성벽 너머로 인접한 농촌지방에도 쉽게 접근할 수 있도록 상대적으로 작은 면적인 약 0.9km^{2}이였다. 밀레투스와 같이 고대도시들은 작은 면적을 차지했고,

넓은 공간이 있는 농촌이 항상 바로 가까이에 있었다. 이와 같은 도시형태는 중세의 서양도시들도 채택했으나 주택의 개념에서 중요한 차이는 집들의 내부가 안뜰보다 바깥쪽을 향하게 했다.

그리스세계 도시의 또 다른 중요한 요소는 아고라였다. 아고라는 도시의 중심에 있는 광장으로 민주주의의 중심지 및 극장과 경기장 같은 문화센터였다. 주거지역이 도시의 넓은 지역을 차지했으나 주거지역의 계획과 건축양식은 건축가들의 관심을 끌지 못했다. 그리스 도시들의 주거지역들은 팽창결과로 미로와 같이 많은 좁고 작은 길을 가진 동양도시들의 주거지역을 닮았다. 또한 동양도시들과 같이 주택들은 허세를 부리지 않고 작았다. 하지만 거의 모든 시민들은 안뜰을 가진 주택을 소유했고, 주택 안에서 가족들의 삶이 이루어졌으며, 많은 작업들이 행해졌다. 정원들은 도시주택에서 드물었고, 기껏해야 주택의 뒤나 바로 옆에 있는 좁은 공간들이었다. 주택의 내부는 단순하고 장식은 최소로 하였다. 가구는 얼마 되지 않았고 매트리스와 베개를 가진 침상, 몇 개의 작은 테이블 및 보관을 위한 궤로 이루어졌다. 요리는 노출된 공간에서 이루어졌다. 테이블은 음식물을 운반하고 식사 후에 치우는데 사용했다. 식사시간에 남성들이 침상에 기대고 있는 반면에 여성들과 아이들은 작은 테이블에 앉았다. 홀로 먹는 것은 미개한 것으로 생각하였고, 훌륭한 테이블의 예절이 교양의 표시로 여겼다. 가족들은 방문객이 없을 때는 식사를 같이 했으나, 남성이 식사에 초대되었다면 여성은 주택의 공개되지 않는 장소에 머물렀다.

기원전 429에 페리클레스가 사망한 후 그리스는 불화의 시기로 새로운 도시가 마케도니아시대까지 세워지지 않았다. 마케도니아시대에 그리스의 세력 범위는 알렉산더 대왕의 정복로를 따라 이집트, 메소포타미아, 페르시아 및 인도에 이르렀다. 마케도니아시대에 세워진 새로운 도시들은 밀레투스의 도시모델을 따랐다. 이오니아 해안의 프리엔, 페르가몬 및 나일 강 삼각주의 알렉산드리아, 티그리스 강 유역에 위치한 셀레우키아 및 인더스 강 유역의 니케아가 잘 알려진 마케도니아 도시들이다. 도시들은 넓은 지역을 차지했지만 단순하고 고유한 특징들을 가지고 있었다. 모든 주택은 더 넓은 안뜰이 있었지만 근본적으로는 초기 그리스시대의 안뜰주택과 비슷했다.

페리스타일주택

기원전 5세기경부터 도시지역에서 그리스의 복도방식(hall-type) 주택은 점진적으로 동양의 안뜰주택의 그리스 개작물인 기둥으로 둘러싸인 페리스타일(peristyle)주택으로 대체되었다. 새로운 도시주택은 방들에 쉽게 접근할 수 있도록 주랑들로 여러 측면이 둘러싸인 안뜰을 가지고 있었다. 방의 수와 집의 크기는 부에 따라 변했고, 큰 주택들은 종종 하나 이상의 안뜰을 가지고 있었다. 하지만 주택들은 거리로부터 바라보았을 때 허세부리지 않는 특징을 가지고 있었다. 거주자의 사회적 지위는 주택의 외부 모습으로 알기 힘들었지만 내부는 사치스러웠다.

안뜰은 그리스의 도시주택에서 없어서는 안 될 정도로 중요했다. 안뜰은 방들에 빛과 공기를 제공했고, 외부세계로부터 사생활을 보호했으며, 많은 가사활동이 가능하게 했다. 안뜰이 중앙에서 벗어나 거리나 이웃집과 가까이 있을 때는 언제나 벽으로 가리었다. 페리스타일주택은 태양에너지를 이용하기 위해 중요한 방들을 주택의 남쪽에 위치하게 했다. 그리스의 페리스타일주택은 일반적으로 단층구조였으나 필요에 따라 더 큰 주택들은 거의 2천년 전의 우르 주택과 비슷한 안뜰에 주랑을 가진 2층이었다. 그리스 주택의 출입은 종종 좁은 거리에 위치한 하나나 이중의 목재로 만든 문을 통해 안뜰로 들어갔다.

목재부족은 주택의 난방을 위하여 이미 아테네에서 유행했던 방법을 사용하게 했다. 아테네의 시민들은 겨울철에 숯을 절약하기 위해 태양에너지를 이용하여 증가하는 목재부족을 극복했다. 각 건물은 안뜰의 북쪽에 중요한 방과 남쪽에 안뜰이 있었다. 주택의 남향은 겨울철에 햇빛이 방에 스며들게 했다. 기원전 4세기에 태양에너지를 이용한 설계가 그리스세계의 많은 지역에서 이루어졌고, 수세기 동안 계속되었다. 소아시아에 위치한 프리엔과 같은 새로운 도시들은 모든 시민이 태양에 의해 열을 공급받을 수 있도록 계획되었다. 도시 설계자들은 언덕이 많은 지역에서도 장기판과 같이 거리를 설계했다. 중요한 거리들은 모든 주택이 남쪽을 향하도록 동쪽에서 서쪽으로 이어졌다. 그런 다음 모든 주택들은 크기에 관계없이 태양열을 이용하기 위한 건축원리에 따라 설계되었다.

4.4. 그리스 본토

기원전 8세기에 그리스의 토양은 농작물을 다시 경작할 수 있게 회복되었다. 이 회생은 3세기 후 아테네의 황금시대와 함께 절정에 이르렀다. 새롭게 회생된 산림으로부터 얻을 수 있는 풍부한 목재는 철기시대보다 목재시대라고 말할 수 있을 만큼 많은 목재를 사용하게 했다. 농기구 및 생활용품과 함께 수레와 수레바퀴, 쟁기 등을 만들기 위해 목재가 사용됐다.

도시들은 건축을 위해서도 목재를 많이 사용했다. 전형적인 주택은 햇빛에 말린 벽돌로 건축되었고, 중앙에 안뜰이 있으며, 빛이 잘 들고 넓은 내부 공간이 있는 이층집이었다. 참나무목재로 만든 기둥 등은 서로 결합을 위해 철로 만든 띠 장식으로 고정됐다. 바닥은 조약돌로 쪽매세공을 했고, 타일을 붙인 목욕탕은 배수구와 테라코다 욕조, 세면기 및 소변기가 있었다. 이 시대에 사원들도 기둥으로 목재를 사용했다. 목재로 만든 기둥과 초가지붕을 가진 사원은 반은 목재이고 반은 햇빛에 말린 벽돌이 사용되었다.

페르시아와의 전쟁에서 승리

아테네의 그리스세계는 지중해를 통해 팽창과 발전을 했다. 따라서 지중해의 동쪽지역에 위치한 페르시아제국과는 필연적으로 충돌하게 되었다. 페르시아의 경무장한 군대는 무거운 방패와 창으로 무장한 아테네의 보병보다 기동력이 뛰어났다. 하지만 기원전 490년에 마라톤전투에서 아테네의 승리는 그리스사람들에게 페르시아를 물리칠 수 있다는 자신감을 주었다. 다른 한편으로는 아테네 주변지역의 산림으로부터 생산된 목재들이 페르시아의 지배로부터 그리스와 유럽 전체를 구했다. 이들 목재가 기원전 480년 살라미스에서 페르시아 군주인 크세륵세스(XerXes)와 그의 군대를 격파한 아테네 함대의 건조를 가능하게 했다.

기원전 482년에 아테네의 새로운 지도자가 된 테미스토클레스는 강력한 해군을 만들기 위해 시민들을 설득했다. 아테네에서 군함의 건조는 페르시아가 목재가 풍부한 마케도니아, 트라키아와 마케도니아에 접하고 있는 엠피폴리스 및 시칠리아와 소아시아 전체를 지배하고 있었음에도 불구하고 이루어졌다. 아테네는 배 건조와 새로운 항구의 시설을 만들기 위한 경비를 마련하기 위해 로리엄(Laurium)의 은을 사용했다. 기원전 480년에 아테네는 3단 노의 갤리선(그림 4-4) 약 2백 척으로 강력한 해군선대를 만들었다.

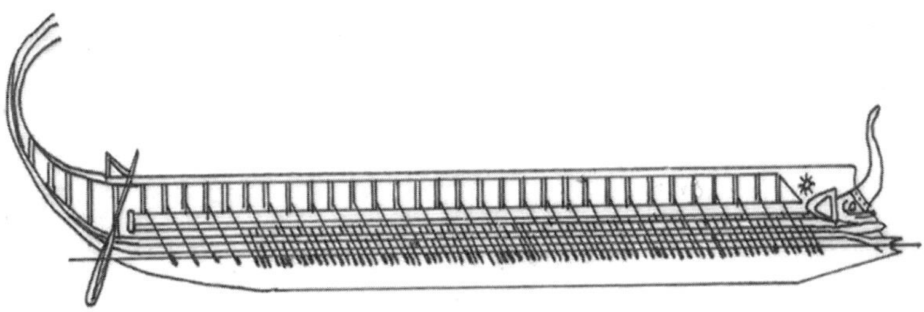

그림 4-4. 기원전 480년경에 그리스의 3단 노의 갤리선

아테네의 황금시대와 목재

아테네의 해군은 기원전 469년에 소아시아 해전에서 페르시아에 승리를 거두었고, 모든 그리스세계는 에게 해에서 페르시아의 지배로부터 완전히 벗어났다. 아테네의 해군은 페리클레스시대(기원전 461년~429년)에 매우 강력하게 되었고, 아테네는 그리스세계에서 경제적이고 지적인 중심지가 되었다. 바다를 지배하게 된 해군은 아테네가 모든 것을 소유할 수 있도록 하였고, 그리스세계에서 영향력을 유지하기 위해서는 효과적인 해군 선대들의 관리가 필요하게 되었다. 목재로 만든 성벽과 함께 오래된 배들은 항상 수리를 필요로 했고, 또한 오래된 배는 새로운 배로 교체해야만 했기 때문에 많은 목재가 요구됐다.

아테네는 페르시아를 살라미스 전투에서 격파한 다음 바로 거대한 도시가 되지 않았다. 페르시아 군대는 아테네로부터 물러나기 전에 도시전체를 불태웠다. 성벽, 집, 사원 및 모든 것들이 완전히 파괴되어 도시의 재건에도 막대한 양의 목재가 요구되었다.

기원전 469년에 소아시아의 남부해안에서 아테네의 승리와 함께 아테네사람들은 도시를 재건하고자 했고, 그 시대에 가장 크고 가장 인상적인 사원인 파르테논을 건축했다. 많은 양의 목재가 아테네에 세워지는 모든 건물을 지지하기 위한 기둥, 보 및 서까래에 사용되었다. 파르테논과 같은 큰 구조물의 건축에는 오늘날의 기중기와 같은 목재로 만든 기계가 사용됐다. 목재와 무거운 대리석을 필요한 위치로 들어올리기 위해 기중기는 중요한 부분이 목재로 만들어졌다.

해군을 위한 배를 만들고 많은 건물들의 건축에는 막대한 돈을 필요로 했고, 자금의 대부분은 아테네 남쪽에 위치한 로리엄에서 채굴된 은에 의해 충당됐다. 테미스토클레스가 아테네의 해군선대를 늘리기 바로 1년 전에 로리엄에서 귀중한 은 광산이 발견됐다. 로리엄의 은 광석은 아테네가 페르시아 군대를 격파할 수 있도록 많은 배를 건조할 수 있게 했고, 아테네의 경제도 풍요롭게 했다. 은 광석을 제련하기 위해 많은 숯이 연료로 사용됐다. 아테네의 성장은 기원전 5세기 중반까지 인구 또한 크게 증가하게 했다. 모든 시민들이 숯을 연료로 음식을 요리하고 주택에 난방을 하였기 때문에 인구의 증가는 숯에 대한 수요를 증가시켰다.

기원전 5세기 중반에 아테네사람들은 목재의 수요를 충족시키기 위해 엠피폴리스를 정복했다. 엠피폴리스는 울창한 산림과 함께 배가 통행할 수 있는 강이 위치하여 전략적으로도 중요했다. 따라서 아테네는 기원전 465년에 목재를 계속 공급받기 위해 엠피폴리스에 아테네사람들을 정착시켰다.

가 구

서양세계의 많은 가구형태는 그리스에서 사용되었고, 이미 발전되었다. 크레타를 통하여 고대이집트와 메소포타미아로부터 가구양식들이 기원전

9세기에 전해졌다. 가구는 단풍나무, 올리브나무, 삼나무, 참나무 및 회양목 등의 목재로 만들어졌고, 귀중한 금속이나 상아로 상감세공을 했으며, 왁스로 표면 처리하거나 밝은 색으로 도장했다. 의자, 걸상 및 침상의 자리는 수를 놓은 린네르나 양털 매트리스로 덮고 가죽이나 섬유로 만든 끈으로 뼈대에 고정했다.

그리스의 의자는 두 기본 형태로 나눌 수 있다. 이들 중에 하나는 고대이집트와 메소포타미아로부터 직접 전해졌고, 사원의 옥좌에서 정교함이 절정에 이르렀다. 옥좌는 행정관들과 중요한 지위에 있는 사람들을 위해 극장에도 설치됐다. 야외에 설치된 옥좌들은 대리석으로 만들어져 많은 수가 보존되었고, 둥근 등받이와 견고한 측면을 가지고 있다. 크리스모스는 여성과 관계가 있는 의자로 가정에서 사용되었으며, 고대이집트나 메소포타미아가 아닌 그리스에서 순수하게 고안된 듯하다. 크리스모스의 발전은 일반적으로 그리스 예술의 발달과 관계가 있고, 여러 비율로 된 부재가 사용되었으나 기원전 5세기경에 표준화되었다. 그림 4-5와 같은 전형적인 기원전 5세기의 의자는 등받이와 뒤에 있는 다리들이 하나의 연속된 곡선을 이루었고, 앞다리도 뒤에 있는 곡선과 균형을 이루기 위해 적당히 휘었다. 어깨 높이에 위치한 등받이는 깊고 약간 휜 판재를 사용했다. 마케도니아시대에 크리스모스는 더 무거워지고 선들이 더 부자연스러워졌으며, 로마시대에는 거의 인기를 잃었다. 하지만 크리스모스는 서기 8세기 후반과 서기 9세기에 첫 번째로 다시 사용된 형태들 중에 하나였다. 의자와 같이 걸상은 두 기본 형태를 따랐다. 하나는 4개의 곧은 다리를 가지고 있었고 신들이 앉았다. 다른 형태는 이미 고대이집트 유물로부터 친숙한 접는 X-걸상(그림 4-6)이다. 걸상은 사자 등 동물의 발 모양으로 끝을 마무리한 다리를 종종 사용했다.

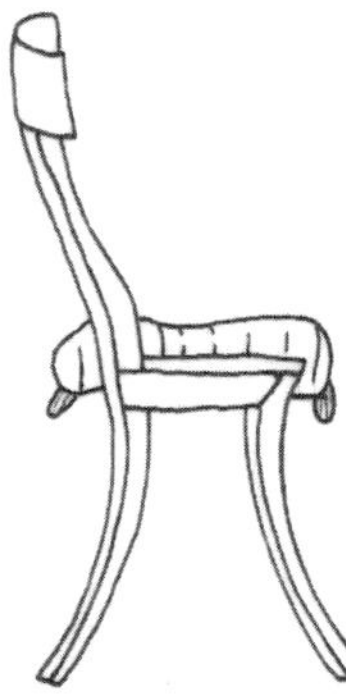

그림 4-5. 그리스의 크리스모스

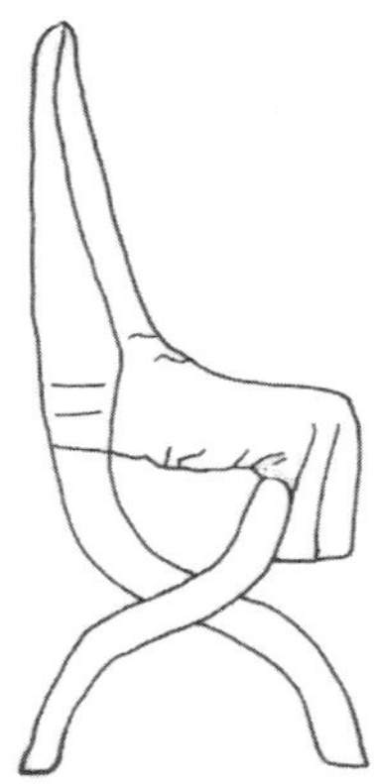

그림 4-6. 그리스의 X자형 의자

등받이 없는 걸상은 모든 그리스사람들이 사용했기 때문에 가장 서민적인 가구였다. 고대이집트로부터 전해졌고 가장 일반적인 그리스의 등받이 없는 걸상은 4개의 다리가 사용되었다. 접는 등받이 없는 의자는 오늘날에도 사용되는 야외용 등받이 없는 걸상을 닮았다. 그리스 시대의 것은 그림으로만 알려졌지만 접는 걸상은 실제로 접을 수 있었다고 한다.

침상은 여러 목적의 가구 형태로 누운 자세로 먹고, 잠자고, 기대기 위해 사용되었다. 침대와 소파의 기능을 조합한 그리스 침상은 상대적으로 가벼웠다. 꽃병의 그림은 하인이 등으로 작은 테이블을 위에 놓고 침상을 나르는 것을 보여준다. 그림 4-7은 또한 그리스 가구가 실내에 고정되어 있지 않고 필요에 의해 이동시킬 수 있었다는 것을 암시한다. 그리스 침상은 두 가지의 관점에서 고대이집트의 것들과 다르다. 첫째는 지면으로부터 더 높아 발을 놓는 걸상이 오르는 수단으로 사용되었고, 두 번째는 머리 판은 있으나 발판이 없다는 것이다. 상대적으로 높이가 높은 가구인 침상은 발을 놓는 등받이 없는 걸상이 필요했다. 종종 사자의 발 모양을 한 4개의 짧은 다리들이 직사각형으로 된 상판을 지지했다. 발판으로 사용된 등받이 없는 걸상은 침상에 오르는 것을 돕기 위해 종종 방석이 대신 사용됐다.

그림 4-7. 하인이 나르고 있는 테이블과 침상

테이블은 일반적으로 음식을 제공하기 위해 사용되었고, 그림 4-8과 같이 작은 개인용 테이블들은 침상 아래에 위치했다. 침상들은 음식에 손이 닿고, 눕는 것을 허용할 만큼 충분히 높은 반면에 테이블은 보관을 위해 침상 아래에 넣을 수 있을 만큼 충분히 낮았다. 다리가 4개인 테이블은 고대이집트에서 더 대중적이었지만 그리스사람들은 다리가 3개인 것을 더 좋아했다. 가장 전형적인 그리스의 테이블은 작고 이동할 수 있으며 4개의 다리보다 3개의 다리를 가지고 있어 평평하지 않은 지면에서 사용될 때 더 안정감을 주었다. 테이블은 주로 음식을 먹기 위해 사용됐고, 필요하면 음식을 나르는데도 이용됐다. 그리스사람들은 테이블들을 어수선하게 놓는 것보다 벽에 걸었다. 기원전 4세기경에 직사각형의 테이블은 점차 둥근 상판으로 대치되었고 마케도니아시대에 일반적이 되었다. 3개의 다리를 가진 둥근 테이블은 그 후에 오랫동안 이용되었다. 이들은 특히 서기 17세기와 서기 18세기에 다시 선호하게 되었다.

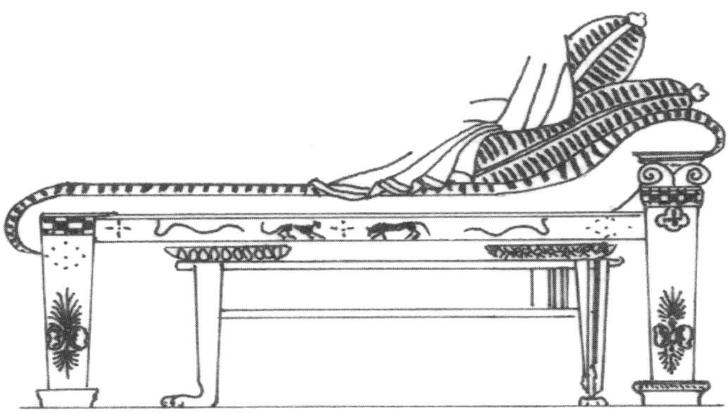

그림 4-8. 베개와 쿠션이 있는 침상과 침상 밑의 테이블

물건들은 벽에 단순히 걸어두는 것과 함께 선반과 마케도니아시대에 소개된 찬장에도 보관했다. 고대이집트사람들과 같이 그리스사람들은 저장을 위해 궤와 상자들을 사용했고, 궤는 고대이집트의 궤로부터 발전되었

지만 그리스사람들은 둥근 상판보다 평평한 것을 더 좋아했다. 다리는 직사각형이고, 다리의 끝은 사자의 발 모양으로 장식했다.

악 기

그리스의 예술가들은 옛 지중해 국가들의 기술, 스타일 및 아이디어들을 모방했으나 그들은 2천년이상 서양 예술의 운명을 결정한 그리스 예술을 만들었다. 훌륭한 예술과 달리 그리스 악기는 거의 모두 외부세계로부터 전해졌고, 어떤 악기도 그리스의 창작품이지 않다. 대부분의 악기는 매우 단순하고 원시적이었으며 당대의 건축술 및 조각술의 성숙함과 결부시켜 생각하기가 쉽지 않다. 그리스에서 음악은 자부심이 강한 예술이 되지 못했다. 그리스사람들의 관점에서 음악은 시와 매우 밀접하여 말로 하는 이야기로부터 왔다고 생각했다. 이는 악기를 사용한 음악에 대한 경시를 의미했다.

그리스는 곧은 트럼펫(그림 4-9)을 가지고 있었다. 이는 아시리아와 고대이집트의 트럼펫과 매우 밀접한 관계가 있다. 그리스 트럼펫의 튜브는 서로 적절하게 고정된 상아조각들로 구성되었고, 청동 고리들로 결구들을 튼튼하게 고정했다. 깔때기 모양의 벌어진 입은 청동으로 만들었다.

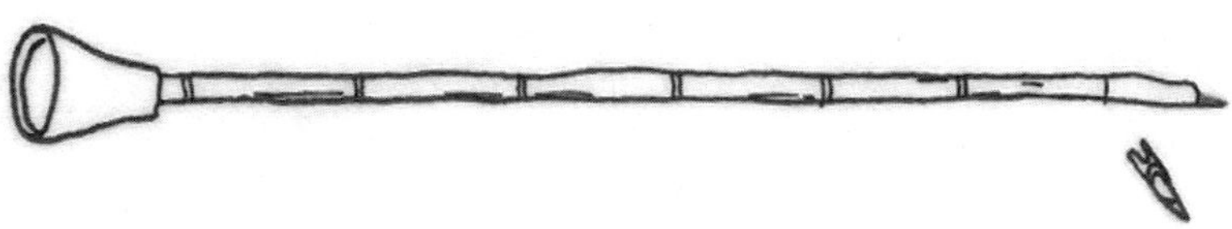

그림 4-9. 그리스의 트럼펫

수금은 중요한 종교 악기였고, 키타라는 수금의 새로운 형태로 무겁고 단단하게 결합된 몸통과 목재로 만든 공명판 및 강한 팔걸이들을 가지고 있었다. 키타라는 너무 무거워 전방으로 기울일 수 없었기 때문에 연주자를 향해 기울이거나 수직으로 하였고, 신이나 영웅의 행위들을 칭송하고 그들의 서사시를 노래하기 위해 시인들이 사용했다.

하프는 기원전 450년경 이전에 전해졌지만 그리스에서 더 이전의 유물은 발견되지 않고 있다. 하프는 많은 줄을 가지고 있었고, 가장 오래된 것은 23개의 줄을 가지고 있었다. 그리스사람들은 하프를 항상 동양에서 온 외국의 악기로 생각했다. 류트는 고대이집트와 메소포타미아의 것과 정확히 같고, 긴 목과 함께 작은 몸체와 3개의 줄이 있었다.

관악기 중에 플루트는 전투를 위한 욕망과 함께 황홀하게 하기에 충분했다. 그리스와 로마의 꽃병과 암각세공에 있는 관악기들은 플루트가 아니고 한 쌍의 오보에였다. 한 쌍의 오보에가 무슨 목적으로 사용되었는지는 잘 알려져 있지 않다. 팬파이프는 그리스에서 양치는 사람들의 악기였다. 갈대로 만든 팬파이프는 일반적으로 7개의 관들로 된 세트였다. 각각은 단순한 플루트로 손가락을 위한 구멍이 없어 하나의 음색을 냈으며 모두를 합해 뗏목과 같이 만들었다. 이들은 목재, 청동, 흙으로도 만들어졌다. 오르간은 인간이 불던 것을 압축 펌프가 대신하게 했다. 따라서 각각의 파이프들은 건반에 연결되어 연주할 수 있게 되었다. 팬파이프들의 세트와 인공에 의한 공기 흐름 작용의 결합은 점차 발전되었고, 기원전 3세기 후반에 알렉산드리아에서 피스톤이나 물 압축 펌프에 의한 물 오르간이 고안됐다.

북은 손으로 두드렸고, 동물의 가죽으로 만든 두 면이 있었다. 그리스에서 북은 거의 여성이 연주하여 군대음악에는 사용되지 않았다. 딱따기 또한 여성들이 연주했고, 대부분 목재로 만든 목이 긴 구두(부츠) 모양을 했다. 다른 형태는 두꺼운 샌들(가죽신발) 모양으로 위쪽과 아래쪽 판재를 오른쪽 발뒤꿈치에 묶었다. 각각의 판재는 일종의 캐스터네츠로 발을 구르면 판재들이 경쾌한 소리를 냈다. 금속으로 만든 평원반은 신호도구로도 사용되었다. 로마에서는 운전자들이 좁은 길로 들어서기 전에 거리의 모퉁이에서 평원반을 두드렸다.

4.5. 전쟁과 목재

기원전 5세기 후반에 아테네는 그리스세계에서 가장 막강한 해군을 가지고 있었지만, 스파르타는 강력한 육군을 가지고 있었다. 둘 중에 어느 나라도 그리스세계의 패권을 공유하거나 다른 쪽이 차지하는 것을 용납하지 않았다. 특히 전쟁의 직접적인 동기는 아테네가 스파르타의 동맹국인 코린트와 메가라의 점령에 있었지만, 가장 큰 원인은 아테네의 팽창에 대한 스파르타의 두려움 때문이었다. 아테네의 세력 팽창이 강력한 해군 선대에 의해 이루어지고 있었기 때문에 전쟁은 선대에 필요한 산림 파괴가 목적이었다. 펠로폰네소스전쟁(기원전 431~403)으로 알려진 동족상잔의 전쟁은 예전의 어떤 전쟁보다 더 많은 산림과 도시들을 파괴했다.

펠로폰네소스전쟁이 일어나기 바로 전에 엠피폴리스의 목재는 아테네가 강력한 함대를 가질 수 있게 하였다. 아테네는 또한 다른 지역에 위치한 식민지의 목재로도 많은 배들을 만드는 것이 가능했다. 따라서 전쟁초기인 기원전 431년에 아테네는 강력한 해군을 가지고 있었다. 하지만 전쟁은 아테네사람들이 목재를 사용하지 못하게 산림을 파괴하는 것이 중요했다. 펠로폰네소스전쟁 초에 스파르타사람들은 아티카에 침입하여 울창했던 산림을 파괴했다. 산림은 전쟁으로 인해 다른 지역에서도 많은 피해를 입었다. 전쟁에서는 적의 군인들이 산림으로 숨을 때까지 기다린 다음 산림을 불로 태우는 방법이 사용됐다. 많은 양의 목재가 포위공격에도 사용되었다. 군인들은 도시를 봉쇄하기 위해 도시 주위로 방책을 세우는데 목재를 사용했다. 또 다른 방법은 도시를 에워싸기 위해 목재로 울타리를 만들고, 흙으로 언덕을 성벽보다 높게 쌓았다. 흙으로 만든 언덕은 측면을 지지하기 위해 가까이에 있는 산에서 얻은 목재가 사용됐다. 도시의 주민들도 성벽 위에 목재로 뼈대를 세워 새로운 언덕에 대응했다. 도시를 포위한 군인들은 도시를 점령할 수 없게 되었을 때 도시를 불로 태우기 위해 나뭇가지 등을 유리한 위치에서 도시로 던졌다. 그와 동시에 횃불, 유황 및 피치를 던져 도시를 파괴하는 방법이 사용됐다. 아테네는 해군 선대를 펠로폰네소스반도의 해안지역으로 보내 산림을 또한 황폐하게 만들었다.

이와 같이 많은 산림의 파괴와 함께 많은 목재를 사용한 전쟁은 어떤 결정적인 승리 없이 계속되었고, 아테네사람들을 매우 불안하게 하였다. 특히 아티카로부터 피난해온 많은 사람들로 혼잡해진 아테네는 도시 주변의 산림 파괴와 함께 홍수 등으로 전염병이 크게 유행하여 인구의 1/3이 감소했다. 아테네는 또한 배를 만들기 위한 목재의 중요한 공급처인 엠피폴리스를 잃었고, 나무가 울창한 지역을 찾기가 어려웠다.

아테네의 목재확보 노력

기원전 420년에 아테네는 페리클레스의 조카인 알시비아데스의 등장과 함께 그의 무모함과 이기주의 때문에 목재확보를 위해 최악의 선택을 했다. 그는 기원전 415년에 시칠리아를 침략하여 정복함으로서 지루했던 전쟁을 끝낼 수 있는 중요한 목재자원을 얻을 수 있을 것으로 확신했다. 하지만 시칠리아 원정의 결과는 아테네 해군이 시칠리아에 위치한 시라쿠사의 군대에 크게 패했다. 아테네 군인들은 퇴각하는 동안 포로가 되어 팔리거나 살해되었다.

스파르타는 원정에 실패한 아테네를 위협했다. 다시 한번 스파르타는 아티카의 전 지역을 점령했고, 나무가 남아있던 아티카의 산맥은 아테네가 접근할 수 없게 되었다. 더구나 스파르타는 아테네사람들이 또 다른 목재가 풍부한 지역인 유베아에도 접근하는 것을 막았다.

시칠리아에서 아테네의 패배는 목재를 얻기 위한 어떤 희망도 사라지게 했다. 또한 예전의 식민지들이 자치권을 소중히 생각했기 때문에 아테네는 엠피폴리스에서조차 목재를 이용할 수 없게 되었다. 목재를 구하는 것이 어려워진 시기에 아테네는 목재가 풍부한 마케도니아와 동맹국이 되었다. 마케도니아는 목재공급과 함께 아테네가 마케도니아에서 배를 제작할 수 있게 했다.

마케도니아의 목재로 만든 새로운 함대는 기원전 405년에 헬레스폰트해협의 에고스포타미(Aegospotami) 전투에서 패했다. 마지막 전투에서 패한 아테네는 기원전 404년에 포위되어 항복했고, 아테네 해군은 해체되었다.

아테네의 패배와 목재부족

산림이 거의 파괴되어 목재가 부족하였기 때문에 전쟁 전에 했던 것과 같이 아테네사람들은 태양열을 효과적으로 이용할 수 있도록 주택을 건축하였다. 전쟁 전에 건축된 전형적인 주택은 직사각형 모양의 안뜰이 주택의 남쪽부분을 차지했다. 방들은 남쪽에 위치한 안뜰이 보이도록 북쪽 면에 위치했다. 그들은 차가운 바람으로부터 주택을 보호하기 위해 인접한 언덕을 향해 주택의 북쪽 면이 위치하게도 했다. 또 다른 방법은 태양광선에 최대로 노출되도록 산마루를 따라 주택이 위치하게 했다. 이는 거대한 기초공사가 요구되어 태양에너지를 이용하기 위해 많은 돈과 시간을 허비하게 했다.

아테네의 목재부족은 기원전 4세기에 은의 제련방법을 바꾸게 하였다. 새로운 제련방법은 사용되는 숯의 양을 줄여 함량이 낮은 은 대신에 고급의 납을 생산하게 했다. 납은 가치가 크지 않았고 쉽게 팔수도 없었다. 하지만 새로운 방법에 의한 연료절약이 예전에 은을 생산할 때보다 더 큰 이익이 되었다. 이러한 변화는 펠로폰네소스전쟁 이후에 로리엄에서 은 채굴을 다시 시작할 수 있게 하였고, 아테네 경제에도 도움이 되었다.

산림보호와 목재의 사용을 감시하기 위한 많은 법률들이 또한 채택됐다. 법률들 중에는 어린 묘목이 자라는 산림에서 가축들이 풀을 먹는 것과 함께 어린 나무를 자르지 못하도록 하는 것이 포함되었다. 목재 및 숯의 판매를 조절하기 위한 법은 목재와 숯을 수입하는 사람이 판매할 가격을 세관에 신고하도록 했으며, 판매할 때 신고한 가격을 지키도록 했고 중간상인에게 파는 것도 금지했다.

사원들도 산림을 보호하려고 노력했다. 아테네는 사원에서 나무를 자르고 목재나 잔가지들을 가지고가지 못하도록 했다. 나무보호에 종교집단의 참여와 함께 나뭇가지들조차 자르는 것을 금지했던 것은 아테네에서 얼마나 목재가 부족하였는가를 가리킨다.

4.6. 마케도니아의 번영과 목재

목재의 소비를 줄이기 위한 노력에도 불구하고 그리스사람들은 아직 많은 양의 목재가 필요했다. 그리스의 도시들이 목재확보를 위해 계속 노력하는 동안 북쪽지방에 새로운 강력한 왕국인 마케도니아가 출현했다. 남부그리스사람들이 야만인들로 생각하여왔던 마케도니아사람들은 대부분 농업에 종사하였다. 5세기말에 마케도니아는 왕국이 되었지만 외부의 침략과 내부에서 불화가 계속되었다.

그리스세계의 다른 강국들은 마케도니아의 목재를 원했다. 올린투스를 중심으로 그리스 북부지역에 있던 중요한 도시들이 참여한 찰시디안 동맹은 펠로폰네소스전쟁에서 패배한 아테네의 쇠퇴와 함께 나타났다. 찰시디안 동맹국들은 강력한 나라를 세우기 위해 마케도니아에서 피치 및 전나무목재 등과 같은 목제품들을 확보하고자 했다. 하지만 스파르타는 엠피폴리스를 찰시디안 동맹국이 차지하려는 것을 지켜만 보고 있지 않았다. 찰시디안 동맹국의 마케도니아 점령은 육지만이 아닌 배를 만들 수 있는 목재의 공급으로 바다에서도 예전의 아테네와 같이 무섭게 될 것을 염려한 스파르타가 군대를 보냈다.

그리스세계를 지배하려는 야심을 갖은 다른 세력들도 마케도니아의 목재를 확보하기 위해 노력했다. 페리는 강국들의 힘이 약해졌을 때 그리스세계를 지배하려 노력했다. 마케도니아를 지키기 위해 노력한 스파르타군대는 테베에 예상하지 못했던 패배를 했다. 페리는 최상의 함대를 만들기 위해 필요한 많은 양의 목재를 확보할 수 있는 마케도니아와 상업동맹을 체결하여 마케도니아에서 거대한 해군을 만들려고 계획했지만 실패했다.

필립 2세(기원전 359~336)는 마케도니아를 그리스세계에서 중요한 국가로 건설했다. 필립왕은 그리스세계가 서로 싸우는 과정에 많은 용병들에 의지하였던 사실을 알게 되었고, 특히 억센 농부 및 양치는 사람들인 마케도니아사람들을 보병의 핵심으로 이용했다. 팽기우스(Pangaeus) 산의 금광으로부터 얻은 부로 그는 충성심이 강한 직업군대를 확립했다.

알렉산더대왕의 아버지인 마케도니아의 필립왕은 기원전 356년에 엠피폴리스를 점령했다. 엠피폴리스를 다시 지배하기 위해 작은 국가들과 연합한 아테네가 기원전 338년 테베 근처의 채로니 전투에서 필립왕의 마케도니아와 싸웠다. 마케도니아 군대는 아테네 연합군들을 패퇴시키고, 그리스세계를 지배하게 되었다. 그리스북부에 있는 산림을 이용할 수 없게 된 아테네는 매우 심각한 목재부족에 처했고 더욱더 쇠퇴하게 되었다. 마케도니아사람들은 정반대로 목재가 여유 있게 되었고, 필립왕은 그가 정복하려는 도시의 목재부족을 이용하였다. 필립왕은 또한 많은 목재를 선물로 제공하여 그들과 동맹했다.

마케도니아 산림은 부와 군사력의 중요한 재원 중에 하나였다. 따라서 마케도니아는 다른 나라에 의한 개발보다 그들 자신의 발전을 위해 목재를 사용하여 그리스세계의 최강국이 되었다.

그림 4-10. 그리스와 소아시아

제 5 장 로마문명과 목재

이탈리아에는 라틴민족이 청동기시대인 기원전 1,500~1,000년경에 이주해 왔고, 기원전 800~600년 사이에 도시국가인 로마가 건설되었다. 그 후 로마는 이탈리아의 전 지역을 지배했고, 기원전 2세기 중반에 유럽대륙의 대부분을 지배하는 제국을 건설했다. 이 제국은 하나의 도시에 의한 정복지였고, 짧은 기간에 거의 전 유럽을 정복하는 것이 어떻게 가능하였을까? 우리가 알고 있는 지식에 의하면 이 시기에 이탈리아의 서부지역은 상당히 문명지역이었고, 로마는 준비된 문명유산을 가지고 시작했다. 고대 그리스의 식민도시들이 이탈리아의 남부지역과 시칠리아의 해안을 따라 기원전 750년부터 기원전 600년까지 대부분 건설되었다. 또한 이들 지역은 목재 등 많은 자원을 가지고 있었다. 이 장은 로마가 짧은 시간에 거대한 제국을 건설하는데 기여한 목재의 역할에 대해 알아본다.

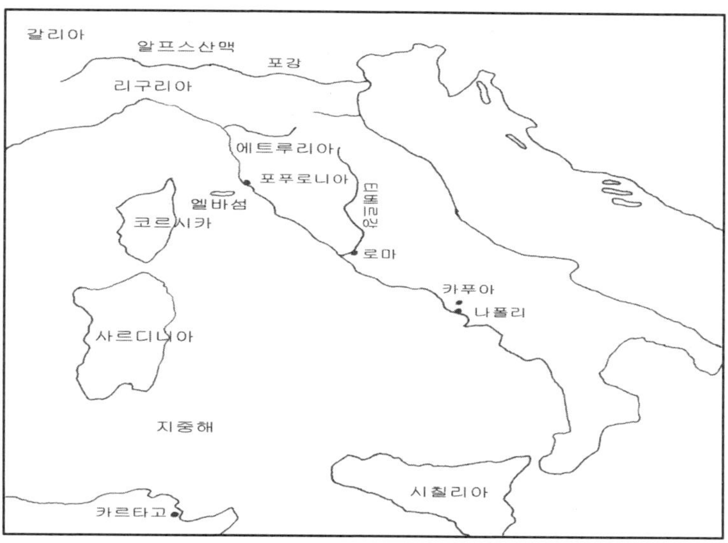

그림 5-1. 고대의 이탈리아와 로마

5.1 선사시대와 왕정기

기원전 800년에서 기원전 600년 사이에 에트루리아사람들이 이탈리아의 중북부에 이주해왔고, 짧은 기간에 신흥도시인 로마가 포함된 포강과 나폴리 만 사이를 점령했다. 이 지역은 구리, 아연, 주석, 납 및 철 등 거의 모든 광물자원과 풍부한 목재자원이 있었고, 기름진 토양과 따뜻한 기후는 밀, 올리브 및 포도 등을 많이 수확하게 하였다. 특히 목재로 만든 강력한 배의 선대는 해상무역에서 그리스 및 페니키아의 선대와 경쟁하게 했다.

에트루리아사람들은 도시를 언덕에 세웠고, 언덕의 가파른 경사는 쉽게 도시를 방어할 수 있도록 하였다. 언덕들은 또한 평원을 둘러싸고 있어 모든 방향에서 볼 수 있게 하였다. 평원은 물이 풍부하여 목초 및 농작물 재배에 적합하였다. 언덕의 목재는 해안을 따라 주택을 세우는데 이용됐고, 티베르 강은 바다로부터 로마까지 하류지역이 얕아 항해가 어려웠지만 다리를 놓기는 쉬웠다. 이탈리아의 중앙에 위치하여 중요도로가 통과했던 로마는 전략적이고 상업적으로도 중요하게 되었다. 아울러 초기에 로마사람들은 건축기술, 농업기술 및 상업을 빠르게 배웠다.

기원전 500년경에 로마는 상당히 부유한 도시가 되었다. 오두막은 사라지고 여러 색채로 장식한 사원과 많은 주택이 언덕을 아름답게 꾸몄으며, 돌과 흙으로 만든 성벽이 주거지를 둘러싸고 있었다. 로마의 초기 유적은 펠라틴과 캐피탈 언덕 사이에 낮게 위치하여 배수했고, 도로가 포장됐음을 보여주고 있다.

로마와 주변지역의 이름들은 한때 많은 목재를 생산했음을 보여준다. 특히 로마의 전설적인 창설자인 로물루스의 어머니는 실비우스로 산림의 거주자를 뜻한다. 로렌텀은 월계수나무가, 오우저언덕은 버드나무가 많이 있었던 장소였음을 가리킨다. 기원전 3세기에 주택들은 목재로 건축했고, 가구와 지붕의 널에도 목재를 사용하였다. 초기 로마는 배를 만드는데 이용되는 참나무와 전나무 목재를 수출하였다. 로마가 커지면서 나무가 울창했던 언덕의 산림을 주택과 농경지가 차지했다. 따라서 로마는 목재를 확보하기 위해 다른 지역을 정복하였다. 처음에는 북이탈리아를 정복하여 배 건조에 필요한 목재를 확보했고, 계속하여 서유럽과 북아프리카를 정복했다. 유럽과 북아프리카의 정복은 로마에 많은 목재공급과 함께 부유하게 만들었다.

배의 발달

로마의 거대한 군사제국은 주로 육군에 의해 이루어졌다. 하지만 페니키아의 식민지였던 카르타고에 대한 승리는 지중해를 지배하게 했고, 이집트 또한 로마제국의 영토가 되었다. 그 후에 지중해를 통한 교역이 활발하게 이루어졌고, 이집트의 곡물은 로마에 있는 시장에서 중요한 거래품목으로 정기적인 교역을 하게 했다. 또한 해협을 건너 기원전 55년 영국에 침입하였고, 약 1세기 후에 전면적인 침략이 이루어져, 바다를 통한 군대의 수송과 함께 전함이 필요하게 되었다.

로마의 번영기에 교역과 왕래를 위해 많은 배들이 지중해를 항해했다. 수송량을 증가시키기 위해 만든 둥근 모양 때문에 원형배로 알려진 상선들은 일반적으로 돛에 의해 항해했다. 그림 5-2는 기원전 50년경의 곡물 운반선으로 이집트로부터 로마와 아테네 같은 로마제국의 도시들로 곡물을 운반했다.

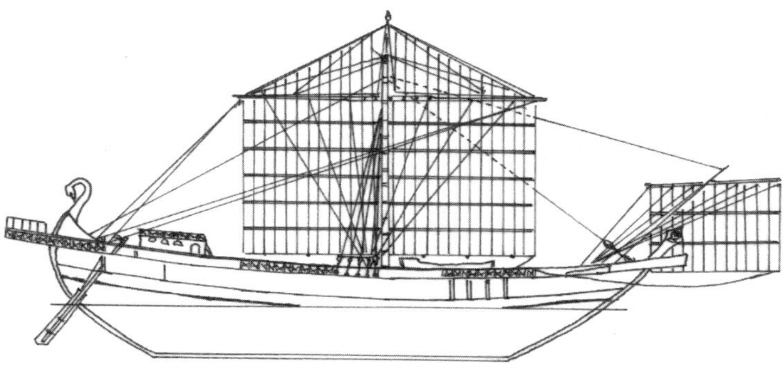

그림 5-2. 기원전 50년경의 곡물 운반선

전함(그림 5-3)은 속도와 기동성을 위해 노들에 의해 항해했다. 속도의 증가는 많은 사람을 필요로 했고, 노들은 더 이상 한사람이 젓을 수 없게 되었다. 여러 사람이 하나의 노를 잡고 저었으며, 이는 노예제도를 촉진시켰다.

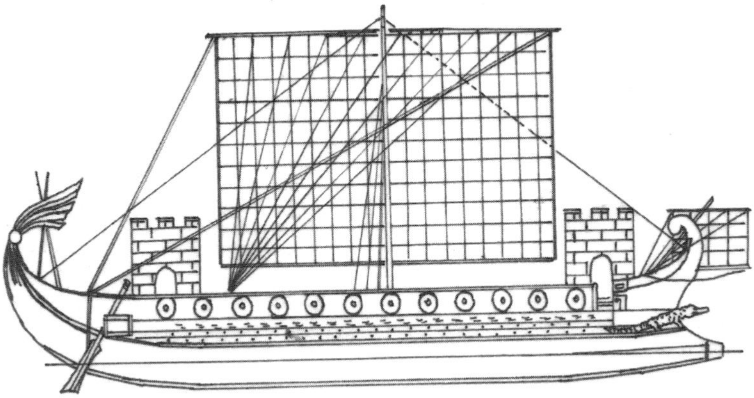

그림 5-3. 로마의 4단 노의 갤리선

로마의 다리

로마는 넓은 제국을 건설하기 위해 많은 강들을 건너 군대를 신속하게 이동시킬 필요가 있었다. 가장 선사시대의 목재다리는 줄리어스 시저(기원전 100~44)에 의해 건설된 다리로 적어도 디자인에서 변하지 않고 남아 있었던 것으로 알려져 있다. 하나의 그러한 선사시대의 다리(그림 5-4)는 시저가 독일로 로마군대를 보내기 위해 약 2,000년 전에 사용됐다. 다리는 연속된 보와 다리를 쉽게 세우고 제거할 수 있도록 파냄이 있는 경사진 버팀목으로 이루어졌다. 구조물에 가해진 하중은 결구를 더 단단히 고정시켰지만 다리에 사용된 목재가 사각이었는지는 알려지지 않고 있다.

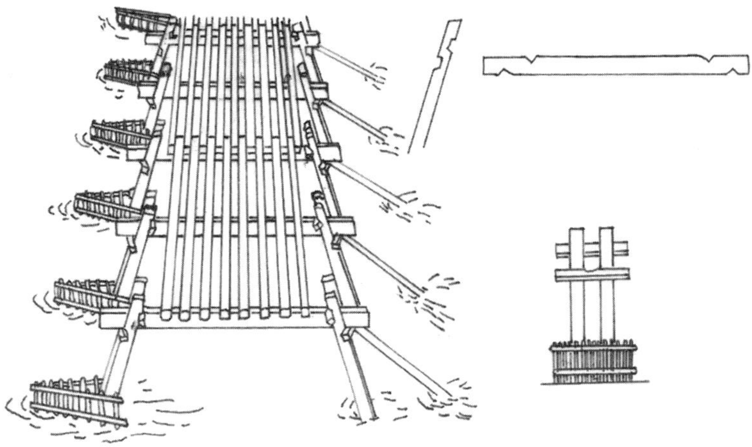

그림 5-4. 시저의 다리

시저의 다리 이후 로마역사에서 로마사람들에 의해 가장 가치 있는 구조물로 언급된 다뉴브 강을 가로지르는 트라잔(Trajan)의 다리는 45m 높이와 50m 간격으로 설치된 20개의 목재로 만든 교각 위에 얹혀 있었다고 한다. 교각 사이에 설치된 다리의 스팬들은 둥근 목재로 만든 아치들이었다. 같은 시기에 로마사람들은 다리에 사용된 목재의 수명을 연장시키기 위해 여러 수단들을 사용하였다. 다리에는 피치가 물에 의한 손상 방지에 가장 좋았고, 벌레로부터 보호하기 위해 기름찌꺼기를 발랐으며, 급속히 건조되는 것을 막기 위해 소똥을 사용했다고 전해진다.

가 구

고대그리스의 가구와 같이 로마의 가구도 드물게 존재한다. 돌과 청동으로 만든 제품들 외에 목재가구의 유물은 주로 양각 세공과 그림에 남아 있다. 고대그리스사람들은 완전함을 추구하였지만, 로마사람들은 화려함을 선호했다. 순수함과 단순함 대신에 로마사람들은 복잡함과 꾸미는 것을 선택했고, 형태는 새로운 것보다 고대그리스의 형태를 이어받았다. 로마가구는 처음에는 에트루리아로부터도 전수받았고, 이를 이탈리아에 전했으며, 나중에는 유럽세계 전체에 전해주었다.

로마의 가구들은 그리스로부터 직접 전해졌지만 로마사람들에 의해 사용된 고대그리스사람들의 디자인 개념은 종종 색다른 방법으로 사용되었다. 대부분의 로마가구들은 고대그리스의 디자인과 비교되었으나 로마사람들의 생각에 따라 변화됐다. 공화정 후기 이후에 사치를 위한 전형적인 로마사람들의 열정이 보인다. 값비싼 목재의 탐욕스런 사용과 금, 은, 구리, 청동, 상아 및 거북이 등딱지 등과 같은 많은 물질의 상감세공이 나타난다. 어떤 형태들은 고대그리스의 가구들보다 예술적이었다. 그 중에 하나는 에트루리아사람들 사이에 인기가 있던 형태로부터 파생된 통 모양의 의자(그림 5-5)이다. 로마예술은 종종 사용된 재료와 모양은 물론 국내의 사정을 나타낸다. 서기 6세기경의 상아로 조각된 통 모양의 옥좌는 동로마에서 가장 권위주의적이며 사치스럽고 그 시대의 계급사회를 상징했다.

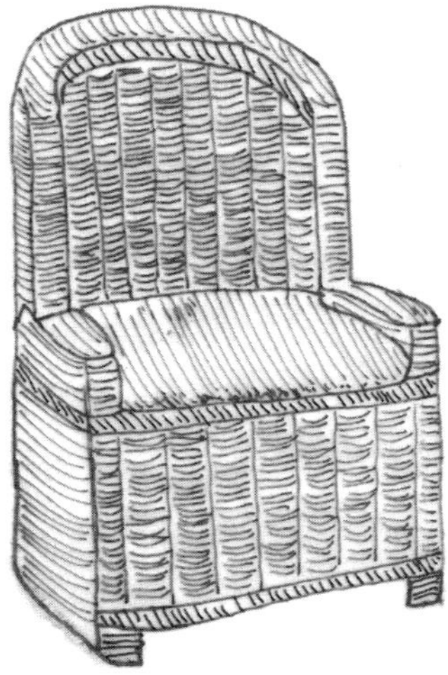

그림 5-5. 가는 가지로 엮어 만든 통 모양의 의자

로마시대 가구의 중요한 특징은 과시를 위한 수단이었다. 침대는 과시를 위해 사용되었고, 기대어 식사할 수도 있었다. 기원전 1세기에 로마의 침대는 더 높은 머리판과 발판 및 등받이 모두를 가지고 있었다. 이는 로마사람들이 고대그리스사람들에 의해 설계된 침대와 비교하여 상당히 새로운 형태를 만들었다는 것을 의미한다. 침대(그림 5-6)는 머리판과 발판을 곡선으로 만들어 장식했고, 후에 오늘날 소파와 같이 등받이가 추가로 만들어졌다. 로마의 가구에서 형태변화는 사치스런 생활을 표현했지만 어떤 육체적 쾌락을 위한 것은 아직까지 발견되지 않고 있다. 방을 장식한 가구들 또한 아직 알려져 있지 않으나 사치스런 이용이 방석과 베개를 만드는데 이루어졌다.

그림 5-6. 머리판과 발판이 있는 로마의 침대를 보여주는 석관

로마사람들은 특히 단풍나무, 버드나무, 너도밤나무, 레몬나무, 삼나무, 참나무, 노간주나무, 보리수나무 및 호랑가시나무 등 많은 목재를 사용했다. 흑단과 같이 값이 비싼 목재들은 단판을 만들고 상감세공을 위해 사용되었다. 가구 표면의 도장방법으로 나뭇결이 있는 목재의 모습을 얻기 위한 폭스 피니쉬(Faux finish)가 외국산 목재 혹은 다른 물질과 유사하

게 보이기 위해 사용되었다. 고대그리스사람들과 같이 로마사람들은 동물의 발이나 다리 혹은 곡선의 부재를 가진 옥좌와 같은 의자를 사용했다. 형태변화로 등받이가 있는 의자에 양 측면이 첨가됐다. 르네상스시대와 서기 8세기의 가구는 고대그리스보다 로마의 모델을 따랐다.

가구에 대한 로마사람들의 중요한 공헌은 테이블로 곧은 다리들 대신에 곡선의 다리들을 사용했고, 다양한 장식들도 첨가됐다. 로마의 테이블은 형태에서 더 크게 변화되었다. 하나의 새로운 형태는 둥글거나 직사각형의 상판을 중앙의 지주에 고정했다. 다른 형태는 거대한 테이블로 종종 신화 속에 나오는 날개가 달린 인물의 정교한 모양과 장식을 한 물질에 고정됐다. 이러한 고안은 르네상스시대에 인기가 있었던 모델로 채택되었다. 둥근 상판에 3개의 다리를 가진 테이블(그림 5-7)이 유행했고, 18세기에 청동으로 만든 유물이 발견되었을 당시에도 가구 디자이너들에 의해 선호되었다. 궤와 같은 또 다른 로마의 가구 형태는 고대이집트 및 그리스의 것과 비슷했지만 움직일 수 있도록 만든 찬장은 로마의 고안품이었고 현대의 찬장과 책장의 모델이 되었다.

그림 5-7. 원형상판과 윗부분에 동물이 조각된 3개의 다리가 있는 로마의 테이블

로마의 주택

로마의 주택은 특징과 디자인에서 동양의 도시주택과 매우 유사했던 것이 분명하다. 주택에서 중앙의 안뜰, 건물의 중앙에 위치한 큰 응접실 및 공개된 장소로부터 가족을 위한 장소의 분리 등은 동양의 도시주택에 고유한 요소였다. 전형적인 로마의 주택인 도무스(domus)는 마케도니아와 에트루리아 주택의 절충식이었다. 에트루리아 주택의 원형은 중앙의 현관, 안뜰이 축대칭인 평면으로 특징되어진다. 도시들은 인구가 증가하므로 건물 공간에 대한 압력이 커졌고, 전통적인 에트루리아의 도시주택은 안뜰을 가로질러 입구를 향해 침실이, 그 다음에 응접실과 저장실이 배치되었다. 주택의 중요한 공간은 물론 안뜰이었다. 마케도니아의 영향으로 로마주택은 에트루리아의 안뜰주택과 동양의 전통을 가진 기둥으로 둘러싸인 안뜰을 가진 고대그리스주택의 절충식이 되었다. 따라서 로마시대의 후기에 나타난 전형적인 도시주택은 두 직사각형의 안뜰을 가지고 있었다. 작은 것은 안뜰이고 더 큰 것은 페리스타일이라 불렸으며 종종 건물 뒤에 작은 정원이 있었다. 안뜰은 주택의 공개된 장소였고, 격리된 장소인 페리스타일은 개인이나 가족을 위한 공간이었다.

거리로부터 바라보면 로마주택은 매우 작고 서로 비슷하게 보였다. 건물의 외관은 좁은 길을 향해 적은 수의 창이 있었고 조금은 단순했다. 대부분의 창들은 안뜰을 향해 열렸고, 큰 주택은 건물 뒤에 위치한 정원을 향해 창들이 있었다. 외부의 단순함과 비교하여 내부는 호화로웠다. 바닥들은 쪽매붙임이나 대리석으로 만들었고, 벽은 프레스코 벽화로 장식됐으며, 천장의 목재들은 종종 금으로 칠했다. 두 안뜰은 사당과 함께 분수, 동상, 병 모양의 장식 및 다른 장식들로 치장했다. 목재로 만든 현관입구는 신들에 의해 보호되는 신성한 장소로 축제일에는 밝게 하고 화환으로 장식했다.

안뜰은 주택의 공적인 기능을 위한 중심으로 작은 방들에 의해 둘러싸였다. 이 방들 중에 일부는 손님을 위한 침실로 이용되었고, 다른 방들은 노예들이 사용했다. 지붕은 벽으로부터 튀어나온 판재들에 의해 지지되었다. 안뜰의 네 모서리에 있는 기둥들은 지붕의 큰 보를 지지했다. 안뜰은 출입구 반대편에 있는 좁은 통로를 통해 페리스타일 지역으로 연결되었다. 페리스타일 지역의 지붕은 주랑에 의해 지지되었고, 건물 뒤에 정원이 없는 경우에는 포도나무와 화분에 심은 식물들이 종종 위치했다.

로마후기에 주택들은 소유자의 취향에 따라 부서지고 새로 지어졌다. 그러한 습관들은 발코니, 천장, 지붕, 복도 및 계단을 만드는데 많은 양의 목재가 필요하게 했다. 주택에서 많은 목재수요는 목재운반을 위한 수많은 마차들이 내는 소음으로 사회적 문제가 되게 했다. 거대한 원형경기장들도 목재로 건축되었고, 황제들의 저택들은 상아를 박아 넣은 천장을 가진 식당과 회전하는 원형의 천장을 가진 연회장이 있었다. 이러한 식당과 연회장은 지붕을 만들기 위해 큰 목재들을 사용했다.

로마의 악기

이탈리아의 남부지역과 시칠리아는 고대그리스의 식민지였고, 로마시대조차 로마는 고대그리스문명을 쉽게 받아들였다. 악기에서 군대용 트럼펫을 제외하고는 어떤 악기도 개발되지 않았다. 트럼펫은 청동기인들인 에트루리아사람들이 고안했다. 고대그리스는 단지 직선의 트럼펫을 가지고 있었지만 로마의 트럼펫은 짧게 하기 위해 곡선으로 만들었다. 로마군대는 길고 가는 청동 관을 구부려 만든 트럼펫을 사용했다.

5.2. 공화정기(기원전 509~31)

기원전 6세기경에 정치적 변화가 지중해 중앙지역을 휩쓸었다. 로마에서 왕의 권력은 귀족이 차지하였고, 귀족들은 로마에서 가장 높은 원로원을 구성하여 귀족들이 왕을 대신할 수 있도록 하는 법을 만들었다. 또한 기원전 500년경에 로마는 면적이 약 1000km^{2}로 작았고, 인구는 초과 상태였다. 식량이 부족하였기 때문에 로마의 모든 정책 목표는 식량부족을 해소하기 위한 밀의 확보에 있었다. 식량부족과 함께 계급사이에 발생된 부의 균형 문제는 정복 전쟁을 일으키게 했다.

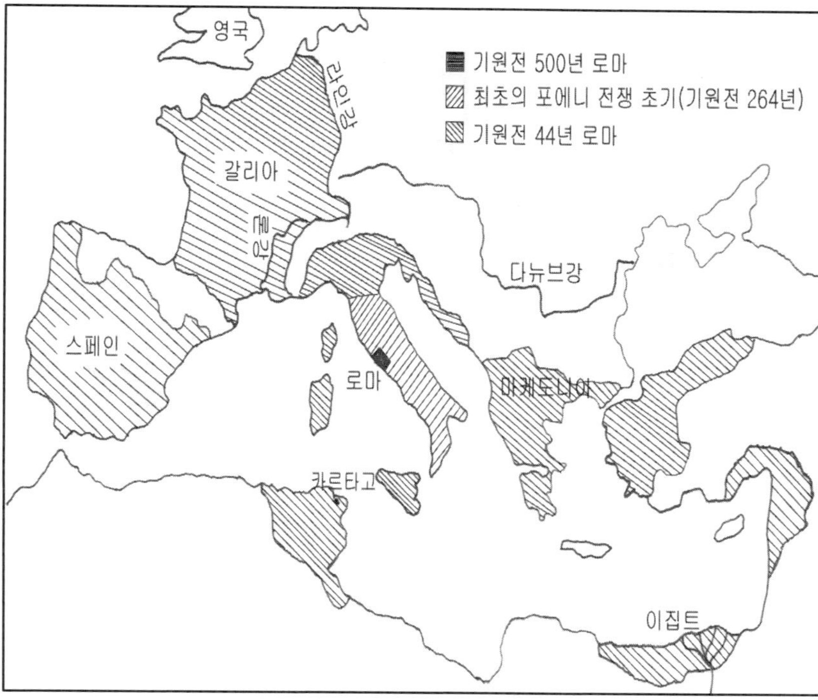

그림 5-8. 기원전 500년에서 44까지 로마의 팽창

로마는 군대의 빠른 이동을 위해 화산암을 블록 모양으로 만들어 모든 기후조건에 탁월한 도로를 건설한 다음 이탈리아의 남부지역을 점령하였다. 계속하여 로마는 카르타고를 점령했다. 카르타고는 로마보다 먼저 페니키아에 의해 건설된 아프리카의 북부지역에 위치한 도시였다. 지중해 중앙의 좁은 해역에 위치한 지리적인 장점 및 항해와 상업 기술의 발달로 기원전 3세기에 카르타고는 지중해 서부연안의 넓은 지역을 지배했다. 로마는 시칠리아 및 사르디니아 섬도 정복했고, 이들 지역을 점령하기 위해 많은 배가 필요했다. 로마는 또한 스페인을 점령하여 구리, 금, 은, 납 및 철을 얻었다.

기원전 3세기부터 전쟁과 함께 많은 노예 때문에 로마는 경제적·사회적 특성이 변하기 시작했다. 변화는 여성의 위치에서도 나타났다. 전쟁 중에 남자들이 전쟁터에 있었으므로 재산관리 등에서 여성의 역할이 증가하였다. 많은 여성들은 부유하게 되었고, 전쟁터로부터 돌아온 남성들은 여성이 소유할 수 있는 옷이나 보석의 양을 줄이는 법을 제정하고자 하였으며, 기원전 215년에 제정된 오피안(Oppian) 법은 금의 양을 제한했다. 여성은 반 온스의 금을 보유할 수 있었고, 로마로부터 1.6km 이내에서 마차를 타는 것도 금지했다. 귀족 여성은 로마에서 정치적으로 집안들을 결집시키는데 중요한 역할을 했다. 결혼이 정치적으로 이용되었고, 결혼생활은 정치적으로 보장되었을 때 끝냈다.

기원전 2세기부터 로마의 가장 직접적인 불안은 노예들의 소요였다. 광산과 농장에서 일하는 노예들 중에 많은 사람이 자포자기 상태에 이른다. 노예의 가장 큰 소요는 기원전 135년에 시칠리아에서 일어났다. 노예들은 섬을 점령하여 군대를 조직하고 자신들의 화폐도 발행했다. 더 큰 문제는 로마의 사회적 구조에 있었다. 노예를 이용하여 경영되는 큰 농장에 땅을 판 농부들로 인해 실업이 크게 증가했다. 따라서 로마는 토지의 개인 소유면적을 600에이커로 제한하고 도시의 빈민에게 20에이커씩 분배했다.

아우구스투스시대(기원전 31~서기 14)에는 로마 인구 백만 명 중에 25%가 노예였다. 큰 농장은 밀을 생산하는 것으로부터 많은 노예에 의해 소를 돌보고, 기름과 포도주를 생산하는 것으로 바뀌었다. 소작농은 로마 등 도시로 이주해서 육체노동에 종사하였고, 많은 제조업과 상업이 노예들에 의해서도 이루어졌다. 그리스 노예는 가정일, 페니키아사람과 시리아사람은 그들의 주인을 위해 상업에 종사했다. 가장 중요한 수입품은 밀로 시칠리아와 이집트로부터 수입했다. 물고기는 스페인과 흑해로부터, 소고기는 시칠리아, 프랑스 및 스페인에서 수입했다.

공화정시대의 산림

로마가 팽창하면서 주택들은 산림이 울창한 언덕들을 차지했다. 도시는 인구가 증가하면서 확장할 공간도 필요하여 나무를 제거해야 했다. 또한 기원전 3세기 말에 카르타고를 격파한 다음 토지 이용에 대한 혁명이 산림의 손실을 더 크게 하였다. 전통적인 자급농업은 거대한 목장 경영과 집약농업에 양보했고, 농업이 산림을 잠식했다.

로마에서 정치가들 중에는 로마의 산림면적 감소를 염려하여 보존할 것을 주장하는 사람도 있었지만 로마의 공화정은 산림보호에 대한 법을 채택하지 않았다. 대신에 로마는 정복으로 울창한 산림을 로마에 편입시켜 목재를 공급했다. 기원전 2세기 초에 정복된 이탈리아 서북쪽에 있는 리구리아는 배 만드는데 적합한 많은 목재를 제공했다. 에트루리아의 정복은 로마에 곧고 긴 목재를 주었다. 기원전 3세기 후반에 갈리아로부터 획득한 포강 유역은 또한 로마에 많은 양의 피치를 제공했다. 피치는 배가 바다에서 항해하는데 적합하게 하였고, 배의 삭구를 오래 쓸 수 있도록 방수처리용으로 필요했으며, 포도주 향기와 포도주 용기를 밀봉하기 위해서도 사용됐다. 피치는 약으로도 사용되어 여드름, 기침, 폐병, 종기, 종양 및 궤양 등을 치료하는데 사용되었다. 기원전 1세기경에 포강 유역은 이탈리아에서 많은 부와 인구를 가진 부유한 지역이 되었다.

5.3. 로마의 번영과 목재

로마는 유럽의 정복과 동시에 많은 목재와 부를 얻었고, 황제들과 귀족들은 사치생활을 했다. 풍요로운 사회를 지키기 위해 황제들과 귀족들은 국민들이 검소하게 생활할 것을 원했지만 로마는 많은 목재가 필요했다.

일상생활과 목재

목욕은 로마번영의 상징 중에 하나였지만 초기 로마사람들은 팔과 다리만 닦았고, 목욕은 일주일에 한번만 했으며, 목욕시설은 일반적이지 않았다. 그러나 기원전 33년부터 서기 1세기까지 목욕장의 수가 크게 증가하였고, 목욕은 로마사람들의 일상생활 중에 중요한 일부가 되었다. 카라칼라(서기 211~217)는 동시에 1천명 이상이 사용할 수 있는 세계에서 가장 큰 목욕장을 건설했다. 목욕은 크게 대중화되었으며, 물을 뜨겁게 하기 위해서는 많은 목재가 연료로 필요했다. 부유한 로마사람들은 가정에서 열을 공급하기 위해 중앙공급체계를 사용했다. 목재를 연료로 하여 얻어진 열은 마루와 벽에 있는 벽돌로 만든 관을 통해 공급되었다.

서기 1세기경 로마에는 약 1백만 명이 거주했다. 아우구스투스는 1백만 명에 이르는 로마 시민들에게 물을 공급하기 위해 많은 물 저장용 웅덩이와 급수소를 건설했다. 물을 공급하기 위한 모든 시설들 또한 목재를 연료로 사용하여 만든 석회와 벽돌로 세워졌다.

산업과 목재

로마사람들은 목재를 연료로 사용하여 만든 많은 물건들을 이용했다. 이탈리아에서 산업은 크게 발달했고, 청동산업은 카푸아, 토기공장들은 에트루리아의 아레티움(Arretium) 등 특정지역에 특정산업들이 집중되었다. 청동공장들은 그릇, 주전자 및 접시들을 로마의 가정에 공급했다. 공장들은 구리와 주석을 목재 연료로 녹여 청동을 만들고 시장에서 요구하는 모든 물건들을 만들었다.

철은 청동보다 수요가 더 많았다. 철은 농기구와 함께 나무벌채를 위한 도구들, 집을 짓고 채석장 등에서 사용할 수 있는 도구들과 전쟁을 위한 무기 등에도 필요했다. 로마인들은 엘바 섬에서 많은 철을 채굴했고 목재를 사용하여 철광석을 녹였다.

유리에 대한 수요는 나폴리의 성장과 함께 크게 증가했다. 유리를 제조하는 기술 혁신이 기원전 1세기에 일어났고, 유리산업 또한 유리생산을 위해 많은 목재공급이 필요했다. 서기 1세기에 목욕장은 하루 종일 햇빛이 들도록 유리로 만든 넓은 창이 설치되었다. 저택 또한 창에 유리를 사용하여 유리의 이용이 크게 증가하였다. 유리는 서기 1세기에 유리불기의 발견과 함께 일반제품의 재료로도 사용되기 시작했다. 유리불기는 큰 유리잔과 유리컵의 가격을 크게 낮추어 대부분의 시민들이 사용할 수 있게 했다. 유리그릇들은 예전에 금속으로 만든 그릇들을 거래했던 시장을 완전히 차지했다.

일상생활에 필요했던 또 다른 중요한 물건은 올리브기름이었다. 로마는 많은 올리브기름을 소비했다. 목재는 올리브기름을 짜기 위한 압력과 보관된 올리브기름에 열을 공급하기 위해서도 필요했다.

서기 64년에 로마를 황폐화시킨 대화재 이후에 도시는 불에 타지 않는 벽돌로 재건되었다. 새로운 건축물을 위해 많은 양의 석회가 또한 필요했다. 벽돌과 석회들은 큰 땅과 목재가 풍부한 농장들이 있는 농촌지역에서 생산됐다.

5.4. 제정기(기원전 27~멸망)

아우구스투스의 가장 큰 업적은 국내와 국외에서 평화의 회복이었다. 아우구스투스 시대에 로마는 특히 경제적으로 번영했다. 농업은 과학적으로 경영되어 도시에 거주하는 농장주인에게 많은 부를 주었다. 올리브기름과 포도주가 도시에 팔렸으며, 교역의 중요한 품목이었다. 이 시기에 로마의 산업은 도자기, 청동, 유리제품, 보석 및 모직 옷 등을 만들어 수출했다. 아우구스투스는 도시를 산업화하기 위해 많은 작은 규모의 공장들, 특히 모직제품을 만드는 공장의 신축을 허용했다. 작은 도시들은 지방에서 요구되는 농기구, 섬유 및 도자기 등을 생산했다. 인구증가를 위해 여자는 20세, 남자는 25세까지 결혼하지 않으면 벌금을 부과했고 또한 여자는 12세, 남자는 14세에 결혼을 허용했다. 많은 사람이 과부나 홀아비가 되고 이혼하므로 다시 결혼에 실패했을 경우에도 벌금을 부과했다. 자유인 여성이 아이 셋을 낳고 노예 신분에서 자유인이 된 여성은 넷을 낳을 경우에 상을 주었다.

로마인의 대다수를 차지했던 노예와 자유인의 일상생활은 악취가 나는 불결한 조건에서 생존을 위한 힘겨운 싸움이었다. 법률과 문학에서 지적인 성취와 공학과 건축에서 물리적 성취는 가난한 사람에게 이익을 주지 못했다. 대부분의 로마사람들은 6~10층 높이의 주택에서 살았고, 좁고 칸막이한 작은 방에서 2백 명까지 거주했다. 물은 거리와 계단을 통해 운반했다. 쓰레기와 오물이 비위생적으로 버려지고 쌓였다. 이러한 환경은 심각한 전염병인 장티푸스, 발진티푸스 및 콜레라의 발생을 피할 수 없었다. 대낮에는 도시의 중요도로에 마차의 통과를 금지하여 밤에 거리를 통과하는 마차의 소음은 잠을 자는 것 역시 힘들게 했다.

도시의 40만 노예와 20만~30만에 이르는 자유노동자의 일상생활은 새벽에 시작하여 약 5~6시간 지속됐다. 단지 공중목욕장의 관리인, 바텐더 및 이발사 등 다른 서비스에 종사하는 사람은 오후에 일했다. 많은 노동자들은 로마에 정박한 배로부터 물건을 나르거나 배를 젓는 사공 및 마차 운전사로 일했다. 노예와 자유인 여성은 대중목욕탕, 술집, 세탁소, 섬유공장 등에서 일했다. 일이 끝나면 가난한 로마사람들은 식사를 위해 불결한 아파트로 돌아갔다. 4세기경에 로마에는 2천 가구의 개인 주택과 함께 46,000채의 아파트가 있었다. 점심식사를 마친 다음 바로 공중목욕장은 여성이 사용하였고, 그 다음에 남성이 이용하였다. 할 일이 없는 오후 시간에 로마사람들은 술집과 거리를 배회하고, 원반치기 등의 게임을 하였다. 게임은 죄수들을 사나운 동물에 던지는 벌을 보여주는 것도 있었고, 시간이 지나면서 더 복잡해지고 다양해졌다.

3세기에는 갈리아, 영국과 독일에 위치한 로마의 유리, 도자기 공장 등 산업이 위협을 받게 되고, 도시는 더 이상 문명의 시기를 멈추었으며, 로마제국의 힘은 다른 원천인 농촌에서도 찾을 수가 없었다. 대부분 농지는 대농장(estate)으로 합쳐지고 공화정기에 힘을 가졌던 작은 농장은 사실상 사라졌다. 대농장은 거의 자급자족하는 자치의 단위로 자신들이 필요로 하는 연장과 옷 등을 모두 생산했다. 이 시기에는 농기구와 농업 방법이 개선되지 않아 농업의 수확량이 줄어 시장에 팔수가 없었다. 3세기에 농업 생산량의 감소는 기후, 강수량 감소와 산림파괴로 인한 토양의 척박함이 또 다른 원인이었다.

목재부족과 그 영향

로마는 번영을 위해 많은 산림을 파괴하였다. 산림면적이 크게 감소하여 이탈리아의 많은 지역은 목재부족으로 고통을 받았다. 공장들은 목재를 확보할 수 없어 밀의 줄기를 연료로 사용했다. 서기 1세기에 유리는 재활용됐으며, 요리전문가들은 요리에 필요한 연료를 줄일 수 있는 방법을 고안하였으며, 그 방법으로 소고기에 무화과 줄기를 첨가하여 연료의 절약과 함께 고기를 연하게 하였다고 한다.

목재부족은 건축에도 영향했다. 목수들은 접착제에 의해 서로 연결된 목재를 사용했다. 지붕 및 기둥에 하나로 된 큰 보는 더 이상 사용되지 않았다. 또한 건축에 많은 유리가 연료부족을 해결하기 위해 사용되었다. 유리는 원하는 공간으로 햇빛이 들어가게 하고 내부에 열을 축적하여 보존하는 역할을 한다. 로마사람들은 고대그리스사람들보다 태양에너지를 더 효과적으로 이용했다. 식당과 같은 건물의 중요 부분은 겨울에 일찍 햇빛이 들도록 남쪽에 위치하게 했다. 낮에 많은 시간을 보내는 서재는 하루 종일 햇빛이 들어오도록 넓은 반원형의 내민창(bay window)을 사용했다.

목재부족은 농촌에서 포도나무와 버드나무를 많이 재배하게 했다. 버드나무의 껍질은 밧줄로 만들 수 있었다. 버드나무의 새로 나온 가지는 유연성, 크기 및 내구력에 따라 바구니, 농기구, 병, 안락의자 등을 만드는데도 사용되었다. 버드나무는 농촌의 목재수요를 충족시키는데도 도움이 되었다. 따라서 농장은 자급자족할 수 있는 장원(manor)이 될 수 있게 되었다.

목재부족은 또한 이탈리아로부터 중요한 산업들을 목재가 풍부한 지역으로 이동시켰다. 서기 1세기말에 도자기산업은 공화정 말에 크게 번성했던 에트루리아 대신 남부프랑스에서 도자기를 생산하였다. 프랑스에서 만든 도자기가 로마시장을 차지했다. 나폴리는 또한 많은 유리제품을 다른 지역에 수출했지만 같은 시기에 유리공장들은 갈리아(프랑스)에 위치한 론 강의 하류지역에서 번성하기 시작했다. 두 산업 모두 많은 목재를 연료로 사용했기 때문에 목재부족이 이들을 남부프랑스로 이동하게 했다. 같은 시기에 프랑스 남부지역은 철도 제련했다. 로마는 또한 영국을 정복한 다음 철광석과 제련에 우수한 연료인 활엽수 목재가 많은 영국의 남부지역에서 철을 생산하기 시작했다.

5.5 로마의 쇠퇴와 목재

로마를 쇠퇴하게 만든 중요한 원인들 중에 하나는 목재부족으로 인한 산업의 이동이었다. 서기 2세기경에 이탈리아반도로부터 공장들의 이동은 결국 정치적으로 많은 변화를 강요했고, 농촌으로부터 많은 주민들이 로마로 이주하게 했다. 결국에는 로마가 제국의 수도 역할을 포기해야만 했다. 많은 목재의 사용으로 로마의 영토들은 예전에 이탈리아반도에서 경험했던 곤경에 처하게 되었다. 또한 서기 2세기 말에 프랑스 남부지역에서 목재부족은 유리공장들과 도자기공장들이 다시 목재가 풍부한 벨기에와 독일로 이동하게 했다. 철 산업은 또한 프랑스 북부지역의 목재가 풍부한 주라산맥 가까이로 이동했다. 이곳 역시 목재부족으로 로마제국 말에 생산을 멈추었고, 영국의 철 산업도 비슷한 경험을 했다. 목재부족으로 해안지역에 위치한 철 제련소는 내륙지역들로 이동했다.

화폐체계는 가치가 크게 하락한 경화(硬貨)와 인플레이션으로 붕괴되는 조짐을 보이기 시작했다. 금화는 더 이상 유통되지 않았고, 은화는 가치가 크게 하락하였다. 로마사람들은 이베리아를 정복한 다음 카르타고사람들에 의해 경영된 은광들을 차지하여 성장에 필요한 자금을 확보했다. 새로운 은광은 막대한 부를 로마에 제공했지만 은광의 주변 산림은 큰 대가를 지불했다. 스페인의 은 생산량은 제정기 초와 공화정 말 사이에 크게 증가하였다. 하지만 서기 3세기에 연료인 목재부족으로 은 생산량이 줄어드는 것을 피할 수 없었다. 경화는 서기 1세기의 가치보다 50%이상 가치가 더 적었다. 가치가 더 하락한 다음 새로운 경화로 바뀌었지만 물건들이 교환 수단으로 돈을 대신하기 시작했다.

굶주림은 4세기에 로마사람들의 삶을 불안하게 만들었다. 큰 규모로 바뀐 농장들은 자급자족하였고 하나의 자치단위가 되어 연장들과 옷 등 생활에 필요한 거의 모든 물건들을 생산했다. 일부 농장들은 주인 스스로 노예들을 이용하여 관리되었지만 대부분의 농장들이 수확량의 일부를 임대료로 받기 위해 임대되었다. 임대된 농장들은 농기구와 농사법 등의 개선이 이루어지지 않아 어떤 물건도 시장에 팔수가 없었다. 어떤 학자들은 농산물 생산의 감소 원인을 기후의 변화와 함께 강수량의 감소로 가뭄과 토양의 메마름이 원인이었다고도 한다. 식량이 부족하게 된 로마는 많은 식량을 이집트와 시칠리아에 의지했다. 하지만 식량을 운반하는 선대는 시칠리아와 이집트로부터 정기적으로 도착할 수가 없었다. 목재부족이 식량을 운반하는 배를 만들거나 보수할 수 없게 했기 때문에 로마는 식량부족으로 위협받게 되었다.

목재 연료공급의 감소가 또한 로마제국의 운명에 크게 영향을 미친다. 서기 3세기와 4세기에 쇠퇴하는 경제와 기아에 대한 공포로부터 로마사람들을 해방시키기 위해 로마의 지배자들은 주민들을 즐겁게 하기 위한 방법들을 끊임없이 찾아야 했다. 로마는 시민들이 좋아하는 목욕을 위해 더 많은 새로운 목욕장들을 건설하였다. 4세기에는 목욕장 연료로 목재를 공급하기 위해 산림이 완전히 파괴되었다.

제 6 장 지중해의 회교문명과 목재

로마제국의 지배로 지중해 연안지역에 위치한 북아프리카의 많은 산림이 파괴되었다. 로마제국은 목욕탕 연료로 북아프리카로부터 많은 목재를 가져갔고, 이집트는 로마제국에 식량을 공급했다. 이 장에서는 이러한 지중해의 북아프리카지역에서 어떻게 찬란한 회교문명이 발달했고, 목재가 회교문명의 발달에 어떤 기여를 했는지 알아본다.

6.1 회교세계의 발달

회교문명은 일반적으로 생각되어지는 것보다 더 오래되었다. 아라비아사람들은 오랜 역사를 가진 근동의 셈족이었다. 지중해와 동양 사이의 옛 교역로는 로마제국의 융성으로 폐쇄되었고, 아라비아사람들의 문명과 국력은 쇠퇴했다. 로마시대에 아라비아반도는 가축을 위해 식량과 물을 찾아 끊임없이 이동했던 유목민인 베두인사람들이 지배했다. 하지만 새로운 도시들이 유럽세계와 교역을 시작했고, 서기 1세기에 성장했다. 특히 북부지역의 아라비아사람들은 무역활동으로 부유했지만 대다수의 아라비아사람들은 가난한 유목민이었다.

서기 5세기와 6세기에 아라비아반도는 중요한 변화를 맞았다. 메소포타미아와 이집트의 정치적 혼란으로 교역로가 바뀌기 시작했다. 지중해로부터 메카를 지나 예멘을 통해 인도양을 항해하는 배들에 의한 새로운 교역로는 인기가 있었고, 메카와 같은 지역들이 교역으로 번창하기 시작했다. 결과적으로 도시는 부유한 상인들을 크게 증가시켰고, 회교의 창시자인 마호메트 역시 메카의 상인집안에서 서기 570년에 태어났다.

부유한 상인이었고 마호메트의 추종자였던 아부 베커에 의해 아라비아가 통일되자 그들은 세력을 확장하기 시작했다. 비잔틴제국과 페르시아는 통일된 회교도들의 첫 번째 표적이 되었다. 회교도들은 636년에 야르무크에서 비잔틴 군대를 격파했고, 640년에 시리아지역을 차지했다. 동쪽에서 회교도들은 637년에 페르시아 군대를 격파하고 650년에 페르시아를 정복했다. 또한 642년에 이집트와 북아프리카지역이 회교제국에 편입되었다.

661년에 마호메트의 사위인 알리가 암살된 다음 시리아의 총독인 무아위야는 칼리프가 되었다. 그는 회교제국의 수도를 메디나로부터 다마스쿠스로 옮겼다. 이는 회교세계를 현재까지도 계속되는 마호메트의 사위인 알리를 유일한 후계자로 여기는 시아파와 무아위야가 만든 옴미아드왕조의 후손이 진정한 칼리프로 생각하는 수니파로 분리되게 했다.

내부불화가 회교세계의 팽창을 멈추게 하지 않았고, 8세기 초에 회교세계의 새로운 침략이 지중해의 서쪽과 동쪽의 끝 지역에서 이루어졌다. 북아프리카를 정복한 회교도들은 지브롤터해협을 건너 710년경에 스페인으로 진출했다. 725년에 스페인왕국은 붕괴되었고 대부분의 스페인지역이 코르도바가 중심이 된 회교국가가 되었다. 732년에 남부프랑스로 침략한 회교군대는 푸아티에 전투에서 패했고, 서유럽에서 회교세계의 팽창은 멈추게 되었다.

717년에 또 다른 회교군대가 비잔틴제국을 공격하기 시작했지만, 718년 봄에 비잔틴제국이 회교선대를 격파하여 비잔틴제국과 간접적으로 동유럽을 구했다. 비잔틴제국의 몰락은 회교도가 동유럽에서 세력을 확장시킬 수 있었기 때문이다. 결국 회교도의 진출은 끝났으나 옛 로마제국의 남부와 동부 지중해지역을 차지했으며, 회교도가 실질적인 옛 로마제국의 계승자가 되었다. 팽창은 막대한 부와 함께 새로운 민족들이 회교도가 되게 했으며, 스페인에서 말레이군도에 이르는 거대한 지역에 단일 문명을 형성하게 했다. 회교도들은 비잔틴 및 페르시아 문명과도 접촉하게 됐고, 그 결과로 새로운 회교제국은 옛 근동의 고대문명과 로마문명으로부터도 영향을 받게 되었다. 정복자들의 자녀들은 새로운 교육을 받게 되었고, 결국에는 서유럽에 영향을 미치는 찬란한 문명을 만들었다. 회교세계는 서유럽이 소규모의 촌락들로 이루어진 농촌세계가 일반적이었던 시기에 바그다드, 코르도바, 카이로 등에서 찬란한 도시문명을 만들었다.

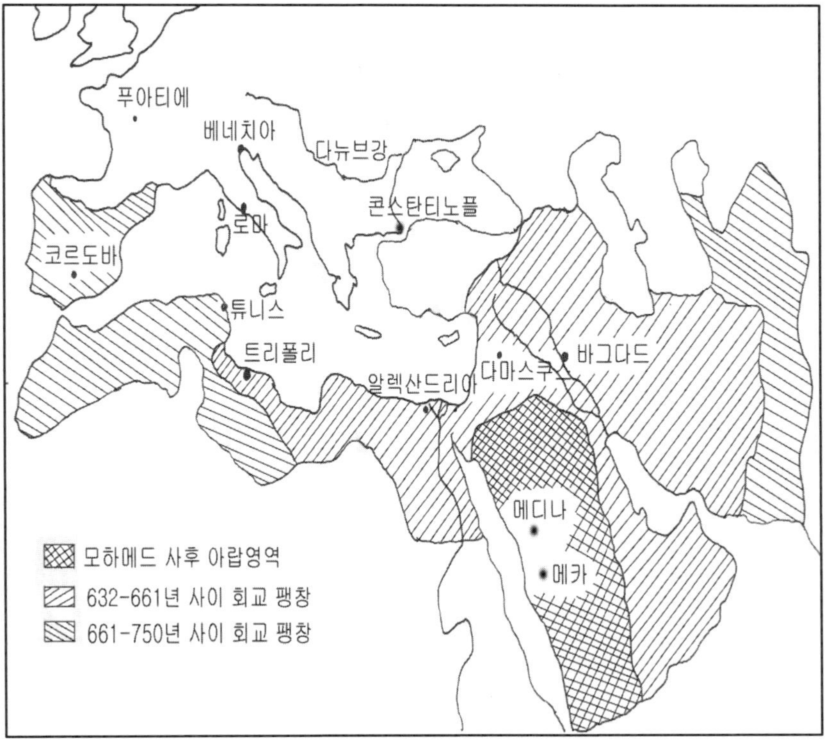

그림 6-1. 회교문명의 지중해와 팽창

회교세계의 가구

회교세계는 많은 전통과 유목민으로서 자신들의 관습을 고수했기 때문에 많은 가구를 사용하지 않았다. 예를 들면 여자들은 의자보다 바닥 위에 놓여진 방석에 앉는 경향이 있었다. 회교 교의에 경의를 표하는 추상적인 고유양식은 복잡한 뼈, 상아 및 흑단의 기하학적 상감세공이 있었다. 이들 상감세공들은 적은 수의 큰 것들 대신에 재료의 부족으로 목재의 매우 작은 조각들을 사용하는 회교세계의 관습이 반영됐다.

아라비아의 악기

악기들은 아시아보다 유럽에서 회교제국과 정착지들의 경계선들을 넘어 더 널리 보급되었다. 악기들은 특히 이탈리아의 시칠리아와 711년부터 1492년까지 무어인들이 지배한 스페인을 통해 유럽대륙으로 전해졌지만 단지 적은 수의 초기 악기들이 외딴 지역이나 섬 지방의 민속악기로 남아 있다. 하지만 이들 지역의 민속악기들 중에는 일부가 동로마제국의 악기이고, 거의 대부분이 회교악기이다.

북은 회교의 아라비아 이전에 언급된 최초의 악기들 중에 하나였다. 북은 모든 셈족의 악기들과 같이 환희와 고통 모두에서 절대적으로 필요한 음악적 속성들을 가지고 있었고, 노래와 춤이 함께 할 때 장단을 맞추는 악기로서 역할도 담당했다. 손가락들은 가운데, 가장 자리나 중간 지점을 아라비아 음악의 강하게(forte), 느리게(piano), 조금 세게(mezzoforte) 등 3 동적 세기에 따라 쳤다. 하지만 북을 잡는 방법은 지역에 따라 변했다. 예를 들면 이집트사람들은 양손으로 잡고, 튀니지사람들은 왼손으로만 잡았다.

아라비아의 솥 모양을 한 큰북은 10세기에 최초로 나타났고, 두 형태로 시작했다. 더 오래된 것은 두 개의 막대기로 치는 작고 얇은 접시 모양의 원통형 북이었다. 다른 형태의 원통형 북은 직경보다 원통의 높이가 더 작고 납작하였으며 노아의 방주를 만들기 위해 사용된 것으로 알려진 노란목재로 만들었다. 연주자는 머리가 옆쪽으로 향하게 하기 위해 어깨에 북을 걸친 다음 두 막대기로 가죽으로 된 양면을 쳤고, 둔탁한 소리를 내기 위해서는 중앙을 두드렸으며, 가장자리를 두드려 밝은 소리를 냈다. 더 큰 솥 모양을 한 큰북은 평평한 밑바닥을 가진 원통형그릇 모양으로 후에 달걀같이 둥글게 되었다. 이는 그림 6-2와 같이 낙타나 말의 등으로 북을 운반하기 쉽게 하였고, 서로 다른 크기의 두 북들이 동시에 사용되었다. 후에 달걀모양은 어느 정도 반구 형태로 변화됐다. 이 변화는 북을 흙으로부터 금속으로 만들게 했다.

그림 6-2. 회교문명시대의 북과 트럼펫

로마의 트럼펫과 다르게 회교세계의 트럼펫은 그림 6-2와 같이 더 길고 더 크게 벌어진 입을 갖고 있었다. 이는 넓게 벌어진 입을 가진 원추형이었던 고대이집트의 트럼펫으로부터 발달된 것으로 보인다. 고대이집트의 트럼펫은 신성한 악기로 신의 숭배에 이용됐다. 플루트는 기원전 3000년 이전으로 기원을 추정할 수 있고, 길이가 60~70cm로, 2열로 배열된 5개~6개의 구멍들이 있었다. 오보에는 대부분 원추형이었고, 목재로 만들었다. 매끄럽고 완전한 원통은 선반으로 깎았으며, 벌어진 입 모양을 만들기 위해 끝을 확장했고, 종종 벌어진 입은 금속으로 만들었다.

분명하게 잘록한 부분이 없고 줄 조리개상자를 향해 끝이 가늘어진 짧은 류트는 최초로 이란에서 발견되었고, 이집트에는 서기 1200년경에 소개되었으며, 줄들은 목재로 만든 연주용 채로 연주되었다. 짧은 류트는 이탈리아보다 스페인을 통해 유럽에 소개되었고, 스페인사람들은 무어기타라 불렀다. 무어기타는 높고 거친 음색을 냈고, 16세기에 붙여진 새로운 이름인 만돌라(그림 6-3)는 얇은 통널과 짧고 가느다란 부분 및 이중의 줄들로 구성되었으며, 서양 배 모양을 했다.

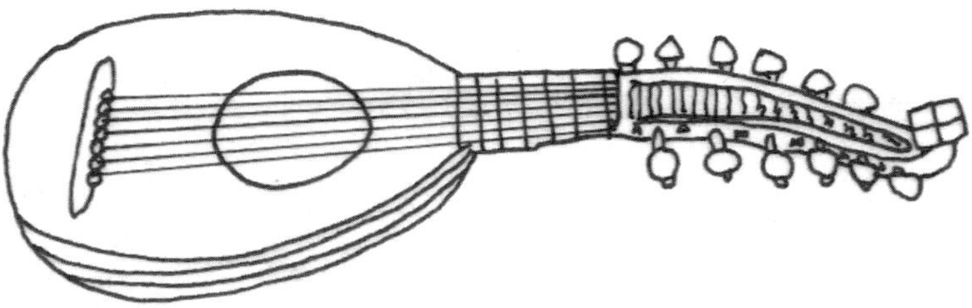

그림 6-3. 만돌라

스파이크 바이올린은 모든 회교세계에서 발견되었다. 줄 조리개는 측면에 있었고, 가죽으로 공명판을 만들었다. 인도의 동쪽지역은 스파이크 바이올린을 목재나 상아로 만들었고, 서쪽지역은 철로 만들었다. 이집트의 바이올린들은 단지 하나나 두 줄을 사용했다. 긴 류트(그림 6-4)는 금속성의 음색을 냈다. 연주자는 곡조가 아름다운 악절의 마지막 부분에서 류트가 떠는 소리를 내게 했고, 떨어서 내는 효과를 위해 소리를 점점 약해지게 했다. 긴 류트는 작고 서양 배 모양의 몸통과 줄 조리개 통이 없이 긴 잘록한 부분, 가느다란 철사 줄 및 별갑으로 만든 연주용 채를 가지고 있었다.

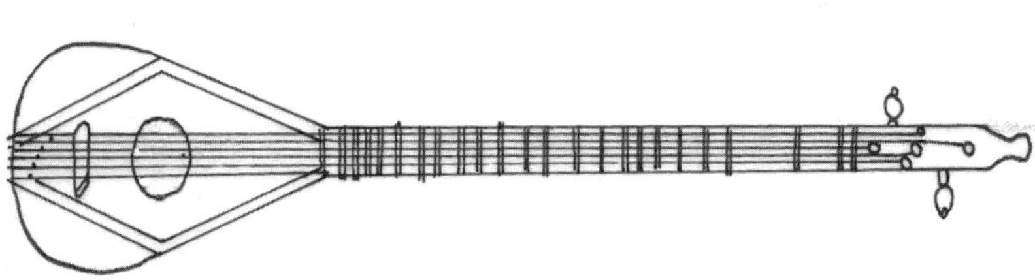

그림 6-4. 페르시아의 긴 류트

피아노의 원형으로 금속 현을 때려서 소리를 내는 악기의 일종인 덜시머는 페르시아의 악기로 보통 밤나무목재로 만든 사다리꼴 형태를 한 상자 모양이었다. 상자 옆에 있는 줄 조리개가 4겹으로 된 놋쇠로 만든 18개의 줄들을 조율했다. 연주자는 매우 가벼운 막대기로 줄들을 때렸다. 아라비아사람들은 북아프리카를 통해 스페인에 전했고, 그 후에 유럽대륙으로 전해져 유럽의 남동지역에서 대중적인 악기가 되었다.

6.2. 회교 이전의 이집트

알렉산더대왕(기원전 356~323)은 기원전 334년에 소아시아를 침략했고, 기원전 331년에 티그리스 강을 건넜으며, 마케도니아의 정치적이고 문화적인 영향력이 전체 두 강 유역에 미쳤다. 알렉산더대왕은 점령한 지역에 도시들을 세웠고, 도시들은 격자모양의 도로, 대중목욕장, 극장, 경기장 및 광장을 건설했다. 외부 세력인 마케도니아와 로마에 의한 지배는 거의 천년 동안 계속되었고, 회교의 출현으로 끝났다. 기원전 332년에 알렉산더대왕은 이집트를 점령했고, 알렉산드리아를 건설하여 이집트의 수도로 하였다. 알렉산더대왕이 죽은 다음 제국은 나뉘었고, 이집트는 톨레미왕조의 설립자인 톨레미에 무너졌다. 마지막 톨레미왕인 클레오파트라의 죽음과 함께 이집트는 기원전 30년부터 서기 640년까지 로마에 중요한 식량공급자로 로마의 영토가 되었다.

로마제국은 식량을 이집트에 의지했지만 이집트에는 목재가 적어 목재를 공급하지는 못했다. 그럼에도 불구하고 이집트는 거의 모든 사람들이 강 근처에서 살고 있어 기능이 좋은 배를 필요로 했다. 그러나 불행히도 목재는 배를 수리하기에도 충분하지 않았다. 이집트사람들은 마차 및 주택 등도 필요했지만 목재를 구하는 것이 쉽지 않았다. 목재부족은 목재의 자급자족을 위해 많은 노력을 하게 했다. 국가는 종묘장을 만들고, 버드나무, 뽕나무 및 아카시아 등을 심었지만 이집트에서 자라는 나무들은 길어야 길이가 1m정도 되는 판재를 제공했다. 하지만 국제교역과 전쟁을 위한 큰 배는 이집트에서 얻을 수 없는 강한 목재를 필요로 하여 이집트사람들이 목재를 해외에서 찾게 했으며, 현재의 레바논지역인 페니키아와 목재교역을 활발하게 했다. 배를 만들고 주택의 기둥과 보로 사용할 많은 목재가 이 지역으로부터 이집트에 공급됐다.

목재부족과 주택 양식

중세의 북아프리카 도시주택인 다르는 오늘날의 전통 도시주택과도 크게 다르지 않다. 가장 단순한 주택은 직사각형 혹은 정사각형 주택으로 중앙에 안뜰이 있었고, 안뜰의 셋이나 네 측면들에 중요한 방들이 배치됐다. 각 방들은 중앙에 출입문을 설치하여 빛이 통과되도록 했고, 이용이 가능한 목재 보의 길이 때문에 방들의 폭은 3m가 넘지 않았다.

방이 좁은 것은 보통 방의 양끝을 차지하는 붙박이장과 함께 출입구 반대편에 있는 벽에 오늘날의 발코니와 같은 넓은 내민창을 설치하게 했다. 현관은 주택의 모서리들 중 하나에 위치시켜 문을 열었을 때 거리로부터 주택의 내부가 보이지 않도록 하였다. 부엌, 목욕탕, 화장실 및 위층과 지붕을 향하는 계단 같은 공간들은 다르의 다른 모서리들을 차지했다. 종종 다르는 잠자는 공간이 2층에 있었으나, 복도가 있는 2층은 안뜰의 4면을 따라 배치된 방들의 창문과 복도로 여는 문에 의해 밝게 했다. 창들은 단지 이웃집의 안뜰이나 테라스에서 바라볼 수 없는 곳에 설치되었다. 주택의 출입문은 낯선 사람이 가족의 사생활을 볼 수 없게 했고, 또한 외부 세계로부터 가족들을 격리시켰으며, 햇빛과 모래 폭풍 등의 기후 조건들로부터도 보호했다. 2층의 다르와 전형적인 수메르 도시주택 사이에 유사함은 매우 신비스럽고, 다르는 또한 성경에 나오는 유대인의 도시주택과도 매우 유사하다. 다르는 크게 변하지 않았고 수세기동안 기본 형태를 유지해 중세 회교주택의 형태와 북아프리카대륙의 자연환경을 우리에게 전해준다.

지중해의 삼각범선

회교세계는 서기 639년에 이집트를 침략했다. 640년에 정복자들은 이집트를 지나 영토 확장을 계속했다. 670년에 그들은 튀니지, 알제리 및 모로코가 포함된 북아프리카 해안지역을 지배했다. 서기 7세기에 회교군대가 이집트에서 비잔틴군대를 격파했을 때 해군력은 높게 평가되지 않았다. 하지만 7세기 후반에 페르시아로부터 북아프리카까지 길게 펼쳐진 회교제국은 바다에서 해군의 중요성을 알게 되었다.

먼저 회교도들은 알렉산드리아에 배를 만들기 위한 조선소를 세웠다. 배를 만들려고 했을 때 이집트의 회교도들은 톨레미 왕들이 처했던 목재 부족을 경험했다. 그들에게 이용이 가능한 목재는 야자나무, 무화과나무 및 아카시아의 목재뿐이었으며, 이집트의 회교지배자들은 선대를 만들기 위한 목재를 다른 지역에서 찾아야 했다.

레바논과 키프로스가 이집트에서 가장 가까운 산림지역이었다. 회교도들은 큰 배를 만들기 위해 이들 지역의 목재에 관심을 가졌지만 이집트가 많은 목재를 확보하는 것을 두려워한 비잔틴제국의 방해로 목재 확보에 실패했다. 따라서 북아프리카의 목재가 이용됐다. 조선소에 공급할 목재를 확보하기 위해 나무 벌채는 그 지역의 토착민들이 담당했고, 해안지역에서 많은 목재가 생산되어 이집트사람들에 의해 배들로 만들어졌다.

배는 항해를 위해 길이방향으로 설치된 활대를 가진 삼각범선(그림 6-5)으로 제조되었고, 북유럽은 십자군원정 이후에 지중해를 의미하는 아라비아의 돛대를 채택하였다. 삼각돛의 이용은 유럽에서 과학적으로 우수한 문명의 많은 증거들 중에 하나로 지중해의 남동쪽 해안에서 일반적으로 회교도들이 사용하였지만, 유럽 국가들의 해양 역사에 아라비아사람들의 이바지를 종종 빠뜨렸다. 삼각범장의 우수성은 유럽의 뱃사람, 특히 제노바 및 베네치아에 알려졌고, 활대는 종종 둘이나 셋인 원재(圓材)로 만들어졌으며, 서로 끈으로 묶어 종종 배가 제공하는 길이보다 큰 길이와 자연적으로 기체역학적인 모양을 만들어 원재에 설치된 삼각돛에 유연성을 주었다.

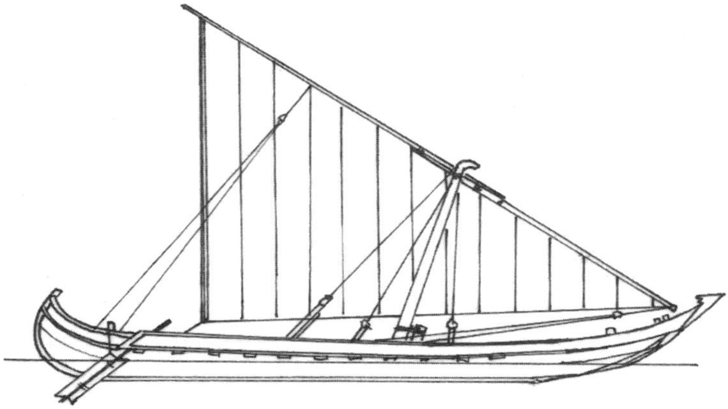

그림 6-5. 9세기에 지중해의 연안 무역선

6.3. 지중해의 지배와 서양세계에 대한 영향

선대의 완성은 회교도가 바다에서도 승리하게 했다. 회교세계는 이집트 사람들에 의해 만들어진 배들로 지중해에서 가장 크고 인구가 많은 섬인 시칠리아를 정복했다. 시칠리아에는 목재가 풍부하여 회교도들이 조선소를 건설하여 배를 만들었고, 이집트에 많은 목재를 공급하였다. 회교도들은 또한 풍부한 목재와 많은 강들이 있는 스페인을 점령했다. 상대적으로 목재가 부족한 지역으로부터 이주해온 회교도들은 스페인의 산림을 즉시 이용하였다. 바다로부터 내륙으로 항해할 수 있는 강들은 회교도들이 산림에 쉽게 접근할 수 있도록 했다. 많은 거대한 조선소들이 강들을 따라 세워졌고, 아름다움, 두께 및 길이가 세계에서 최고인 소나무목재는 큰 배들을 만들 수 있게 했다.

그들의 능력은 증대되었고 어떤 기독교 국가들도 회교세계의 배들을 상대할 수 없게 되었다. 따라서 회교도들은 잘 정비된 선대로 로마의 왕과 전쟁을 일으킨 카르타고 왕이 했던 것처럼 지중해의 북부지방을 침략했다. 10세기경에 지중해에 있는 항구들의 대부분은 많은 회교도의 배들이 차지하였다. 회교세계의 선대는 유럽의 항로로 제공되었던 지중해를 지배했고, 기독교도들은 안전에 대한 염려 때문에 지중해로부터 멀리 떨어진 지역으로 이동했고. 서유럽의 정치적인 힘이 지중해로부터 북유럽으로 이동하게 했다. 유럽세계의 그러한 순응은 현재에도 느끼는 중요한 문화적, 경제적, 종교적, 사회적 변화를 가져왔다.

로마제국이 멸망한 다음 서유럽에서 암흑기로 불리는 시기에 스칸디나비아의 해군력과 로마교황의 보호아래 봉건주의 국가건설은 기독교도와 회교도 사이에 피할 수 없는 충돌을 일으키게 하였다. 십자군전쟁은 지금까지 뚜렷하게 다른 북유럽과 지중해에 인접한 남유럽의 배 만드는 방법을 혼합하게 만들었다. 이것의 중요함은 중세로부터 출현한 단일 민족으로 형성된 국가들이 기독교국가로 연합하여 유럽에서 르네상스에 공헌했고, 배들은 철저하게 변화됐다. 배를 만드는 방법은 선체 모양과 바람이 불어오는 방향으로 항해가 가능한 돛이 기준이 되었다. 가장 중요한 것은 유럽에서 배에 방향타가 소개되어 사용하기 시작한 것이다. 중국사람들은 이미 방향타를 사용하였으나 유럽에서는 알려지지 않고 있었다. 또한 천문학의 발달로 회교 선원들이 바다에서 자신들의 위치를 아는데 사용했던 천측구(天測具)의 소개는 후에 유럽 사람들이 아메리카대륙의 발견을 가능하도록 하게 했다.

지중해에 있던 기독교 도시들이 약탈과 위협으로 정체되는 동안 새로운 항구들이 회교도가 지배하는 해안지역에 나타났다. 지중해를 통한 교역은 10세기에서 12세기 사이에 카이로를 번영되게 했다. 카이로는 회교세계의 중심지로 바그다드를 능가했으며, 세계에서 가장 큰 도시가 되었다.

6.4. 회교세계의 번영

회교도들은 이집트를 정복하고, 오늘날 카이로라고 불리는 새로운 회교도시를 969년에 건설했다. 새로운 도시는 회교세계의 도시계획 원리를 사용한 전형적인 요새로 된 회교도시였다. 카이로의 거리 양식은 지연환경의 원리를 사용하여 만들었다. 남-북의 거리들은 넓었고, 보도들은 높은 빌딩에 의해 그늘졌다. 동-서로 향한 거리는 햇빛의 통로와 평행으로 좁고 굽었으며 종종 남쪽을 향한 건물은 해에 너무 노출이 되는 것을 막기 위해 현수(overhang)를 가지고 있었다. 북쪽으로부터 바람은 거리를 따라 교차점에서 압력이 떨어져 공기의 흡입에 의해 측면에 위치한 좁은 거리로 불게 했다. 압력의 차에 의한 공기의 이동이 2개의 안뜰 정원을 가진 큰 주택의 설계에도 사용됐다. 공기는 차갑고 작으며 그늘진 안뜰로부터 따뜻하고 햇빛이 있는 안뜰의 더 가볍고 낮은 압력의 공기로 이동했다.

회교세계의 도시들은 잘 정돈되었고, 도시공간과 시설들은 유럽의 중세 도시들을 능가하였다. 회교도의 도시들은 건축적 특징들의 일반적인 사용으로 뾰족한 아치, 윗부분에 있는 여러 곡선 모양의 장식 무늬가 있는 창 등 독특한 특징들을 가지고 있었다. 도시에는 분수와 정원이 있는 왕궁과 공공건물, 대중목욕장 및 시장과 장터가 있었다. 회교도시의 시민들은 유럽 도시들의 시민들보다 더 폭넓은 견해를 가지고 있었다. 회교도시의 거주자들은 특정한 국가와 도시의 시민이 아닌 마호메트에 의해 세워진 지리적인 경계가 없는 거대한 공동체인 움마의 일원이라고 생각했다. 이 더 넓은 관점은 무역조합에서도 나타난다. 조합들은 그들 자신의 기술들을 보호하고 통제하는 것은 물론 구성원들을 위한 자본과 훈련을 제공하는 유럽의 조합과 비슷한 직업 활동들을 위한 조직으로 역할을 담당했다. 그러나 유럽의 조합과 다르게 회교의 조합은 비-회교도를 제외하지는 않았다.

카이로의 번영과 목재

회교의 도시주택은 가족의 사생활과 안전을 높이기 위해 두 부분으로 나뉘었다. 한 부분은 주택의 공적인 장소로 제공되어 남성 방문객들과 친구들을 맞았고, 다른 부분은 가족들을 위해 사적이고 격리된 장소였다. 큰 집에서 이들 두 지역은 분리되었고 그들 각자의 방들은 분리된 안뜰 주위로 있었다. 작은 주택에서 분리는 수직으로 이루어졌다. 아래층은 공적인 공간이었고, 위층은 가족을 위한 공간이었으며 하나의 안뜰이 있었다. 또한 사생활에 대한 고려가 출입구의 디자인을 좌우했다. 주택의 출입구는 거리로부터 직접 보이는 것을 방지하기 위해 그림 6-6과 같이 벽으로 막았다. 또한 주택의 전체 배열은 이웃들과 낯선 사람들로부터 시각적으로 보호하기 위해 설계되었다. 사적공간에서 창문이 거리를 향해 배치되었을 때 오늘날의 발코니와 같은 밖으로 내민창이 사생활을 보호했다. 격자로 된 내민창은 외부 세계에 대한 거주자들의 호기심도 만족시킬 수 있었다.

그림 6-6. 카이로의 주거지역

회교의 관념론은 주택의 변변하지 않음을 강조하기 위해 약한 건축 재료의 사용을 장려했다. 주택들은 될 수 있으면 2층을 초과하지 않았다. 호화스럽고 고층의 건물은 거만과 오만의 상징이었으며 물질에 대한 존경을 나타냈다. 후에도 이들 가치가 엄격히 지켜져 주택들의 외부 면은 내부의 화려함에 비해 상당히 단순하게 남아 있었다. 주택들은 내부공간에 알맞은 미기후 조건들을 만들기 위해 설계되었다. 분수 및 웅덩이는 물론 그림 6-7과 같이 식물을 심어 외부 거리의 무미건조함에 비해 안뜰에서 시원한 분위기를 만들었다. 카이로의 정원에는 나무들에게 물을 공급하기 위해 목재로 만든 수차가 있었다. 그림 6-8과 같이 수직으로 설치된 공기 관과 연결된 풍동(風洞)은 신선하고 차가운 공기를 주택에 공급하여 내부공간에서 공기순환을 도왔다. 거실의 높은 천장이 공기순환을 향상시켰고, 거주자들은 바닥에 앉아서 시원한 내부 환경을 즐겼다. 격자로 된 내민창은 눈부신 빛을 없애고 내부공간을 쾌적한 수준으로 밝게 했다. 또한 회교도시의 주택들은 서로 밀접하게 집단화하여 뜨거운 해에 노출된 면적이 최소가 되게 했다.

그림 6-7. 카이로 주택의 안뜰

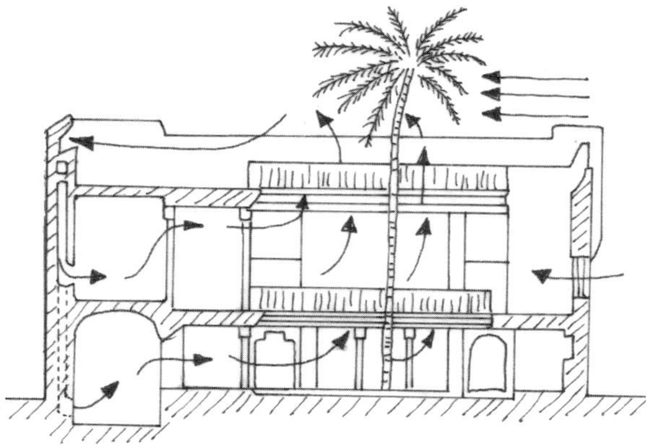

그림 6-8. 회교 도시주택의 기후조절

물건들을 도시에 많이 가져오기 위해 운송기관이 필요했고, 가장 효과적인 운반은 물에 의한 것으로 요리를 위해 사용하는 것과 같이 배를 만들기 위해 많은 목재가 사용됐다. 회교도에 의한 지중해의 지배와 그 주변의 많은 지역이 카이로의 목재부족을 완화시켰다. 이집트 역사에서 여러 지역으로부터 유용한 목재를 그렇게 많이 쉽게 확보한 적이 결코 없었다. 북아프리카의 서쪽산맥에서 자라는 삼나무목재는 배와 가구를 만드는데 사용되었다. 이집트의 조선공들은 돛대를 만드는데 스페인의 소나무목재를 사용했고, 목수들도 소나무목재를 건물, 수차, 기중기, 사다리 및 망루 등을 만드는데 사용했다. 많은 목재가 또한 시칠리아의 동부해안지역으로부터 도착했다. 이들 지역으로부터 목재가 많이 공급되었음에도 불구하고 이집트는 페니키아 해안지역의 목재에도 크게 의지했다. 카이로는 많은 양의 목재를 연료로도 사용했고, 많은 목재의 공급이 카이로의 번영을 가능하게 하였다.

6.5. 이집트의 쇠퇴와 목재부족

이집트의 번영은 오래 계속되지 않았다. 타락과 불화 등은 회교세계의 이집트를 약하게 하였다. 기독교도들은 분열된 회교도들을 공격하여 시칠리아,

크레타, 몰타 및 다른 지중해의 섬들과 시리아로 향하여 목재가 많이 있는 넓은 지역을 점령하였다. 그 결과로 이집트는 이들 지역에서 목재를 확보할 수 없게 되었다. 이는 또한 이집트사람들과 다른 회교도들 사이에 치명적인 반목의 원인이 되었다. 북아프리카 산림은 이집트가 지배하고 있었지만 11세기 중반에 이집트의 목재부족을 알게 된 북아프리카 지도자들이 목재에 대한 자신들의 권리를 주장하여 이집트사람들이 이용할 수 없게 되었고, 그와 함께 스페인도 회교세계의 지배로부터 벗어났다.

중요한 자원인 목재부족은 11세기에 이집트가 예전과 같이 나일 강 양쪽에 많은 나무를 심게 했다. 이집트는 나무의 생장으로부터 카이로에 목재가 도착할 때까지 모두 감시했다. 이집트는 목재의 사용에도 우선순위를 부여했다. 상인들은 구입한 양에 대한 증명서와 함께 목적지에 도착하는 즉시 목재를 검사받았다. 배 만드는데 적합한 목재는 너무 소중히 여겨 호위병들이 호위하는 배로 운반했다.

13세기에 목재수요는 이집트가 외국의 목재에 더욱 크게 의지하게 했다. 하지만 기독교도들이 지중해를 지배하게 되었으므로 이집트사람들은 베네치아로부터 목재를 구하기 위해 많은 돈을 지불해야 했다. 베네치아와 이집트 사이에 목재무역이 10세기 후반에 시작됐지만 로마교황은 베네치아사람들에게 목재를 이집트에 판매하지 못하도록 했다. 로마교황이 이집트와 목재무역을 금지하므로 이집트사람들은 목재에 대한 대가로 유럽 사람들에게 더 많은 돈을 지불해야 했고, 이는 유럽에 매우 큰 이익이 되었지만 이집트에게는 경제적으로 쇠퇴하게 했다. 특히 베네치아의 배들은 다른 나라의 배들보다 이집트와 많은 목재를 해상에서 밀매하여 가장 많은 경제적인 이득을 얻었다. 바다를 통한 목재 밀매는 베네치아의 조선업을 또한 자극했고, 결국에는 베네치아가 동지중해를 지배하게 하였다. 그 후에 베네치아는 동양으로부터 가져오는 사치품에 대한 교역으로 많은 부를 얻게 되었다. 이집트와 목재교역으로부터 얻은 이익들이 베네치아를 르네상스시대에 가장 부유한 국가로 만들었다.

제 7 장 중세유럽 및 베네치아공화국과 목재

유럽에서 도시문명은 약 5000년 앞선 동양의 고대 도시문명으로부터 영향을 받았다. 발달의 중요한 원동력들 중에 하나가 간접적으로 로마문명과 그리스문명을 통해 유럽에 공헌한 동양문명의 영향 덕분이었다. 로마제국은 유럽의 넓은 지역을 차지했고, 점령지에서 많은 흔적을 남겼다. 하지만 로마제국의 붕괴는 유럽에서 동양의 고대문명 및 로마문명과는 분명히 다른 특징을 가진 새로운 서양문명이 나타나게 했다.

새로운 유럽의 도시문명은 로마제국의 멸망으로 유럽대륙에서 도시의 발달이 멈춘 것이 일부 기여를 했다. 유럽대륙은 수세기동안 혼란이 있었고, 이 암흑기에 도시의 기능은 사실상 멈추었으며, 혼란은 도시에서 삶을 완전히 정지시켰다. 도시의 거주자들은 야만족을 피해 농촌지역으로 이주했다. 도시들은 눈에 잘 띄고 전략적 · 지리적 위치와 함께 풍요로움 때문에 침략을 받기 쉬웠다. 이 장은 이러한 시기에 유럽에서 도시의 부활과 함께 목재의 역할에 대해 알아본다.

7.1 중세 초의 유럽

6세기말에 동로마제국이 번영하고 있을 때 서유럽의 게르만민족은 원시적이며 가난에 시달렸다. 그 후 4세기 동안 이들은 두 번에 걸쳐 침략을 받았고, 외부침략의 영향으로 새로운 경제체제로 알려진 장원제도와 정치체제인 봉건제도가 나타났다.

첫 번째 침략은 회교도의 침입으로 스페인과 포르투갈의 대부분 지역을 거의 4세기에 걸쳐 지배했다. 회교도들은 스페인의 코르도바, 톨레도 및 그라나다 등에서 후에 유럽의 경제적이고 문화적인 삶에 크게 영향한 도시문명을 창조했다. 두 번째 침략은 작은 정치적 안정과 경제적 번영조차 파괴한다. 북아프리카로부터 회교도들이 시칠리아와 유럽남부지역을 점령했고, 아시아의 침략자로 알려진 마자르인이 독일, 이탈리아 및 프랑스를 거쳐 헝가리에 정착했다. 바이킹은 스칸디나비아로부터 북유럽을 휩쓸었고, 스코틀랜드와 영국의 일부 지역 및 노르망디와 시칠리아 및 이탈리아 남부지역에 정착했다.

이 혼란스런 시기에 게르만민족은 중앙 정부의 통제 대신에 행정 및 방어를 목적으로 초기 봉건주의 형태를 농촌에서 출현시켰다. 이 체제는 새로운 국가의 행정기초가 되었고 후에 프랑스, 영국 및 독일에서 발전했다. 유럽에서 혼란스러운 시기에 상업과 제조업은 모두 중단되었고, 단지 농촌에서 필요에 따라 이루어졌다. 행정적·경제적인 목적에 필요 없게 된 도시는 실질적으로 회교도 지배의 스페인과 비잔틴제국을 제외하고는 유럽대륙에서 사라진다. 대부분의 사람들이 농촌으로 이주했고, 농업은 결코 정체되지 않았다. 농업혁명이 연장의 사용과 동물의 이용 및 다양한 농작물을 재배할 수 있는 윤작에 의해 일어났다. 1,000년 이후에 농업생산량의 증가는 인구증가를 가능하게 하였다. 농업발전은 상업을 부활시키는데 직접적으로 공헌했고, 도시기능을 회복시키는데도 중요한 역할을 하게 된다.

중세에 농업은 신석기시대와 다르게 많은 도구가 사용되었다. 농촌이 인구의 90%를 차지했으며, 3개의 자원인 농지, 초지 및 산림에서 삶을 연명하였다. 산림은 이들 농부에게 매우 중요하였으며, 특히 참나무는 열매와 목재를 생산하는 매우 중요한 자원이었다. 가축은 도토리를 먹이로 했고, 특권을 가진 농부는 산림에서 자르는 것이 허용된 굽은 나무로부터 연료를 채취할 수 있었다. 목재가 집, 보트, 연장, 농기구, 마차 및 가구 등을 만드는데 필요했다. 또한 산림에서 벌은 꿀과 함께 중세 기독교의 예배용 초를 만드는데 꼭 필요한 밀랍을 제공했다.

7.2. 중세유럽

유럽에서 농업생산성의 향상은 인구증가로 도시 및 상업의 부활에 기초가 되었다. 6세기와 10세기 사이에 개발된 새로운 농업기술은 산림에서 농경지를 크게 확대시켰다. 또한 수세기 동안 계속된 말라리아 등 전염병에 의한 재앙이 멈추고 인구가 14세기 초까지 크게 증가했다. 상당히 정확한 수치가 가능한 나라인 영국의 인구는 노르만에 정복된 1086년에 1백만 명을 약간 넘었으나 2백년 후에 거의 4백만 명으로 증가했다. 독일의 라인지방은 10배 정도 증가하였고, 같은 기간에 서유럽의 대부분 국가도 비슷하게 증가하여 안정적인 정치적 조건을 만들었다. 인구증가는 또한 농산물의 초과 생산과 함께 멀리 떨어진 지역의 사치품 등과 교환하는 상업의 부활을 자극했고, 베네치아는 콘스탄티노플을 통해 구입한 제품을 독점으로 공급했으며, 2세기 안에 상업조직을 유럽의 모든 지역으로 확대하였다.

인구증가는 새로운 경작지를 위해 거주지 주변의 산림에서 나무를 자르고 개간하게 했으며, 미개간지는 소와 양 등을 방목했다. 중요한 것은 새로운 촌락을 위해 산림 및 잡목이 우거진 땅의 개간에 있었다. 개간은 여러 지역에서 새로운 촌락을 세우는 것과 더불어 돈이 제공되거나 농노와 함께 정착하게 하였다. 또한 새로운 경작지의 개간을 격려하기 위해 예전 지역에 거주했을 때 세금보다 훨씬 적은 세금이 부과됐다. 어떤 새로운 촌락은 농노가 자유롭지 못한 상태에서 완전히 벋어나는 것도 가능하게 했지만, 농노제도는 14세기까지 존재했다.

농촌의 변화는 도시부활을 준비했다. 11세기부터 13세기까지 농업의 발전으로 지주들은 농산물생산의 증가와 함께 수확량의 일부를 차지함으로 많은 이익을 얻었다. 잉여농산물과 포도주가 상인들에게 제공되었고, 동시에 상인들이 살기 위한 도시가 커지게 되었다. 따라서 중세의 농촌경제는 생계를 위한 것보다 시장을 위한 생산, 미래의 이익 증가를 위한 재투자, 더 큰 투자를 통한 생산성 개선 및 기술개발 등 자본주의 특성이 나타나게 된다. 중세 농촌경제에서 그러한 특성의 존재로 일부 역사학자들은 자본주의 혁명이 15세기 르네상스시대에 일어났다는 주장을 부정하고 점차적인 경제 변화에 의해 적어도 11세기부터 17세기까지 일어났다고 주장한다.

유럽에서 농업, 제조업 및 상업의 부활은 군주를 만들었다. 그들은 봉건체제 안에서 강력한 정치적이고 법률적인 제도를 만들었다. 유럽의 정치적 역사는 독일, 영국과 프랑스의 지배자인 가장 강력한 봉건군주에 의해 서로 다르게 형성되었다.

중세유럽에서 교역과 도시의 부활

유럽에서 교역은 9세기와 10세기에 바이킹의 침입으로 거의 사라졌고, 거대한 도시도 사라졌다. 어떤 학자들은 8세기에 회교도의 침입으로 지중해의 폐쇄가 주된 원인이라고 한다. 교역은 실질적으로 짧은 거리에서 잉여 농산물과 소금, 철, 옷 및 연장 등의 교환을 통해 이루어졌다. 게르만 민족과 바이킹의 침입을 통해 이러한 교환 형태 또한 쇠퇴하였다. 농촌은 자급자족하게 되었지만, 농업기술의 개선과 함께 봉건제도를 통한 정치적인 안정이 농산물의 초과생산, 인구증가 및 시장을 위한 제조업을 회생시켰다. 11세기에 유럽은 다시 농산물과 제품의 초과생산이 이루어져 유럽 이외의 나라들과 교역할 수 있게 되었다. 농업, 제조업 등과 함께 교역의 회생은 상인의 수를 증가시켰고, 옛날의 교역로를 따라 다시 여행을 시작하게 했다. 상인들의 대부분은 육지를 통해 이동했다. 육지를 통한 교역은 종종 위험했고, 상인은 밤에는 성이나 수도원을 찾아 보호받았다. 또한 상인들은 도로, 다리 및 여울이 통과하는 지역이나 특히 이미 존재하는 도시가 있다면 교역을 위해 선택했고, 도시는 점차 인구가 늘어나 확장되었다. 이러한 형태의 도시는 파리, 런던, 플로렌스 등이 포함된다. 상업과 교역의 부활은 여러 고대의 로마 도시들이 활기를 되찾게 했고, 새로운 도시들이 해안과 강을 따라 생겼다. 도시들은 서로가 하루면 도달할 수 있는 약 24km 거리에 위치했고, 주변지역을 위한 시장이 형성되었다.

12세기와 13세기에는 중세 도시들의 증가와 함께 노동력의 새로운 개념이 유럽에서 나타났다. 동양과 그리스-로마 세계 모두에서 도시화는 필연적으로 노예의 노동력이 필요했으나 새로운 중세의 자치 도시들은 상인과 장인들에게 자유와 특권을 주었으며, 자유는 봉건주의 관습으로부터 생긴 새로운 법에 의해 보호되었다.

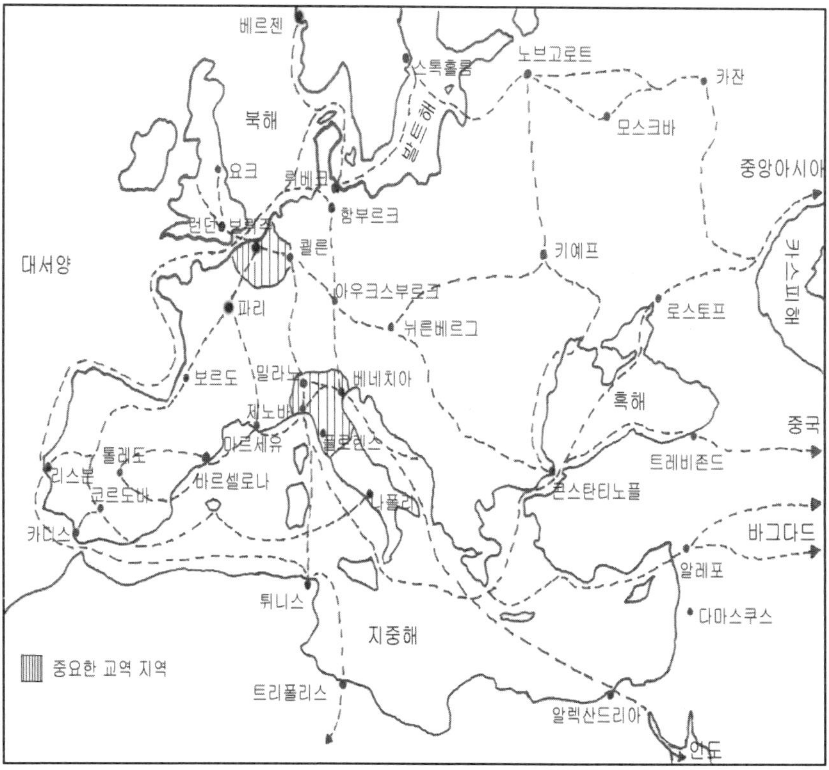

그림 7-1. 중세 도시들과 교역로

중세유럽의 산림

중세의 산림은 사냥과 이를 지원하기 위해 존재했다. 특히 영국의 윌리엄 1세는 사슴을 그의 아버지만큼 사랑했다. 시간이 흐르면서 왕들은 산림이 스포츠와 함께 가치 있는 자산임을 알게 되어 산림을 직접 관리하기 위해 특별법을 만들었다. 산림은 왕에게 권위도 주었다. 왕은 산림에서 사냥의 모든 권리와 함께 나무 벌채를 제한하고 산림에 위치한 제철소와 가죽 공장 등에 영향력을 행사했다. 그 결과로 모든 일에 힘을 가지게 된 왕은 충성에 대한 보답으로 원하는 사람에게 상을 내릴 수 있었고, 상으로 사슴 사냥이나 목재 및 개간할 수 있는 권리, 즉 산림을 농지로 개간하고 제련소 만드는 것을 보장했다. 이는 매우 가치가 있는 선물이었고, 이러한 특권을 위해 그들은 대가를 지불했다. 다른 한편으로는 그러한 허가를 원하지 않는다면 산림의 벌채권과 사슴고기에 대한 법을 어겼을 경우 벌금을 매길 수 있는 권리를 주었다. 따라서 산림은 왕에게 막강한 권력을 주게 되었다.

산림은 또한 고기의 지속적인 공급과 함께 운반이 어렵고 냉장고가 존재하지 않았으므로 왕이 어디를 가든 신선한 음식을 제공했다. 따라서 중세의 산림은 왕을 위한 스포츠 및 즐거움을 제공함은 물론 매우 큰 가치를 가지고 있었다.

중 세 주 택

암흑기에 동양으로부터 영향을 받은 로마와 그리스 주택의 전통은 잊혀지거나 무시됐다. 중앙의 안뜰, 벽이 있는 주 출입구 및 남성과 여성을 위한 거주공간의 분리 등 동양의 도시주택이 가지고 있었던 고유한 특징들의 대부분이 사라졌다. 도시주택에서 동양의 많은 특징들이 기후 때문에 유럽에서 사라졌다고 주장할 수도 있다. 안뜰이나 페리스타일과 같은 공간은 추운 북쪽지방에서 생활하는데 필요가 없었고, 많은 햇빛을 위해 더 넓은 창이 사용돼야 했다. 하지만 기후에 기초한 이러한 주장은 도시주택의 5000년 이상 계속된 전통으로부터 철저한 변화를 설명하기에는 부적절하다. 종교 건축에서는 전통적 특징이 계속 유지됐고, 기본적으로 페리스타일을 가진 수도원이 남쪽이나 북쪽 지방 모두에서 존재하여 왔다. 북쪽지방에서 수도원은 교회의 중심부가 남쪽을 향해 항상 위치했다. 따라서 수도원 건축에서 기후 영향은 단지 일반적인 인자였다.

전쟁이 계속된 시대에 방어는 매우 중요했다. 방어에 대한 고려로 망루주택인 초기 중세주택 형태가 나타났다. 망루주택은 그림 7-2와 같이 좁은 창이 있었고, 출입구가 지표면 위에 있어 목재로 만든 사다리를 통해 도달했고, 사다리가 없으면 출입이 불가능했다. 이 초기 중세주택은 기후의 고려가 아닌 방어목적으로부터 유래했다. 망루주택은 로마의 도무스와 디자인에 있어 완전히 반대이다. 전자는 높고 건물의 4면 모두에 창이 있는 여러 층의 외딴 구조물이었고, 반면에 후자는 낮고 주택의 안쪽공간을 향해 창이 있으며 이웃집과 연결된 건물이었다. 둘 모두 사실상 방어적이었으나 안전에 대한 접근 방법은 상반되었다. 또 다른 주택형태는 좁은 건물 부지에 세워진 박공이 있는 주택(그림 7-3)이다. 이 주택은 고유한 농촌주택으로부터 유래됐다. 농촌주택들은 수세기 동안 발달했고, 그들 형태는 지역의 기후에 따라 변화했다. 모든 고대문명들은 그들의 농촌주택으로부터 여러 해 이상 점차적으로 변화시켜 도시주택을 발달시켰지만 기본 설계 원리와 주택 내에서 공간관계는 변화시키지 않았다. 도시의 박공벽주택에 대한 농촌주택으로부터 유래에 대한 확실한 증거는 중세의 도시주택들과 도시들에 가까운 농촌주택들 사이에 유사성이다. 오늘날조차 유럽의 고립된 지역의 도시주택은 농촌주택과 구별할 수 없다. 특히 중세 후기에 도시의 주택들에서는 안뜰이 매우 일반적이었지만 이들의 기능은 동양의 안뜰과는 다르다. 도시의 안뜰은 정원보다 작업 장소였다. 중세 상인주택의 안뜰은 물건을 싣고 내리는데 사용했고, 장인들은 작업 장소로 사용했다. 도시의 성문 밖에서 땅을 경작하는 시민들은 농사를 위한 공간으로 사용했다. 부업으로 농사를 짓는 중세의 시민들은 운반을 위해 말을 이용했고, 말들은 도시 가까이에 위치한 농장에 갈 때 편리하게 했다.

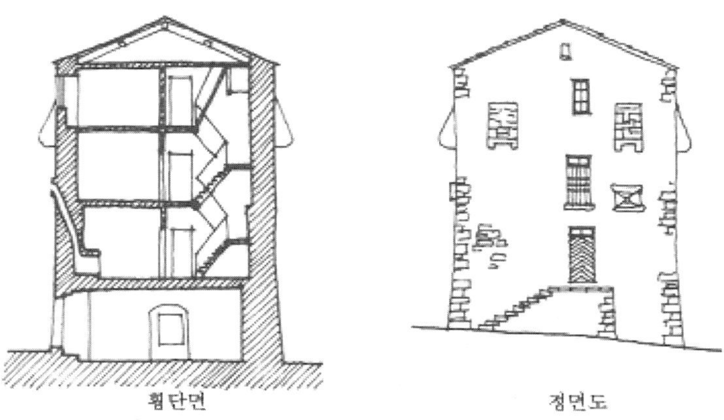

그림 7-2. 중세의 망루주택.

그림 7-3. 중세도시의 박공벽주택

1300년대에 중세의 방어체계는 구식이 되었다. 아시아에서 이미 오래 전에 사용된 화약이 폭발물로 개발되어 중세도시들의 성벽은 쓸모없게 되었다. 잘 요새화된 도시는 더 이상 전통적인 방어수단으로 새로운 형태의 공격에 상대가 되지 못했으며, 개선되고 비용이 많이 드는 방어체계가 요구되었다. 섬에 위치하여 상대적으로 공격에 안전한 영국의 도시들보다 유럽대륙의 도시들은 많은 토지가 요구되는 새로운 방어체제가 경제적인 부담이 되었다. 아울러 요새화의 대체 비용이 많이 필요했기 때문에 이들 도시들의 팽창은 더욱 어렵게 되었다. 따라서 많은 도시들은 인구가 초과하게 되었고 결과적으로 건물은 위로 향했다.

중 세 가 구

중세가구는 과시를 위한 수단들 중에 하나였지만, 정교하게 조각된 목재로 만든 가구보다 화려한 비단, 무늬가 있는 천으로 만든 커튼 및 값비싼 금속으로 만든 물건들을 더 중요하게 여겼다. 이러한 물건들은 새로운 장소로 이동했을 때 주변과 쉽게 어울리게 할 수 있었다. 주택 내에서 방들조차 완전히 고정된 기능들을 가지고 있지 않아 가구의 수는 적었고 필요에 따라 옮겼다.

최상의 가구는 참나무목재로 만들었다. 참나무목재는 건축과 배를 만드는 기술로부터 얻어진 외피에서 수까지 방사조직을 따라 쪼개는 방법으로 판재를 만들었다. 로마사람들이 사용한 값비싼 수입목재는 더 이상 이용할 수 없었다. 이는 운송의 어려움과 장거리 교역이 더 가볍고 부피가 작은 화려한 비단과 같은 물질로 제한되었기 때문이다. 그로인해 섬유가 가구보다 과시를 위한 중요한 수단들 중에 하나가 되었을 것이다.

중세주택의 중심은 홀이라 불리는 공간이었다. 이 큰 공간은 거실, 식당 및 종종 중앙에 난로가 있는 주방의 혼합 공간이었다. 그러한 장소에서는 바닥의 공간이 가구보다 더 중요했고, 공간의 이용을 최대로 하기 위해 가구 또한 다목적이었다. 긴 의자들은 침대로도 사용될 수 있었고, 침대는 걸상이나 글을 쓰는 테이블로도 사용되었다. 궤들은 걸상을 겸하였고, 걸상은 궤로 사용될 수 있었다. 큰 주택조차 적은 수의 방들과 가구들이 있었다. 가구들과 함께 큰 주택을 건축하는 대신에 부유한 중세시민들은 종교적 목적과 공무원을 매수하고 군대를 유지하기 위해 부를 사용했다.

봉건사회에서 부자들은 안전을 위해 자주 이동하여 많은 주택을 소유했다. 고정된 장소로 식량을 가져오는 것보다 식량을 쉽게 얻을 수 있는 새로운 장소로 가족들을 이동시키는 것이 더 쉬웠고, 토지의 관리에 더 주의를 기울일 수 있게 했다. 이러한 이유로 가구는 일시적으로 집에 안전하게 남겨둘 수 있게 하거나, 움직일 수 있도록 매우 튼튼하게 만들었다. 의자는 장식의 일부로 방의 벽널에 고정시켰고, 테이블 또한 지주들이 직접 마루에 고정될 수 있었다.

교회들과 수도원들은 예외였고, 정교한 가구가 신을 위한 건축의 일부분으로 사용되어 가구 역사에서 중요하다. 또한 이들은 암흑기 이후 정착된 삶을 제공했던 최초의 장소였기 때문에 전문적인 가구가 처음으로 발견된다. 많은 가구가 도서관을 위해 만들어졌고, 찬장이 책을 진열하고 보관하기 위해 정교하게 만들어지고 정성들여 장식됐다. 더 중요한 것은 베네치아와 플랑드르에서 부유한 유산계급의 출현이었다. 15세기에 그들은 어느 정도 고정된 기능을 가진 방들과 함께 가구를 가지고 있었다. 가구의 스타일은 화려한 천보다 조각으로 장식했다.

궤

중세에 가구의 가장 일반적인 것은 물건들을 운반하거나 목적지에 도착하자마자 물건들을 보관하기 위해 사용할 수 있었던 궤였다. 하지만 이들 두 기능들 사이에 구분은 두 종류의 궤를 만들게 했다. 운반할 수 있는 궤들은 미적가치가 적었기 때문에 오래 사용하는 것은 중요하지 않게 생각했다. 그림 7-4와 같이 가장 중요한 것은 아마 안전을 위해 철로 만든 끈으로 묶고 이동을 위해 다리가 없으며, 이동 중에 물이 스며들지 않고 잘 흐르게 둥근 박공(牔栱)이 있는 덮개와 종종 자물쇠가 있었다. 자물쇠가 여러 개 있어 열쇠는 서로 다른 사람들이 보관했고, 자물쇠를 밀봉하는 습관도 있었다. 다른 종류는 다리와 평평한 뚜껑이 있어 움직이지 않고 보관을 위해 사용되었다. 하지만 고정시킨 궤들은 상아, 금속 및 조각으로 화려하게 장식되었다. 이와는 반대로 초기 고정된 궤는 단순히 하나의 큰 통나무 속을 파낸 것으로 닳아 없어지지 않고 연료로 재활용되었다.

그림 7-4. 중세의 궤

침 대

가장 일반적으로 언급되는 중세가구는 침대로 목재로 만든 뼈대가 아니라 침구와 침대 커튼이다. 들고 다닐 수 있도록 정성들여 만들고 걸 수 있는 직물은 이동할 때 장애가 되는 뼈대보다 더 귀중하게 생각하였다. 천으로 씌운 매트리스는 중세의 가정에서 가장 일반적인 물건이었다. 궤에 보관할 재산이 없어도 사람들은 몸과 바닥 사이에 어떤 것이 잠을 자기 위해 필요했다. 부유한 사람들은 바닥으로부터 몸을 올렸고, 고대(高臺)는 닫집이 있는 목재로 만든 뼈대로 발전되었다. 13세기부터 닫집은 특권의 상징이 되었다. 14세기 초에 닫집은 부자들의 사치와 함께 과시를 위해 중요하게 되었다. 전형적인 중세 후기의 닫집은 커튼이 있었고, 침대는 따뜻함과 사생활 보호를 위해 커튼을 쳤다. 이들 침대에 사용된 커튼은 과시를 위한 수단이었고, 침대들은 조상이 물려준 가보로 여겼다. 가장 중요한 요소인 닫집은 보통 침대의 전체 길이를 따라 길게 위치했으나 종종 반 닫집이 대신했다. 닫집은 여러 계층의 사람들이 같은 집에 살 때 이들 사이에 신분을 나타냈다. 침대에 사용된 세 번째 종류의 닫집은 원추형이었고, 15세기에 특히 유행했다. 닫집이 있는 거대한 침대들은 점차 바퀴에 의해 움직이는 소형침대와 경쟁했다. 소형침대도 닫집이 있었고, 여행을 위해 접을 수 있게 만들어졌다.

진 열 장

크고 튼튼한 대형옷장 및 찬장 등은 주택의 일부로 생각되어 붙박이로 짜맞추었기 때문에 일부가 보존됐다. 대형옷장은 선반 대신에 서랍이 만들어졌고, 찬장으로 발전했다. 찬장과 대형옷장은 상당히 정교하고 화려하게 금빛으로 칠하였고, 금빛으로 칠하는 비용이 조립을 위한 비용보다 훨씬 많았다. 대형옷장은 기능을 위해 특수한 마무리를 했고, 어떤 것은 옷들을 매달기 위한 막대나 상지(上肢)를 설치했다. 따라서 대형옷장은 현대의 옷장과 비슷했다. 찬장은 작은 칸막이가 연속으로 있었고 종종 서랍들이 문 안에 있었다. 찬장은 궤와 함께 보관기능이 있었으며 매우 실용적이었다.

침대와 함께 전시를 위해 홀에서 사용된 찬장에는 선반들이 있었다. 선반들은 겹쳐 쌓이게 배열한 것이 아니고 계단과 같이 각각의 선반에는 금, 은 및 은으로 도금된 물건들이 놓였다. 찬장의 선반 수는 사용하는 사람의 사회적 지위와 부를 나타냈다. 왕과 여왕은 5~6개, 공작부인은 4개, 백작부인은 3개 등을 사용했다.

더 작고 실용적인 찬장은 현대의 식기찬장의 선조로 테이블 가까이에 위치하여 포도주, 다른 주류 및 음식을 제공하는데 사용되었다. 많은 수는 저장을 위해 또 다른 것은 전시를 위해서도 존재했다. 어떤 것들은 문을 정교하게 조각하였고, 철로 만든 경첩 및 가죽으로 장식했다.

의 자

중세사회에서 의자는 지위, 권력 및 권위의 상징들 중에 하나가 되었다. 권위의 상징으로 의자는 발판이 있거나 홀의 상단에 위치했다. 큰 저택의 중세 의자는 로마시대로부터 전해온 X-자 구조를 했다. 판재로 만든 옥좌는 정교하게 장식을 했다. 중세의 접는 걸상은 특히 성직자들과 고귀한 신분의 사람들이 사용했고, 종종 화려하게 장식이 되었으나 조각하지는 않았다. 접는 걸상은 후에 X-의자가 대신했으나 접지는 않았다. 그림 7-5와 같은 X-의자는 정성들여 모양을 내거나 조각했고 최고의 권위를 상징하기 위해 사용되었다. 1200년경에 목재로 만든 무거운 안락의자(그림 7-6)는 큰 저택의 의자로 만들어졌고, 앞쪽 가장 낮은 가로대에는 오늘날에 없는 발판을 의자와 연결시키기 위해 홈을 냈다.

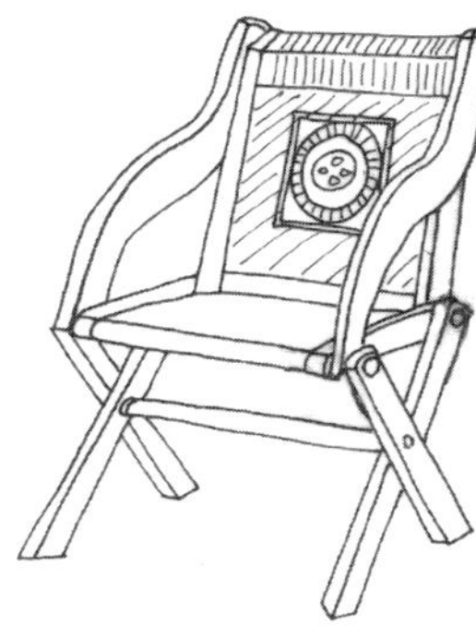

그림 7-5. 중세 X-다리들을 한 의자

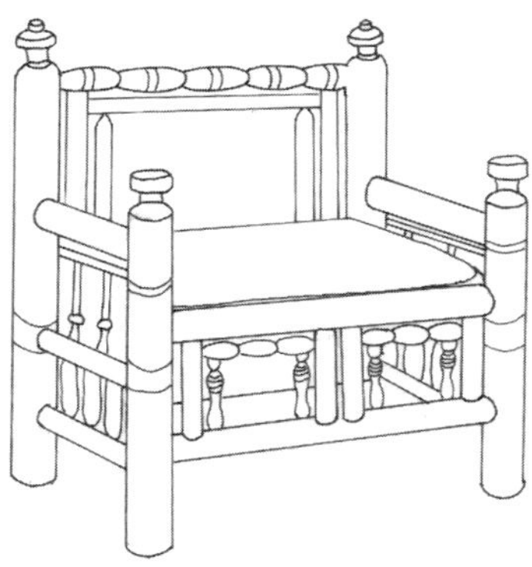

그림 7-6. 중세의 고운 목재로 만든 의자

등받이와 다리가 있는 한 사람이 앉을 수 있는 형태의 의자는 일반적이지 않았다. 보통 앉는 것은 등받이가 없는 걸상이었다. 가장 일반적인 형태의 앉는 것은 고정되지 않은 방석이 있는 걸상과 특히 식사를 위해 사용된 긴 걸상(그림 7-7)이었다.

그림 7-7. 조각된 참나무목재로 만든 긴 걸상

테 이 블

다른 가구들과 마찬가지로 테이블은 소유자의 생활습관에 따라 고정되거나 움직일 수 있었다. 여행을 위해 집을 떠날 경우를 생각하여 저장용 가구는 붙박이로 만들었고, 테이블은 고정했다. 이동할 수 있는 테이블은 바닥 공간이 항상 많은 용도로 사용됐기 때문에 방 주위나 방 밖으로 이동시킬 수 있는 장점이 있었고, 고단이었기 때문에 그림 7-8과 같이 여러 기능들을 가지고 있었다. 여러 용도의 테이블은 저장, 글쓰기 및 잠을 자기 위해 사용되었다. 고정된 테이블은 기능만을 고려했지만 움직일 수 있는 테이블은 부를 나타내기 위해 만들었다.

테이블은 영구히 고정될 수 있었으나 종종 식사를 마쳤을 때 이동시키거나 해체되었다. 식사는 일반적으로 가장 편리한 장소인 큰 홀에서 했다. 원형의 테이블은 작은 것과 큰 것 모두 알려지고 있다. 가장 큰 것은 직경이 약 5m였다. 작은 원형의 테이블은 하나의 다리에 의해 지지될 수 있었고, 어떤 것은 테이블의 상판을 올리고 낮추는 것이 가능하도록 나사가 있었다.

그림 7-8. 여러 기능의 중세 테이블

중 세 악 기

거의 모든 유럽의 악기들은 비잔틴제국을 거쳐 남동지역, 북아프리카를 통해 스페인 및 발트 해 연안지방을 따라 북동지역으로 전해졌다. 고대그리스와 로마로부터 직접 전해진 것은 아마 유일한 유럽이 기원인 수금일 것이다. 모든 유럽의 현악기들은 약 1000년경까지 뒷면에 줄 조리개들이 있었고, 이러한 종류는 스페인을 포함한 중세 유럽과 함께 비잔틴제국에서도 발견된다. 뒷면에 줄 조리개가 있는 악기는 아라비아와 페르시아 지역의 측면에 줄 조리개를 가진 악기들과 뚜렷이 다르다.

수금은 18세기까지 연주되었고, 핀란드와 에스토니아에서는 아직도 사용되고 있다. 다른 중세의 현악기들처럼 수금도 유럽의 서로 다른 지역과 시기에 변화했다. 수금은 서기 1000년경 이전에는 왼손으로 뜯었고, 그 이후에는 활로 켰다. 대부분의 북쪽지역에서 수금은 팔걸이 및 가로대가 없고 몸체가 하나의 목재조각으로 만들어졌다. 서로 다른 목재조각으로 만든 분리된 가로대는 중세 초에 보인다.

고대 유럽에서 소위 수직의 각진 하프는 잘록한 부분이 위쪽에 있었으며, 줄 조리개로 조율했다. 줄 조리개에 의한 조율은 중세 초기의 시리아 하프에도 존재했다. 하프가 유럽 어느 나라를 통해 보급되었는지는 확실하지 않지만 아일랜드에서 처음으로 사용되었고, 유럽대륙에 보급됐을 가능성이 있다. 중세 초에는 아일랜드의 순회극단들이 유럽에서 무리지어 이동했다. 옛날 하프는 피아노들과 같이 건(key)에 의해 조율되는 철사 줄들을 가지고 있었고, 크기에서 크게 달랐다. 일부는 가죽 끈을 매달아 운반할 수 있도록 작았고, 다른 것들은 너무 커 운반할 수 없었다.

유럽의 하프는 중세 후기에 두 중요한 형태의 발달 단계를 가지고 있다. 처음에는 로마네스크 하프였고, 다음은 고딕 하프였다. 견고한 로마네스크 하프는 곡선의 대각(臺脚)을 가지고 있었고, 본체와 잘록한 부분으로 구성되었다. 가느다란 고딕 하프는 1430년경에 형태의 변화가 이루어져 그림 7-9와 같이 거의 직선인 대각과 3부분이 하나의 목재로 만든 것처럼 보였다.

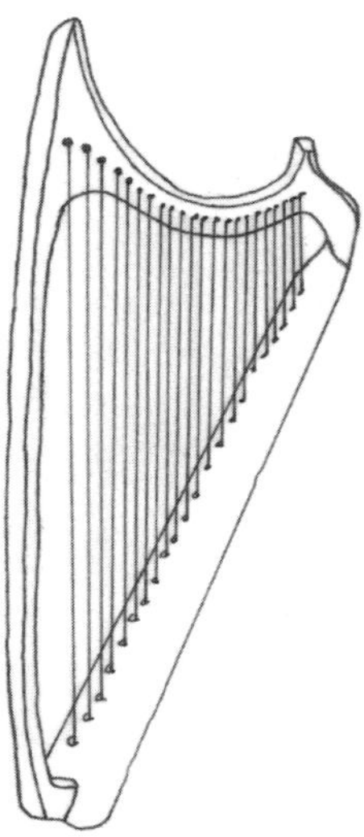

그림 7-9. 고딕 하프

일현금은 800년부터 1100년까지 3세기동안 유럽의 음악에 뚜렷한 특징을 준 대위법(polyphony)을 발전시켰다. 10세기 이전에는 음계에 기초하여 하나의 줄을 수학적으로 분할을 하는 방법이 나타나지 않았다. 그 시기에 악기는 눈금을 그은 자를 가진 긴 상자가 있었고, 줄은 그 위에 팽팽히 잡아당겨졌다. 이동할 수 있는 기러기발(bridge)은 알파벳 글자들에 의해 가리키는 지점들에서 줄을 짧게 했다. 일현금의 음악적인 효과는 한 줄보다 더 많은 줄의 사용으로 쉽게 되고 향상되었다.

중세 초에 류트는 두 종류였다. 하나는 긴 류트였고, 몸체보다 2~3배 긴 가느다란 잘록한 부분과 뒷면에 줄 조리개와 6개의 기러기발이 있었다. 정면에서 바라본 몸체는 튤립의 꽃잎 모양으로 구부러지고 오목했다. 10세기에는 긴 류트 대신에 짧은 류트가 있었다. 이는 하나의 목재로 조각했고 무거웠으며 서양 배 모양의 줄 조리개 통이 있었다. 일반적으로 5개의 줄 조리개와 5줄이 있었고, 한 때는 4개의 줄 조리개와 4줄이 있었다. 왼손은 현재와 같은 방법으로 손가락 끝을 사용하여 줄을 짧게 했고, 오른 손을 갈고리처럼 구부린 상태로 켰다.

활로 켜는 악기는 최초로 10세기와 11세기에 스페인에서 발견된다. 10세기에 악기는 남자의 키 정도로 크고, 코르크 마개가 있는 병 모양을 했다. 그림 7-10과 같이 3개의 줄 조리개가 있었고, 활은 반원이었다. 바이올린의 다른 형태는 비잔틴제국으로부터 전해졌고, 얇고 약간 볼록한 몸체는 서양 배 모양이었으며, 중세유럽의 중요한 활로 켜는 악기가 되었다. 바이올린의 모양은 중세에 결정적인 변화를 한다. 작고 볼록한 몸체는 더 크게 되고, 후에 평평한 타원형 상자로 변했다. 12세기 초에 바이올린은 활로 켜는 것을 더 자유롭게 하기 위해 가운데를 잘록하게 했다.

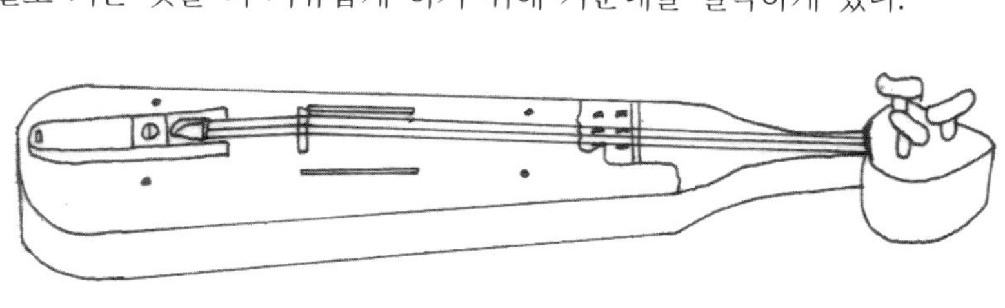

그림 7-10. 중세의 바이올린

금속으로 곧게 만든 트럼펫은 1000년 이후에 더 가느다랗고, 더 길게 되었으며, 더 크게 벌어진 입을 갖는다. 이 개선은 스페인, 이탈리아 등에서 기독교 군대가 만났던 아라비아 트럼펫의 영향 때문이었을 것이다. 풍적은 민속악기와 군대악기로 유럽의 전 지역에 보급되었다. 풍적은 민속악기로 유럽의 여러 지역에서 아직도 사용되고 있고, 군대악기로 스코틀랜드와 아일랜드에서 존재하고 있다. 14세기까지는 저음관이 없었으나 초기의 풍적이 전혀 저음관이 없었다고 확신할 수는 없다. 이는 많은 수가 하나는 멜로디 관이고 다른 것은 저음관으로 첫 번째 관을 따라 위치시킨 이중의 관을 가진 동양의 형태로 보존되어 왔기 때문이다. 15세기에 풍적은 종교의식에 사용되었으나 민속악기로서 특성은 잃지 않았다.

중세에 오르간이 수압식이었는지는 확실하지 않다. 비잔티움이 중세에 오르간 만드는 중심지였고, 오르간들은 영국 등 유럽의 전 지역과 근동으로 수출되었다. 초기 오르간은 26개의 주름상자들과 두 건반들을 가지고 있었고, 두 연주자가 필요했다. 초기 오르간은 압축 건반 대신에 목재로 만든 수평인 길고 가는 조각의 앞쪽이 툭 튀어 나오게 했고, 뒷부분은 바람통로를 차단했으며, 조각을 잡아당기면 바람이 관에 자유롭게 들어갔다. 13세기에 이미 일부 오르간들은 손가락으로 직접 치고 레버를 가진 오늘날과 같은 장치를 가지고 있었다. 처음에는 모든 반음들을 가지고 있지 않았으나 오르간은 완전한 반음계가 된 최초의 악기였고, 14세기에는 현대의 것과 같은 흰색과 검은색 건반이 있었다.

12세기 십자군원정 말기에 저와 북(fife and drum)은 군대의 중요한 보병악기였다. 북들은 중세 초기에는 사용되지 않았고, 12세기부터 일반적으로 이용되었다. 보통 북들은 호른과 플루트를 연주하는 사람에 의해 동시에 두드려졌다. 북들은 가볍고 작았으며 왼팔이나 가슴에 찼고, 14세기에는 더 크고 무거운 막대기로 쳤다. 북의 역할은 중세에 적었지만 후에 군대악기로서 위치를 차지하는데 성공했다. 십자군은 유럽 국가들의 군대 조직을 바꾸었고, 보병이 기사를 대신하게 되었다. 새로운 보병은 활력을 불어넣기 위한 음악이 필요했고, 북들이 저와 북의 위치를 차지했다. 여기서는 박자가 멜로디보다 더 중요했고, 큰 소리가 필요했다.

7.3. 중세유럽문명의 변환

유럽의 인구는 14세기 초에 감소하기 시작했고, 14세기 중반에는 1/3로 감소가 크게 일어났다. 인구감소의 첫 번째 이유는 중요한 농산물인 밀의 생산량이 1314년에서 1316년 사이에 이상적으로 많았던 여름철 강우량 때문에 크게 감소하였다. 또한 땅을 놀리는 주기의 생략과 산림의 벌채로 피할 수 없게 된 홍수는 토양을 척박하게 만들었다. 1315년과 1317년 사이에 식량부족으로 어떤 도시에서는 10%에 달하는 주민이 죽었다. 기근은 14세기와 15세기를 통하여 몇 년에 한 번씩 일어나 유럽의 모든 지역에 영향을 미쳤다. 두 번째 이유는 1347년에 몸이 허약해진 주민들에게 흑사병이 유럽의 모든 지역에서 전염됐다. 13세기에 몽고군은 중국의 운남성과 버마 등 페스트균이 있는 곳을 침공했고, 균에 감염된 쥐나 벼룩은 몽고군을 따라 서쪽으로 이동했다. 중국으로부터 중앙아시아를 통해 무역을 하는 상인들 또한 페스트균의 이동에 중요한 역할을 했을 것이다.

흑사병은 1346년에 크리미아의 무역 중심지인 카파를 공격한 몽고군에서 처음으로 발병했다. 몽고군은 전염병 때문에 후퇴했지만 병은 이미 카파시내를 전염시켰다. 1347년에 페스트는 배를 따라 유럽의 여러 항구로 옮겨졌고, 다시 내륙지방으로 전파되어 유럽의 거의 모든 지역을 전염시켰다. 페스트균을 가진 쥐가 지중해와 북유럽의 무역중심지를 연결하는 항로를 따라 유럽의 모든 지역으로 퍼졌다. 1347년에서 1350년까지 4년에 걸친 페스트 발병으로 유럽에서 사망자 수는 전체 인구의 1/3 정도로 추정된다. 14세기에는 북서유럽의 인구가 포화상태였기 때문에 경제활동에 큰 영향이 없었으나 1360년대와 1370년대에 다시 페스트가 유행하면서 농사짓는데 필요한 단순 노동인력조차 부족하게 되었다. 중세유럽은 페스트 충격에서 벗어나는데 약 1백여 년이 걸렸다. 일상생활의 습관이나 규제는 붕괴되었고, 사회불안이 발생했으며, 경제적으로 임금과 가격구조의 혼란이 일어났다. 하지만 가톨릭교회는 페스트에 대한 적절한 대응방법을 몰랐다. 이것은 후일 종교개혁의 원인이 되었다. 교회와 달리 독일과 베네치아 등 이탈리아의 도시들은 재빠른 조치로 사망자 매장, 병자의 격리, 식량 확보, 검역 등을 실시하면서 과학적인 생활양식과 사고방식을 만들어냈다.

기아 및 전염병과 함께 중세의 불행은 전쟁이었다. 14세기와 15세기에 걸쳐 반복되는 재앙과 함께 서유럽 모든 지역에서 시민들의 투쟁이 일어났다. 도시는 낮은 계층과 귀족 사이에, 농촌은 지주와 농부 사이에 싸움이 일어났다. 귀족들도 다른 귀족들과 싸웠다.

인구감소의 결과로 중세사회는 크게 변화했다. 변화는 모든 중세 제도의 기본인 장원제도에서 일어났다. 12세기와 13세기에는 농노들에게 새로운 땅을 개간하기 위한 특권이 주어졌고, 지주는 노동력을 금전으로 보상하였다. 농노제도는 적어도 서유럽에서 이미 사라지기 시작했고, 14세기와 15세기에 인구감소는 이 과정을 가속시켰다. 또한 농부들의 도시 이주는 농촌인구를 크게 감소시켰고, 노동력의 수요증가는 임금을 크게 올렸다. 많은 지주들은 이를 피하기 위해 노력했다. 어떤 교회 소유의 농장은 떠나는 노동자를 막기 위해 더 엄격하고 합법적인 구속을 가했고, 영국 의회는 임금을 줄이기 위한 법들을 제정했다. 서유럽에서 이와 같은 노력은 14세기에 대규모 농민반란들로 이어졌다.

7.4. 초기 베네치아공화국

중세에 다른 도시들이 로마시대 도시들의 폐허 위에 다시 세워진 것과 다르게 베네치아는 야만인들의 침입으로부터 피난해온 이주민들에 의해 천연요새를 제공하는 지역에 세워졌다. 도시의 생존자들이 아드리아 해의 북쪽 끝에 위치한 개펄로 이루어진 117개의 작은 섬들로 이루어진 베네치아로 피해왔다. 베네치아는 모래와 점토로 구성되었고, 본토로부터 약 3km 떨어져 있으며, 긴 모래톱에 의해 아드리아 해의 폭풍을 막았다. 초기 정착민들은 본토에 물고기와 점토로 벽돌을 만들어 팔았고, 진흙에 낙엽송목재로 기둥을 박아 만든 기초 위에 오두막을 지었다. 수 세기 후에 베네치아사람들은 바다를 통한 교역으로 부유하게 되었다. 어떤 나라보다 항해에 숙련되었고, 바다에서 더 용감하게 된 베네치아는 유럽에서 가장 부유한 국가가 되었다.

그림 7-11. 중세 이탈리아와 베네치아공화국

유럽에서 교역의 회생은 베네치아에 의해 주도되었다. 교역은 11세기와 12세기에 다양하게 되었다. 베네치아공화국은 개펄의 수많은 염전으로부터 소금의 생산량과 판매량을 조절했다. 포도주, 올리브기름 및 밀은 이탈리아 남부지역으로부터 수입하여 유럽대륙에 공급했고, 오스트리아의 원료, 독일 남부도시의 제조업 및 오늘날의 벨기에 서부지역, 네덜란드의 남서부지역 및 프랑스의 북부지역에 위치한 플랑드르에서 모직제품의 생산이 가능하게 했다. 또한 베네치아는 교역으로 이익을 얻기 위해 가장 빠른 길을 이용하였다. 북유럽의 발트 해 지역에서 구입한 목재, 소금에 절인 물고기 및 타르 등이 노브고로트와 키예프를 통과했다. 또한 베네치아는 정부소유의 군수공장을 세우고, 자신들의 고유한 제조업인 유리, 금속, 염색 직물 및 갑옷을 만드는 산업을 발전시켰으며, 조선소를 만들어 전함과 상업용 배를 만들었다. 도시가 부유해지자 건축 붐이 또한 일어났다. 상인들은 운하를 따라 주택과 학교 및 병원 등 중요한 건물들을 건축하였다.

7.5. 베네치아공화국의 번영

14세기 초까지 빠르게 증가했던 유럽의 도시인구는 정체되거나 상당히 감소하였다. 대부분의 도시는 흑사병으로부터 자유스러워진 다음 얼마 지나지 않아 인구가 회복되었으나 어떤 도시는 15세기말에 예전의 정점이었던 인구를 회복했다. 도시 거주는 예전보다 약탈을 일삼는 군대로부터 자유스러워졌고, 감소된 도시인구는 주변의 농촌으로부터 식량을 충분히 공급받을 수 있었다. 또한 곡물가격의 하락은 싼 가격에 많은 식량을 확보할 수 있게 했다. 또한 제조업은 농업의 변화로 이익을 얻을 수 있었다. 예로 곡물 대신에 가축의 수가 증가하여 동물 가죽은 더 싸게 되었고, 목재 가격은 떨어져 제련소의 이익이 증가하였다. 전염병의 결과는 저축을 하는 대신에 옷과 외국으로부터 수입되는 사치품의 구매를 촉진했다. 도시는 예전보다 적은 수의 노동자들이 전과 같은 양의 제품을 생산했고, 가격은 전보다 비싸 많은 이득을 얻었다.

더 큰 효과는 상인들이 효율적인 사업기술을 고안하여 불경기에 적응했고, 또한 새로운 지역에서 제조업과 상업을 시작하여 이익을 얻었다. 처음에는 사업에 더 유용한 방법을 베네치아가 찾았고, 가장 일반적인 형태는 조합으로 여러 상인들이 자본을 공동으로 출자하여 조합원 중에 한사람을 무역에 종사하도록 했으며, 이익은 나누었다. 조합은 또한 상품을 판매하는 도시에 거주하는 사람을 대리인으로 고용했다. 대리인은 여러 회사를 위해 일하는 독립적인 상인이거나 큰 모회사의 지점 대표자였다. 가장 중요한 발전은 회계방법의 창안이었다. 로마숫자 대신에 사용한 아라비아숫자는 부기를 더 빠르고 쉽게 했다. 차변과 대변을 대조하는 복식기장법이 14세기에 일반화되었고, 잠재적인 기업의 이익과 회사의 채무 상태를 빠르게 확인할 수 있게 했다. 정확한 부기와 환어음의 사용은 여러 지역에서 현금이나 금 덩어리의 사용 없이 거래가 가능하게 하였다. 개선된 회계 방법과 함께 은행은 상업 활동을 다양하게 할 수 있게 했다.

상인들은 산업 활동의 다양화와 함께 완전히 새로운 제품을 생산하기도 했다. 철광석의 증가는 연금산업을 시작하게 했고, 병기와 화기산업에도 투자하게 했다. 철 산업의 발전은 후에 총기제조를 전문화하게 했다.

상인들은 사업을 계속 번창시키기 위해 더 과감한 방법을 사용했다. 교역로는 우호적이지 않은 제국의 등장과 전쟁이나 해운기술을 고려하여 변화되었다. 베네치아사람들은 콘스탄티노플과 흑해를 통해 구입했던 아시아에서 생산된 제품과 향신료를 시리아와 이집트 등을 통해 구입하기 시작했다. 베네치아는 또한 전쟁에 대비해 영토를 확장했다. 14세기에 베네치아는 포강 유역을 점령하여 식량을 공급받았다.

거대한 조선소 건설 및 배의 발달

바다를 통한 교역의 중요성 증가는 베네치아를 성장하게 했다. 베네치아의 성공은 기독교세계가 다시 지중해를 지배하게 하였다. 바다에서 우위를 지키기 위해 베네치아는 경쟁국들이 할 수 있는 것보다 더 많고 좋은 배들을 만드는 방법을 찾아야 했다. 베네치아는 12세기 초에 그 해법으로 개인들이 소유한 조선소들을 통합하였다. 예전에 배들을 생산하였던 조선소들은 국가에서 운영하는 하나의 조선소로 만들어졌고, 베네치아사람들은 하나로 통합된 거대한 조선소를 아스날이라 불렀다.

베네치아의 배는 회교도들이 사용한 삼각돛을 사용하여 바람이 부는 방향으로 항해가 가능했다. 하지만 거대한 활대는 흔들리기 쉬워서 많은 승무원과 함께 숙련과 지식을 필요로 했고, 돛을 고정하는 고패장치들이 무거운 활대의 끝을 낮추는 역할을 했다. 배의 정면으로부터 아래로 향한 앞부분은 앞 돛대의 버팀줄 설치를 방해하여 그림 7-12와 같이 상대적으로 짧은 돛대와 앞쪽의 돌출부에 단층(段層)을 만들었다. 바람이 불어오는 방향으로 배를 움직일 수 있었지만 삼각범선은 전략적으로 움직일 때 특히 항해에 어려움을 주었다.

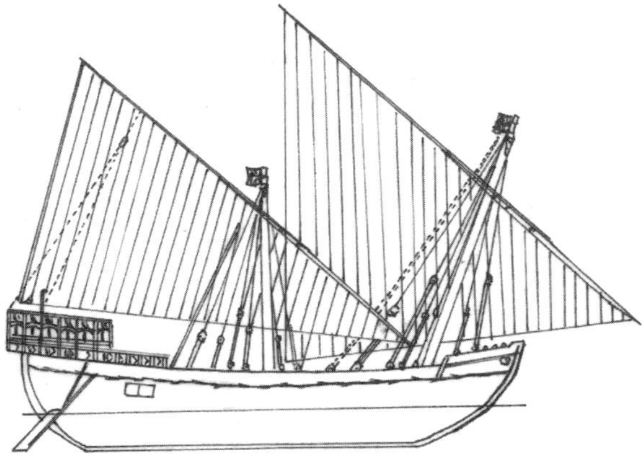

그림 7-12. 13세기의 베네치아 상선

14세기 초에 베네치아는 새로운 형태의 배를 채택했다. 하나의 돛대가 있는 배는 부피가 큰 화물에 적당하였고, 큰 갤리선은 먼 바다에서 돛을 사용하였으나 항구에는 노를 저어 들어갔고, 노를 젓는 사람들은 궁수가 되어 해적으로부터 배를 지켰다.

여러 형태의 갤리선이 지중해 연안에 있는 서쪽의 프랑스로부터 동쪽으로 적국인 시리아까지 보내졌다. 베네치아는 갤리선을 전함과 상선 모두에서 최상의 형태로 발전시켰다. 그림 7-13과 같은 갤리선은 14세기와 15세기에 최고 수준에 이르렀다. 시리아와 교역으로 화물과 성지를 방문하는 사람들을 실은 배들은 베네치아를 국제 사회에서 부유하고 영향력 있게 했다. 이 배는 큰 범장을 말아 올릴 수 있었고, 큰 짐배로도 중요했다. 상인들의 갤리선은 또한 지중해를 지나 북쪽의 항구인 암스테르담으로 향했다.

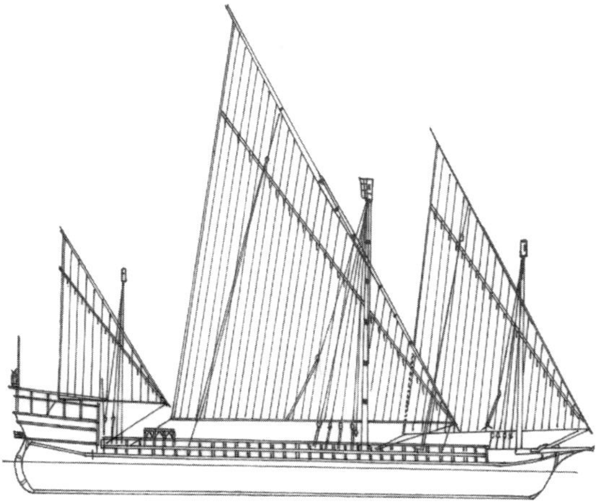

그림 7-13. 14세기경에 베네치아의 거대한 갤리선

원래 어촌으로 아드리아 해의 입구에 위치한 베네치아는 십자군전쟁 동안에 중요한 중간 기착지였고, 점차 부를 증가시켜 1380년에는 제노바를 격파하고 오스만제국과 지중해에서 경쟁을 하게 되었다. 그러나 포르투갈의 탐험이 동양으로의 새로운 항로를 개척하게 했고, 베네치아는 쇠퇴하기 시작했다. 하지만 배를 만드는 기술의 혁신으로 그림 7-14와 같이 낮고 빠른 배가 베네치아의 상선 및 기함으로 사용되었고, 16세기에 지중해에서 정점에 이르렀다. 베네치아의 아스날은 그 시기에 갤리선의 건조 및 보수를 위해 15000명 이상을 고용했고, 2일간 작업을 계속했을 때 38척의 갤리선이 바다로 나갈 채비가 되게 했다.

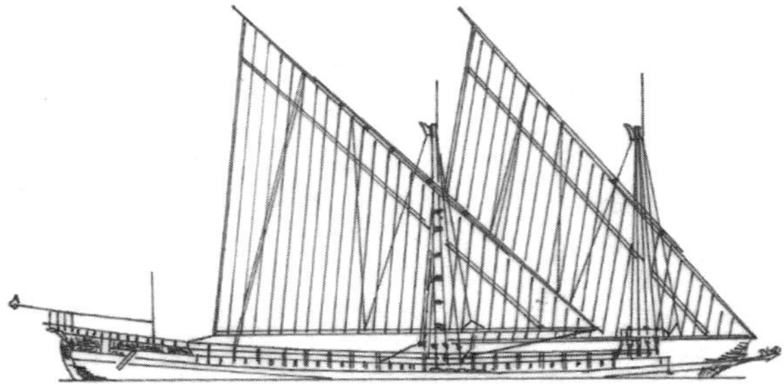

그림 7-14. 1500년경에 베네치아의 갤리선

오스만제국의 위협과 목재의 확보 노력

오스만제국은 10세기경에 중앙아시아로부터 이주를 시작한 터키부족들에 의해 지금의 터키지역에 세워졌고, 14세기에는 근동의 아라비아지역을 모두 차지했다. 오스만제국은 1354년 발칸반도에 진출하였으며, 1444년에 바르나 전투의 승리로 오늘날의 불가리아, 알바니아 및 세르비아 지역을 합병하여 비잔틴제국을 고립시켰고, 결국 1453년에 멸망시켰다. 비잔틴제국을 멸망시킨 다음 오스만제국은 발칸반도 전체를 지배하고자 하였다. 국내 문제들과 동부지역의 국경들을 견고하고 튼튼히 한 다음 오스만제국은 서유럽에 대한 공격을 계속했다. 특히 발칸반도의 지배는 베네치아에 큰 위협이 되었다. 오스만제국에 의한 발칸반도의 지배는 아드리아해를 항해하는 베네치아 선대를 위협했고, 목재의 확보에도 많은 어려움을 주었다. 오스만제국의 선대는 그리스의 동쪽에 위치한 섬으로 목재가 풍부한 유베아를 지배하기 위해 1470년에 베네치아 해군을 공격하여 굴욕적인 패배를 가했다. 회교국인 오스만제국은 배를 만들기 위한 목재를 염려하지 않고 큰 선대를 유지했다. 또한 목재가 풍부한 흑해의 남서해안지역 및 북부그리스의 트라키아에 위치한 거대한 산림지배는 오스만제국이 배를 만드는데 가장 적합한 목재를 사용할 수 있게 했다.

유베아에서 패배한 베네치아는 바로 배를 만드는 데 가장 필요한 참나무가 자라는 지역은 물론 참나무가 있는 땅은 아스날을 위해 보존했다. 특히 트레비소(그림 7-11) 가까이에 위치한 지역에 있는 목재는 오스만제국의 해군을 반격하는데 충분한 배를 만들 수 있어 베네치아는 무장한 감시인을 고용하여 목재를 효과적으로 보호했다.

베네치아는 배를 만드는데 가장 필요한 재료인 피치를 보호하기 위해서도 많은 노력을 했다. 베네치아사람들은 베로나 위쪽에 위치한 알프스산맥 근처에서 피치를 확보하여 아스날에 공급했다. 베네치아는 강을 통한 목재운반의 금지와 함께 강을 통해 목재를 쉽게 운반할 수 있는 산들과 산기슭에 있는 나무의 벌채도 금지시켰다. 이어서 유리공장들이 아스날에서 배를 만드는데 필요한 목재를 연료로 사용하는 것도 금지했다.

7.6. 목재부족과 베네치아공화국의 쇠퇴

베네치아의 해운업은 목재부족으로 인해 위협을 받았고, 조선업은 16세기 후반에 베네치아에서 크게 쇠퇴하였다. 특히 오스만제국은 서지중해로 세력을 확장하고자하였고, 1538년에 베네치아공화국과 로마교황 등의 연합함대가 프레베자 해전에서 오스만제국의 해군을 격파했지만, 오스만제국은 지중해의 남쪽에 위치하고 목재가 풍부한 북아프리카를 지배하게 되었다. 이로 인해 지중해를 통해 아시아로 향하는 교역로는 위협을 받게 되었고, 베네치아가 목재를 확보하는데도 더욱 어려움에 처하게 했다. 다른 지역으로부터 목재의 확보가 어렵게 되자 베네치아공화국 내에서 자라는 참나무목재에 대한 조선소의 독점권 유지가 어렵게 되었고, 목재의 높은 가격과 목재부족으로 상인들은 베네치아보다 해외에서 배 만드는 것을 선호하였다. 그 이유는 외국에서 배를 만드는 것이 가격이 더 싸고 빨리 만들 수 있었기 때문이다. 1600년경에는 베네치아상인 선대의 절반 이상이 공화국 밖에서 만들어졌다. 1700년경에는 베네치아 배의 80%가 해외에서 만들어졌다.

네덜란드는 베네치아의 많은 배들을 만들었고, 조선소들은 유럽의 아스날이라는 명성을 얻었다. 네덜란드에는 목재가 풍부한 산림이 없었지만, 이웃나라들의 울창하고 거대한 산림지역을 통과하여 네덜란드로 흐르는 강들은 네덜란드사람들이 유럽대륙의 거의 모든 산림에 쉽게 접근이 가능하도록 하였다. 네덜란드는 바다를 통해 스칸디나비아의 울창한 산림과도 가까운 거리에 위치해 있었다. 네덜란드는 북유럽의 중요한 목재항구들과 가까웠지만 베네치아까지는 거리가 멀었다. 네덜란드는 또한 조선소들에 많은 목재를 운반할 수 있는 길이가 긴 배를 가지고 있었다. 네덜란드 배들은 운반비를 절감할 수 있게 적은 수의 선원과 많은 목재를 선적할 수 있도록 만들어졌다. 많은 목재를 운반할 수 있는 네덜란드의 운송능력은 울창한 산림이 스칸디나비아, 독일, 러시아 및 폴란드에 있었지만 적은 비용으로 많은 목재를 확보할 수 있게 했다.

영국 및 여러 다른 북유럽 국가들도 울창한 산림을 가지고 있었고, 이는 대양을 횡단하는 무역에 필요한 큰 선대를 만들 수 있게 하였다. 그러나 배를 만드는데 필요한 목재부족은 베네치아의 교역을 지중해로 제한했다. 그로인해 대서양에서 무역경쟁이 시작됐을 때 베네치아는 매우 불리한 위치에 있었다.

제 8 장 유럽의 식민주의와 목재

로마제국은 전에 언급하였듯이 산림을 이용하여 시민들의 부와 삶의 질을 높여주었다. 하지만 더 중요하고 근본적인 것은 로마제국이 충분한 양의 목재와 음식을 자국에서 얻을 수 없게 되었을 때 다른 지역으로부터 확보하기 위해 정복했다. 식민주의는 항상 같은 목적을 가지고 있었고, 특히 목재 등을 얻기 위해 산림을 파괴했다. 이 장은 식민지가 된 나라에 연결시키는 것보다 목재자원을 이용한 식민주의의 결과들에 대해 알아본다.

8.1 스칸디나비아의 바이킹

바이킹들은 바다의 방랑자들로 불리었다. 그들은 뱃머리를 용의 모양으로 조각하고 난간에 그림을 그린 방패를 매단 배들로 북유럽을 휩쓸었다. 그들은 첫 번째 천년 전후로 수세기 동안 유럽과 영국의 섬들은 물론 대서양을 건너 아이슬란드, 그린란드 및 북아메리카 해안을 왕래하면서 불태우고 파괴했다. 바이킹들은 처음에는 전사, 다음은 정착민들로 유럽문명에 기여했고, 배 설계 및 만드는데도 크게 영향을 미쳤다. 바이킹의 배는 길이에 비해 가볍고, 유연하고, 빨랐으며, 기동성을 위해 먼 바다에서는 하나의 돛으로, 해안 근처에서는 노에 의해 항해했다.

아이슬란드, 그린란드 및 북아메리카 항해의 성공은 바다에서 바이킹들의 업적으로 특히 중요했다. 양끝이 뾰족한 바이킹의 긴 배(그림 8-1)는 그림 8-2와 같이 멀리 떨어진 지역인 아이슬란드, 북아메리카 및 그린란드 등에 식민지를 건설할 수 있게 했고, 배를 만드는 기준이 되었다. 서기 400년경에는 겹판으로 배 만드는 방법을 완성하고, 평저선에 적용시켜 바다에서 역풍에 견디고 장거리 항해를 가능하게 했다.

남유럽의 전통 배는 판재들의 측면과 측면을 서로 마주보게 위치시킨 평평한 외판 구조였지만 바이킹시대의 스칸디나비아사람들은 주택에서 미늘벽판재로 덮는 것과 같은 효과를 내는 판재를 겹쳐서 놓는 방법을 사용했고, 선체내부는 강한 뼈대로 보강하였다. 겹판으로 만든 구조는 판재를 적당히 고정하면 방수를 위해 뱃밥으로 틀어막을 필요가 거의 없는 이음매를 가지고 있어 가볍고, 강하며, 유연한 선체를 만들 수 있었다. 바이킹의 배들은 쉽게 물 위에서도 수선할 수 있어 바이킹들을 바다의 게릴라가 되게 했다.

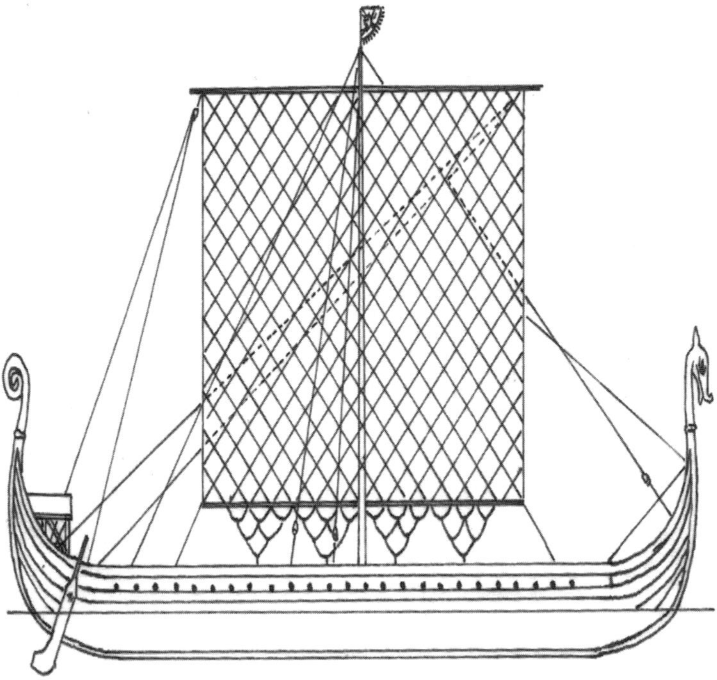

그림 8-1. 8세기경에 바이킹의 배

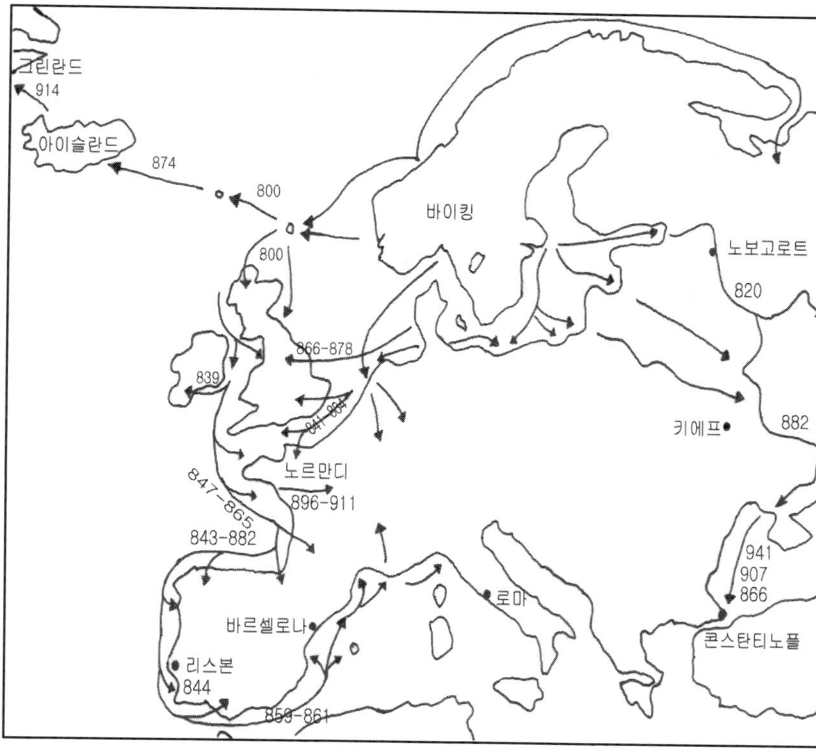

그림 8-2. 9세기와 10세기에 바이킹의 진출로

8.2. 대양항해를 위한 배의 발달

3번에 걸친 십자군원정(1096~1099년, 1147~1149년 및 1189~1192년)은 유럽을 문화적으로 융합되게 했고, 북서유럽으로부터 군대이동의 필요성은 배의 건조를 장려했다. 지중해와 북유럽 사이에 교역의 증가와 아라비아의 영향으로 특히 스페인은 판재의 측면과 측면을 서로 마주보게 놓고 틈을 틀어막는 선체 제작방법을 채택하여 더 큰 배를 만들 수 있게 되었다. 이는 배를 만드는데 있어 혁명이었다. 유럽에서 왕들의 모험과 경쟁심 및 천주교와 개신교 사이에 불화는 배 설계에 큰 전기를 만들었고,

큰 상선과 전함을 증가시켰으며, 대양항해와 탐험에 많은 관심을 가지게 했다. 배들은 바다에 더 적합하게 되었고, 오랫동안 바다에 머물 수 있게 되었으며, 나쁜 기후에도 견딜 수 있게 되었다.

뱃사람들은 배를 만드는데 더 나은 방법을 고안했고, 돛과 로프를 위한 재료와 함께 항해능력을 개선했다. 외국 해안에 대한 지식으로 조류와 급류의 흐름, 바위와 여울목의 위치 등은 국가의 기밀이 되었다. 탐험을 위한 항해를 위해 지리학자, 천문학자, 지도 제작자 및 선장들이 포르투갈 해안에서 함께 했지만 스페인이 먼저 콜럼버스를 1492년에 카리브 해에 있는 섬들에 도착하게 했고, 배의 발달은 정치・경제적으로 중요하게 되었다.

코그(Cog)

중세에 북해와 발트 해 연안지역에서 화물선의 발달은 코그(그림 8-3)의 개발로 최고점에 이르게 됐다. 둥근 형태의 코그 개발은 화물의 양을 크게 증가시켰고, 큰 배는 권력의 상징이 되었으며, 거대한 교역을 가능하게 했다.

독특한 형태의 코그가 948년에 최초로 모습을 보였다. 코그는 깊고 곧은 용골과 상대적으로 단순하고 깊게 설계된 선체를 가지고 있었으며, 기둥들은 거의 수직이었다. 중요한 것은 코그가 바람이 부는 방향으로 향해할 때 바람을 안고 가거나 밧줄에 의해 범장을 끌어 올려 효율을 증가시킨 것이다. 나쁜 기후에서는 돛을 올려 작게 했고, 바람이 불지 않을 때는 내려 크게 했다. 1242년에 방향키가 채택되어 선미재에 달았으며, 후에 키의 손잡이는 위로 움직일 수 있도록 짧게 하였다.

코그의 선체는 완전히 볼록하게 되어 폭이 넓고 견고했다. 횡방향의 보들은 측면의 뱃전판에 있는 구멍들을 통과하도록 설치되어 배의 선체에 강도를 더 크게 했다. 돛과 활대를 올림으로 이들 상선들은 경제적으로 사람들을 배치하게 하였다. 항해는 주로 북유럽에서 이루어졌고, 14세기 말에는 가벼운 대포를 운반했다.

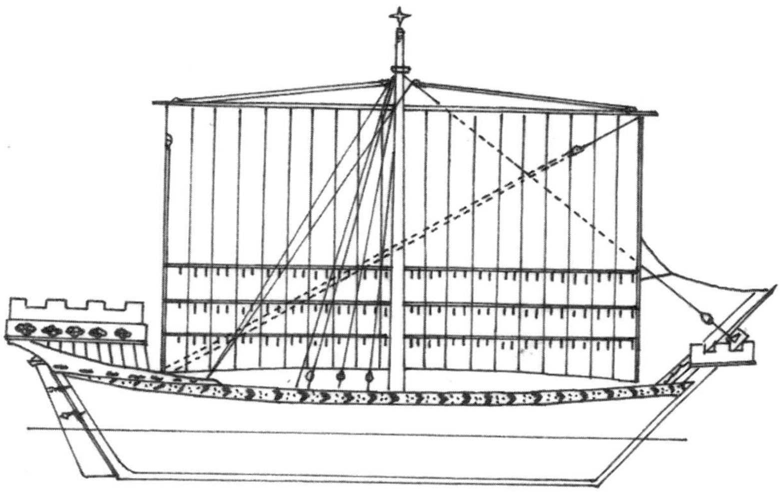

그림 8-3. 14세기의 코그

캐러벨(Caravel)

15세기에 유럽 사람들의 탐험에 선봉을 선 것은 캐러벨이었다. 이베리아 연안의 어부들이 오랜기간 동안 물고기와 고래를 찾아 사용했던 카르벨(carvel, 그림 8-4)은 작은 배였고, 지역에 따라 서로 다른 선체 형태 및 크기가 서로 다른 두개의 돛을 가지고 있었다.

그들은 안전하게 대양을 횡단하기 위해 더 큰 배가 필요했고, 경험을 바탕으로 경쾌한 범선인 캐러벨을 개발했다. 북유럽과 남유럽의 배 만드는 방법의 융합은 큰 배를 만드는데 기준이 된 뼈대를 판재로 만드는 골격구조가 출현하게 했고, 판재를 평평하게 맞대고 틈새를 메우는 카르벨로부터 경쾌한 돛배인 캐러벨로 발전되었다. 원형으로 활처럼 굽은 배 밑을 가진 선체는 화물선으로 코그보다 우수했고, 또한 성채의 설치가 더 쉬웠으며 톤수가 300톤에 달해 화물운반에서 코그를 대신했고, 콜럼버스는 첫 번째 항해를 두 척의 캐러벨로 했다.

캐러벨은 바람이 부는 방향으로 항해할 수 있었고, 배 밑이 깊게 물에 잠기지 않아 측량하는데 적합했다. 하지만 캐러벨은 취급하기에 위험스러운 넓은 활대가 있었고, 바람이 적당하면 직사각형 활대로 바꾸었다. 따라서 선원들은 바람이 부는 방향으로 큰 통로를 만들지 않아 바람을 효과적으로 이용하여 항해했다.

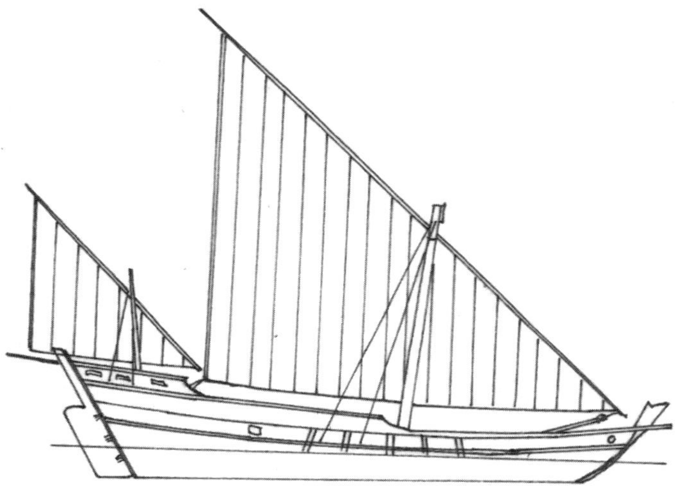

그림 8-4. 두 돛대를 가진 카르벨

캐럭(Carrack)

북유럽의 긴 배는 12세기에 많은 변화가 있었다. 바다에서 싸우기 위해 뱃머리에는 단이 만들어졌고, 소위 말하는 바이킹의 전함과 좋은 대조를 이루었다. 북유럽사람들은 시칠리아에 바이킹왕국을 세웠고, 후손들은 아라비아 배들의 장점들을 채택하여 적용시켰다. 따라서 삼각돛배와 같이 싸우는 단은 긴 배의 뱃머리를 크게 만들게 했다. 그림 8-5에서와 같이 배의 전면과 후면에 위치한 단에 설치된 성채는 18세기까지 전함들의 중요한 특징이 되었다. 앞과 뒤에 위치한 성채는 궁수와 투석기가 배치되었으며 통제 단으로도 사용됐다. 상선들은 성채가 있던 위치에 승객들의 숙소와 선장을 위한 전통주택을 설치했다. 하지만 가장 중요한 변화는 16세기에 여러 종류의 배들이 융합됐고, 바다를 항해하는 표준범장은 그림 8-6과 같이 2개의 직사각형 돛과 하나의 삼각돛으로 3개의 돛이었다. 범장의 크기와 형태는 선체와도 관계가 있었으나 큰 선체를 움직일 수 있는 것이 더 중요했다.

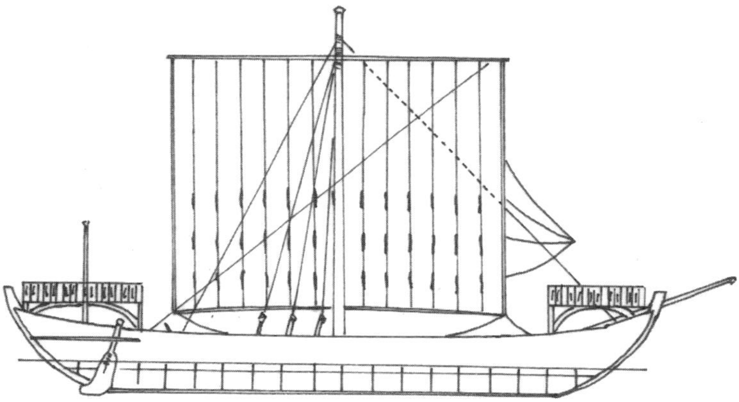

그림 8-5. 13세기의 캐럭

배들 중에서 가장 큰 배는 캐럭이라 불렸고, 권력의 상징이 되었다. 선체는 육중하게 만들어졌고, 거대하게 뼈대를 만든 다음 판재를 깔았다. 배의 밑바닥은 북유럽의 조수간만의 차를 이용하여 화물을 내리기 위해 얕은 물에서 놓여질 수 있었다. 큰 돛대는 거대하여 적층재로 만든 원재(圓材)였고, 배의 측면으로 거대한 삭구인 쇠사슬 및 로프들에 의해 지지되었다. 이는 상대적으로 복잡한 조절체계가 요구되었다. 활대를 낮추어도 돛대와 쇠사슬 및 로프들은 나쁜 기후에서 다루기 힘들었고, 훨씬 더 작은 전면의 삼각돛과 뒤에 위치한 직사각형 돛이 적당히 움직이도록 조절하는 일을 했다. 그럼에도 불구하고 1470년경에 돛대와 돛은 크기가 제한되었고, 그 위에 돛대와 돛을 첨가하여 설치했다.

그림 8-6. 15세기경의 캐럭

갤리언(galleon)

해군력의 팽창과 상선선대의 발전에는 다양한 기능과 형태의 배들이 요구되었다. 신속하게 함선에 실을 수 있는 중형 보트와 빠르게 교역의 방해자를 저지하며 적들에게 단호히 대처할 수 있는 배들이 설계되었다. 단호한 대처는 배의 앞부분에 총을 설치한 갤리언이 가능하게 했다. 화력이 우수했던 스페인의 무적함대는 계속되는 전투에서 작은 영국의 갤리언(그림 8-7)에 패했다. 총을 부지런히 움직이는 영국사람들의 전술은 큰 효과가 있어 스페인 군인들이 갑판 위로 오르는 기회를 빼앗았다. 갤리언은 캐럭을 항해에 적합하도록 만든 변형으로 배의 크기에 따라 광범위하게 사용되는 칭호였으며, 큰 차이는 응용에 있었다. 일반적으로 캐럭은 상선 및 군함에 적용한 반면에 갤리언은 군함에 적용했다. 스페인은 갤리언의 가장 큰 형태인 캐럭을 식민지인 남아메리카로부터 금을 운반하여 오기 위해 설계했다. 하지만 영국사람들은 갤리언을 빠르고 잘 무장된 군함으로 만들었다.

그림 8-7. 16세기에 영국의 갈리언

8.3 유럽의 가구

16세기에는 침대와 섬유를 목재로 만든 다른 가구보다 매우 귀중하게 여겼다. 조각으로 장식된 가구는 특히 천으로 씌운 가구의 수와 비교하여 매우 드물었고, 주택들 또한 가구의 수가 적었다. 부유한 가정의 주택도 기본적인 침대, 테이블, 걸상, 긴 의자, 궤 및 찬장이 전형적인 가구였다. 그럼에도 불구하고 유럽은 인쇄기의 소개로 가구에 큰 변화가 일어났다. 북유럽의 가구제작자들은 인쇄된 글과 설명들을 통해 유명한 가구들에 대한 지식을 얻었지만, 장인들의 창조적인 자유는 분명히 제한됐다.

16세기에는 북유럽에서는 가구제작방법에도 중요한 변화들이 있었고, 그 결과로 가구제조업이 체계화되었다. 뼈대와 직립부들에 작은 패널들을 나무못으로 고정시켜 결합된 가구는 더 가볍고 쉽게 이동시킬 수 있었으며, 습한 기후에도 적합하여 쪼개짐이 없이 여러 지역으로 판매되었다. 하지만 이탈리아와 스페인은 필요성이 적어 발달되지 않았다. 가구장이들은 새로운 기술들을 가진 장인들로 옛날 방법을 사용하는 목수들과 경쟁했다. 경쟁은 조합체계를 정교하게 했고, 조합들이 거의 유럽 모든 지역에 설립되게 했다.

유럽에서 조합내부의 경쟁은 표준방법에 의한 가구제작을 확립시키는데 도움이 되었다. 가구를 만드는 작업은 더 세분화되었지만 상당히 많은 장인들의 이동이 있었다. 장인들은 경제적인 이유로 이동했고, 정치적이고 종교적인 이유로도 이동했다. 신교도들의 피난장소로 중요함과 함께 암스테르담의 성장에 따른 가구산업의 번영은 1500~1600년 사이에 59 가구제조업자와 12 의자제조업자들이 암스테르담의 목재세공인 조합에 가입했다는 사실로도 증명된다. 이들 중에 많은 수가 다른 지역으로부터 온 이주자들이었다. 이주한 장인들은 조합에서 사용하지 않았던 기술과 형태를 소개했다. 16세기 후반에 영국에서는 주로 플랑드르사람들인 외국인들이 패널을 뼈대에 끼워 넣는 방법과 상반되는 판재공법을 소개했다. 원하는 폭으로 판재를 만들고 서로 고정시키기 위한 주먹장이음의 사용은 중세의 판재생산기술을 크게 향상시켰다. 장인들은 정교한 쪽매붙임과 단판들도 사용했다.

16세기에는 처음으로 가구에서 고유한 양식에 대해 말할 수 있다. 이탈리아에서는 르네상스의 묘상(苗床)인 침대가 가장 고전적이었다. 이탈리아가구는 하나의 장소로부터 다른 장소로 이동시키지 않았다. 이는 부분적으로 이탈리아에 위치한 도시들이 너무 작았기 때문으로 많은 별장들이 15세기와 16세기에 플로렌스 등의 도시근교에 세워졌다. 도시사람들이 농촌에 별장을 소유했을지라도, 그들은 대체로 하나의 집에서 사는 동안 계절적 방문이나 가끔 방문을 했고, 이러한 안정은 도시들에서 지역적인 가구형태를 만들게 했다. 이들 중에 하나는 플로렌스에서 의자와 궤를 혼합한 부피가 큰 카사팬카(cassapanca, 그림 8-8)로 주로 생활하는 방에서 매트리스와 푹신한 방석으로 안락하게 만들어 사용했다.

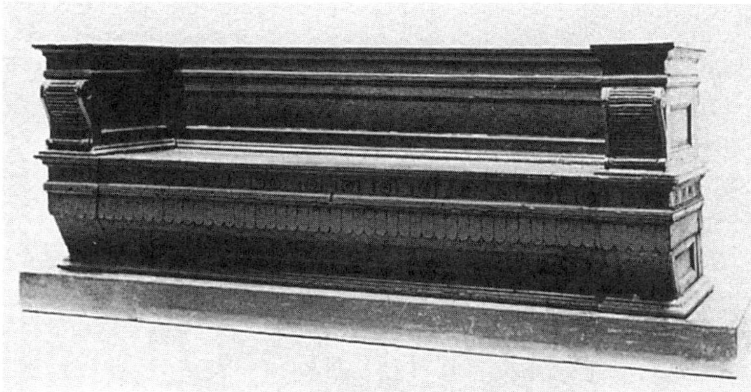

그림 8-8. 궤와 의자 기능이 있는 카사팬카

프랑스에 이탈리아의 장식스타일이 소개된 것은 프랑스가 이탈리아를 침입하면서였고, 테이블이 이탈리아의 영향으로 예전과 같이 천으로 덮지 않고 정교하게 조각된 다리로 만들어지기 시작했다. 조각에 대한 새로운 관심으로 프랑스에서 가구 재료로 가장 선호되었던 참나무목재가 1530년경 이후에는 더 세밀한 세공이 가능한 호두나무목재로 바뀌었다.

세기말경에는 중요한 많은 기술혁신들이 유럽의 가구에서 일어났고, 이미 존재하는 제품에 첨가되었다. 예를 들면 궤에 서랍들이 16세기 마지막 10년경에 이탈리아로부터 소개되었다. 세기말에는 회전의자가 프랑스에 알려지게 되었다. 가장 흥미로운 것은 사회관습의 변화들로 인해 나타난 형태의 변화이다. 매우 단순한 이유인 사회관습의 변화결과로 16세기 말에 식사하는 테이블이 더 넓게 되었다. 주인과 손님들은 벽에 등이 향하도록 테이블의 한 측면에 더 이상 앉지 않았고, 주인들은 테이블의 양 끝에 앉았다.

8.4 유럽의 도시주택

중세의 도시거주자들 중에 가장 부유한 상인들이 일반적으로 큰 거리를 따라 위치한 가장 큰 건물에서 살았고, 거리에 접한 건물의 전면은 매우 중요하였다. 반-목재 구조(그림 8-9)의 건물에서 거리를 향한 정면은 베이(bay)라는 용어로 나타냈다. 베이는 하나의 수직인 목재 기둥으로부터 다음 기둥까지 공간을 뜻하였고, 기둥들 사이에 공간은 창문과 문 혹은 강한 패널이 차지했다.

그림 8-9. 반-목재 구조로 된 도시의 건물

중세에 주택들은 여러 기능들을 가지고 있었다. 주택은 생활공간이었고, 거친 기후와 침략자로부터 보호했으며, 종종 거주자들의 사회적 위치를 나타냈다. 아울러 주택은 때때로 학교와 병원이었고, 종교를 위한 장소로도 사용되었다. 주택은 장인들의 일터, 상인들의 가게 및 예술가를 위한 작업실로도 사용되었다. 중세 초부터 거주를 위한 장소는 일하기 위한 장소와 동의어였다. 거주와 직업 활동 모두 여러 해 이상 조화롭게 발전되었다.

도시에서 주택과 일터는 르네상스시대에 분리되었다. 이 시기부터 주택은 먹고, 자며, 어린이를 돌보는 장소였다. 도시에서 분리가 처음에는 부유한 거주자들에게서 이루어졌으나 결국에는 모든 거주자들에게서도 볼 수 있었다. 작업 장소로부터 주택의 분리는 처음에는 중요하지 않았으나 결국 여성들은 외부 일들에 관여할 수 없게 되었고, 남성들은 가정일에 관계하지 않게 되었다. 이는 사회 기본단위인 가족의 생활을 크게 변화시켰다. 가정에서의 생활과 작업장에서 생활의 분리는 집밖에서의 생활에 영향을 미쳤고, 새로운 종류의 집산주의(collectivism)에 대한 열정이 생기게 했다. 점차 커지는 중간계급은 사회적 동등과 정치적인 그들의 요구를 힘을 통해 나타냈다. 중간계급은 끊임없이 전제주의와 충돌했고, 봉건주의를 몰락시키는 집단이 되었다.

일상의 일들로부터 가족의 분리는 또한 가족체계의 변화를 가져왔다. 지금까지 남편과 부인이 함께 했던 가정일은 여성 혼자서 하게 되었다. 물론 아득한 옛날부터 필요한 활동이었던 집안일은 일상의 일이 되었다. 가구들은 매일 먼지를 닦고, 윤을 내야 했던 바로크스타일을 사용했다. 철, 은 및 동 제품도 윤을 냈고, 많이 장식된 꽃병은 끊임없이 주의가 요구되었다. 가정일은 너무 많은 시간이 필요하여 요리하고, 청소하며, 애를 돌보는 일을 돕기 위한 하인들이 필요했다. 남편이 사무실에서 직원들을 감독하는 것과 같이 부인들은 가정에서 하인들을 감독했다.

서양에서 개인주택은 개인생활과 공공생활의 분리 결과로 발전했다. 주택은 수단으로부터 공간적으로 분리되게 되었다. 일반적인 건물유형은 연립주택으로 중간계급을 위해 생겼다. 연립주택은 중세의 도시주택에 기초했으나 중세주택의 고유한 부분인 모든 상업적이고 사업적인 공간이 제거되었다. 점차 주거지역의 발달로 연립주택은 거대하게 되었고 미적으로 많은 관심이 기울려졌다.

8.5. 포르투갈과 스페인

포르투갈과 스페인의 지리적 위치가 15세기 전까지 물질적인 번영에 크게 공헌하지는 않았다. 그때까지 유럽의 대서양연안지역은 어업을 제외하고는 가치가 작았고, 십자군의 통로였다. 스페인과 포르투갈은 유럽 세계의 외곽에 위치하여 고립으로 인해 경제적인 고통을 받아왔다. 하지만 스페인과 포르투갈은 남대서양과 북대서양의 항해를 위한 출발에 이상적으로 위치하여 대서양에 접하고 있는 다른 나라들보다 적어도 100년 앞서 무역센터와 식민지를 건설했다.

포르투갈과 스페인에 의해 15세기에 시작된 탐험시대는 더 크고 튼튼한 배들이 요구되었고, 대서양을 지나 신세계로 향하게 했다. 당대의 배의 평면도, 설계, 스케치 및 모형이 없어 아직도 그 배들이 어떻게 생겼는지 확실하게 알려지지 않고 있다. 하지만 15세기는 목재로 만든 배의 발달에 중요한 시기였다. 돛에 의한 것만큼 노들에 의해서도 추진되었고, 이집트 및 로마의 배들과 같이 배의 외판을 먼저 만드는 공법으로 만든 작고 갑판이 없는 배는 대양항해가 가능하게 충분히 튼튼하고 크며 갑판이 있는 범선이 대신했다. 현대인의 눈에는 대략 길이가 23m이고 폭이 8m로 작고 보잘것 없어 보이지만, 그녀들은 충분한 역량을 입증했다. 콜럼버스의 산타마리아호는 뼈대를 먼저 만드는 공법으로 만들어졌다. 판재는 겹치지 않고 측면과 측면을 평평하게 대서 매끄러운 외판을 만들었다.

배는 점점 더 커졌고, 선수 및 용골과 방향키는 목재로 강하게 만들었으며, 완전히 대칭으로 뼈대를 먼저 만든 배가 나타나기 시작했다. 목재로 만든 배의 밑 부분은 해초와 따개비가 들러붙어 떨어지지 않는 것과 함께 좀 조개로부터 보호해야했다. 조선공들은 당시의 기술과 지식을 최대로 이용하였고, 일반적인 처리는 타르 등을 칠한 다음 1/2~1인치되는 얇은 판재로 깔고 기름, 로진 및 유황을 혼합하여 칠했다. 하지만 이 처리는 따뜻한 물에서 좀 조개에 효과적이지 않았다.

설탕무역과 산림의 영향

사탕수수는 인도가 원산지이고, 회교무역상에 의해 13세기에 중동에 소개되었다. 그 후에 십자군들은 팔레스타인지역에서 사탕수수를 알게 되었고, 십자군원정(1096~1291)을 통해 팔레스타인지역으로부터 유럽에 소개했다. 사탕수수는 지중해에서 최초로 키프로스, 그 다음으로 크레타, 몰타, 시칠리아의 산림을 벌채하고 심었다. 지중해의 토양과 기후는 사탕수수 재배에 매우 적합했고, 노예의 노동력을 활용하여 나무를 벌채하고 사탕수수를 심었다. 14세기에 설탕은 매우 비싸 약국에서만 판매되었다.

15세기 후반과 16세기 초반에 포르투갈은 식민지를 확장하였으며, 북서부아프리카의 대서양에 위치한 마데이라에서 산림을 벌채하고 사탕수수를 심었다. 1490년에 5개의 섬으로 이루어진 마데이라는 지중해연안지역의 전체생산량보다 더 많은 설탕을 유럽에 공급했다. 목수는 가장 크고, 두껍고 좋은 나무 중에서 설탕공장의 기계를 만들었다. 대부분 목재로 만든 수차는 기어를 맞물리게 하여 축대를 돌렸다. 사탕수수의 줄기는 목재로 된 두 롤러 사이를 지나고 압착되어 달콤한 주스가 되었다. 목재는 또한 사탕수수의 주스로부터 수분을 제거하기 위한 연료로도 사용됐다. 사탕수수 재배와 연료를 위해 목재가 빠르게 사라졌다. 사탕수수는 기름진 토양을 요구하여 토양은 빠르게 황폐해졌고, 새로운 지역을 찾게 했다.

스페인은 대서양을 건너 서인도제도에 사탕수수를 심었고, 포르투갈도 브라질의 북동부지역에 심었다. 울창한 산림에서 나무가 잘려지고, 토양이 황폐하게 될 때까지 사탕수수를 심었다. 아프리카로부터 데려온 노예의 노동력은 설탕산업에 중요한 역할을 하였고, 대부분의 지역에서 나무는 완전히 사라졌다. 예를 들면 브라질의 북동부지역은 목재가 부족하여 설탕공장의 연료로 사용하기 위해 영국으로부터 석탄을 수입하게 되었다. 17세기 중엽에 카리브 해 지역의 모든 산림에는 나무 대신에 사탕수수가 심어졌다. 스페인이 점령했던 필리핀은 16세기 중엽에 섬의 90%가 산림이었지만 19세기말에는 산림면적의 70%가 사탕수수의 재배를 위해 줄어들었다. 그 후에 필리핀은 1898년 미국에게 2000만 달러에 팔렸고, 괌과 푸에르토리코 역시 1899년에 스페인으로부터 미국에 합병되게 된다.

설탕은 사탕수수를 재배하는 사람들을 부유하게 만들었고, 가장 귀중한 농작물들 중에 하나가 되게 했다. 18세기에 설탕생산은 영국의 가장 중요한 식민지로 바베이도스가 되게 하였다. 설탕무역은 영국이 제조하고 교역하는 어떤 물건보다 더 많은 부를 영국에 주었다. 서인도제도에서 사탕수수농장 소유주들은 사탕수수 재배로 많은 부를 얻었지만 목재부족으로 새로운 일을 찾아야 했다. 북아메리카의 새로운 식민지로부터 목재무역은 많은 산림을 파괴하게 했다. 식민주의 정책은 산림을 크게 파괴했고, 식민주의 형태는 초기 제국주의 형태의 반복으로 모든 지역의 산림과 토양을 파괴했다.

열대림의 개간은 수분의 감소를 일으켰다. 열대지방의 나무들은 햇빛으로부터 토양을 보호하고 빗물에 의해 생성된 물의 증발을 감소시켜 지하수를 풍부하게 한다. 산림이 파괴되었을 때 지하수는 완전히 고갈되고, 강들의 바닥들은 마르게 되어 많은 비가 내리면 급류로 변하게 했다. 이끼가 관목과 함께 없어지게 되고, 내린 빗물은 천천히 강의 수위를 높여가는 대신에 방해받지 않아 매우 파괴적이 되었다. 또한 토양은 벌채된 다음 빠르게 비옥함을 잃었고, 홍수기에 토양은 폭우에 노출되어 많은 흙이 손실됐다.

8.5.1. 포르투갈

포르투갈은 북아프리카에 사는 회교도인 무어인으로부터 400년 이상 지배를 받아온 뒤 1147년에 독립을 했다. 리스본은 스페인의 코르도바와 같이 아랍센터가 있던 도시들과 매우 다른 도시였고, 오지의 포르투갈은 가난했다. 해외무역은 포도주, 소금 및 과일 등을 중심으로 13세기에 시작하였고, 상인사회는 매우 빠르게 성장했다. 리스본은 포르투갈의 자연발생적인 수도였으며, 두 개의 좋은 항구가 있어 대서양에 쉽게 접근할 수 있었다. 리스본은 14세기말에 인구가 4만 명에 달했고, 주민의 대다수는 상업과 조선업에 종사했다. 1385년경에 상인조합은 왕을 바꿀 정도로 강력한 위치에 있었다.

포르투갈은 유럽에서 가장 먼저 대양항해에 필요한 해운기술의 개발을 후원했고, 아프리카해안을 따라 첫 번째 탐험에 자금을 지원했다. 1420년에 대서양에 위치한 마데이라군도와 아조레스제도의 발견과 함께 설탕과 포도주의 생산은 포르투갈의 빠른 발전과 함께 많은 이익을 주기 시작했다. 1497년에서 1499년 사이에 바스코 다가마가 희망봉을 돌아가는 인도항로를 발견하여 포르투갈사람들은 대서양의 섬들과 아프리카해안에 무역 및 노예 센터를 건립하였다. 아프리카의 중서부지역에 위치한 기니해안의 상업적인 가치는 유럽 최초의 무역센터와 요새가 건설되면서 시작되었다. 마데이라군도와 아조레스제도는 포르투갈사람들을 부유하게 하였고, 서아프리카의 기니해안은 노예, 금 및 상아로 무역을 발전시켰다. 포르투갈은 1509년에 브라질을 발견했고, 10년 후에는 마젤란이 최초로 지구를 일주하는 항해를 했다. 이 항해 결과로 포르투갈은 남아메리카대륙으로부터 중국의 마카오에 이르는 무역제국을 건설했고, 아마 역사상 처음으로 수도 리스본은 1495년과 1521년 사이에 물질적인 번영을 했다.

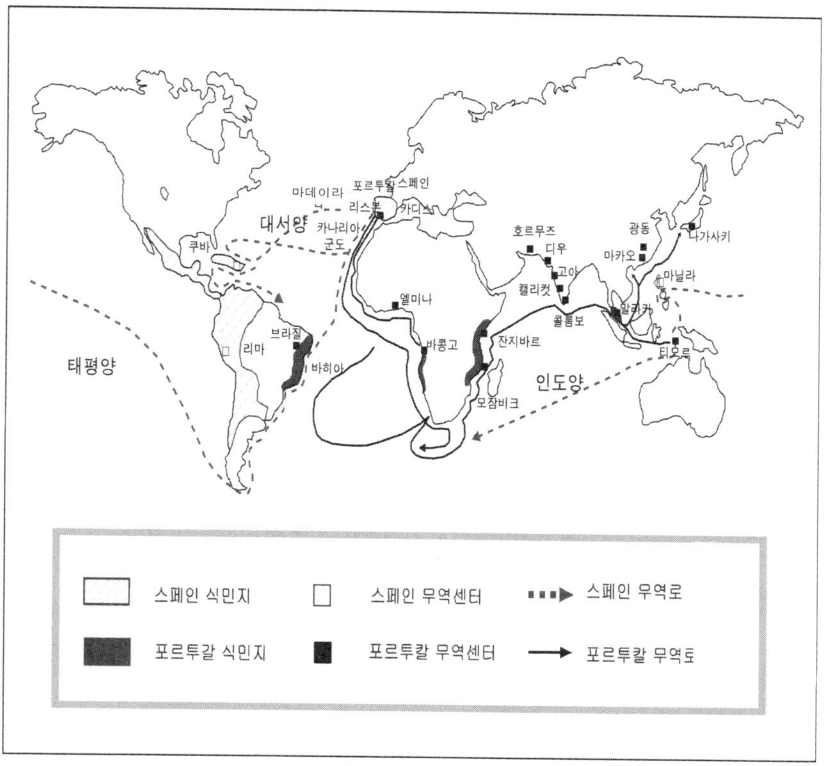

그림 8-10. 15세기와 16세기의 포르투갈과 스페인 식민지들과 교역로

포르투갈의 번영과 마데이라군도의 목재

1420년에 포르투갈사람들에 의해 발견된 마데이라군도는 비록 북아프리카의 해안에서 서쪽으로 약 640km 떨어졌지만 신세계가 시작된 곳이었다. 포르투갈사람들이 처음으로 이 섬들에 도착했을 때 산림이 울창하여 목재를 뜻하는 '마데이라' 라는 이름을 붙였다고 한다.

포르투갈은 마데이라군도로부터 배를 만드는데 적합한 많은 목재를 구했다. 많은 목재는 포르투갈이 1400년대에 아시아와 바다를 통한 무역을 하게 했다. 포르투갈사람들은 작은 선박을 가지고 안전을 위해 아프리카의 해안을 따라 항해하면서 배들의 능력을 알게 되었다. 해안 가까이로 항해했기 때문에 선원들은 항해 중에 바람과 싸워야했다. 상대적으로 더 큰 배는 대양을 항해하는데 효과적으로 바람을 이용할 수 있었다. 첫 번째 변화는 배의 크기를 향상시킨 것으로 초기의 배보다 몇 배 더 크게 만들었고, 안전과 편안함을 고려하였다. 뱃머리에 선수루를 위치시켜 선원들은 더 넓은 바다를 즐길 수 있었고, 그들이 견뎌야하는 기나긴 대양항해에 편안함도 제공했다. 새로운 형태의 배는 또한 큰 크기와 높이의 돛대를 가지고 있었고, 까마귀의 둥지가 돛대의 꼭대기 가까이에 설치되었다.

바스코 다가마는 이러한 종류의 배들을 가지고 인도로 향하는 동쪽 항로를 열었다. 배에 의한 동인도제도의 접근은 동인도무역에 전통적인 대상(隊商)과의 경쟁에서 포르투갈이 우위에 있게 했다. 예전에는 베네치아사람들이 지중해의 동쪽해안에 있는 아시아로부터 많은 물건들을 구입하여 유럽의 나라들에 팔았다. 1500년대까지는 큰 배들의 항해능력 덕분에 동양으로부터 향신료와 다른 사치품들이 포르투갈 항구들에 도착했다. 이는 지중해로부터 유럽의 대서양 연안으로 부의 균형을 이동시키는 역할을 했다.

포르투갈의 쇠퇴

포르투갈의 번영은 1세기 정도 지속되었지만, 포르투갈의 1백만 명을 약간 넘는 인구는 식민지에 군대, 선원, 행정가 및 상인을 보내기에 큰 부담이 되었다. 포르투갈의 군대는 인도양에서 향신료의 독점권을 유지하는데 부족했고, 특히 1520년대에는 다시 베네치아와 경쟁하기 시작했다. 포르투갈은 상업적인 모험을 경제적으로 후원하고 수출산업을 지원하기 위한 은행체제의 부족과 함께 특히 마데이라의 목재부족은 베네치아와의 경쟁에서 이익을 얻을 수 있는 기회를 놓치게 했다. 설탕과 향신료의 초과공급으로 수출가격의 붕괴와 기니로부터 금의 유입은 물가를 급등시켜 포르투갈 경제를 쇠퇴시키는 역할을 했다.

8.5.2. 스페인

포르투갈이 아시아와 아프리카에서 상업적인 지배를 하고 있던 16세기 초에 스페인은 포르투갈과 형태는 다르지만 아메리카대륙을 지배했다. 17세기 초에 스페인은 아메리카의 거의 모든 지역과 아시아 및 아프리카에 많은 식민지들을 지배하는 세계에서 가장 인구가 많은 제국이었다. 유럽에서 스페인의 군사적 우위는 17세기 중엽까지 계속되었고, 아메리카대륙의 스페인지배는 19세기까지 계속되었다. 스페인은 또한 1580년부터 1640년까지 포르투갈을 지배한다. 하지만 스페인의 극적인 역사는 1492년에 시작된다. 회교도가 점령했던 이베리아반도를 통일했던 같은 해에 콜럼버스는 대서양을 횡단하여 대륙과 섬들을 발견하였다. 그는 카나리아군도로부터 33일간 항해하여 카리브 해의 섬들에 도착했다. 콜럼버스는 1476년부터 포르투갈을 위해 일하는 제노바의 해양탐험가로 인도 및 중국을 발견하기 위해 대서양을 횡단하는 항해에 필요한 선대를 제공해 줄 것을 포르투갈에 요청했으나 거절당했다. 포르투갈은 아프리카를 빙 도는 바다항로가 베네치아사람들이 가지고 있던 아시아의 향신료무역을 중단시킬 수 있어 포르투갈에 더 이익이 될 것으로 생각했다. 하지만 콜럼버스는 그의 계획을 가지고 스페인으로 가서 허락을 얻었다. 이 항해로 그는 카리브 해에 위치한 여러 섬들을 발견했다. 스페인사람들은 이미 북아프리카 위쪽의 대서양에 위치한 카나리아군도에서 설탕과 포도주를 생산하여 이익을 얻고 있었기 때문에 새로운 섬들에서 같은 일을 할 준비가 되어 있었다. 많은 스페인사람들이 서인도제도로 보내졌고, 섬은 대신에 유럽 사람들을 위한 수탕수수 및 담배와 같은 열대의 농작물을 재배하여 보냈으며 대륙의 탐험을 위한 기지가 되었다. 1530년에 스페인은 거대한 식민제국을 카리브 해에 건설했고 멕시코의 아스텍제국과 남아메리카의 잉카제국을 폐허로 만들었다. 농업과 광업 특히 은과 금은 스페인사람들에게 새로운 부의 원천으로 스페인을 경제·사회적으로 변화시켰다. 16세기 후반에는 스페인에 설탕과 담배 및 가죽제품을 만들기 위한 동물 가죽 및 특히 은과 금이 보내졌고, 이 무역은 스페인에 큰 영향을 주었다. 상인 조합이 무역을 독점하였고, 많은 항구가 스페인에 건설되었으며, 비누와 옷 등이 수출을 위해 생산되었다. 상인들은 무역중개자로도 활동하며 수수료를 받아 부를 축적했다.

스페인의 가구

스페인은 이탈리아로부터 새로운 르네상스양식을 받아들였지만, 많은 전통과 관습은 굳게 지켰다. 여자들은 의자보다 그 시기에도 바닥 위에 있는 방석에 앉았다. 무어인들의 영향은 가구장식에도 많이 남아 있었다. 고유한 양식인 뼈, 상아 및 흑단의 복잡한 기하학적 상감세공들은 조상들이 살았던 지역에서 물질의 부족으로 목재의 매우 작은 조각들을 사용했던 무어인들의 관습을 반영했다. 그럼에도 불구하고 스페인의 가구는 거대했지만 정교하지는 않았다. 특히 전형적인 접는 의자(그림 8-11)는 가죽을 사용하여 만들었고, 접는 테이블을 위해 철로 만든 꺽쇠와 경첩이 이용되었다. 이들은 이베리아인의 취향과 함께 귀족들의 순회성질, 이용가능한 재료 및 기능을 나타낸다. 바르구에노(vargueno, 그림 8-12)는 16세기에 전형적인 스페인의 가구로 아래로 내려지는 문(falling front)을 가진 궤 혹은 궤위의 궤였다. 아래로 내려지는 문은 궤로부터 빼내는 환주부들에 의해 지지되어 글을 쓰기 위한 면을 제공했고, 궤에 있는 서랍이 귀중품과 종이를 보관하는데 사용되었다.

계속되는 국가파산에도 불구하고 16세기에 스페인 가구는 상당히 장엄했다. 많은 은이 서인도제도로부터 유입되었고, 가구에 은이 많이 사용되었다. 종종 은이 가구 전체를 덮었고, 이따금 순은으로도 만들어졌다.

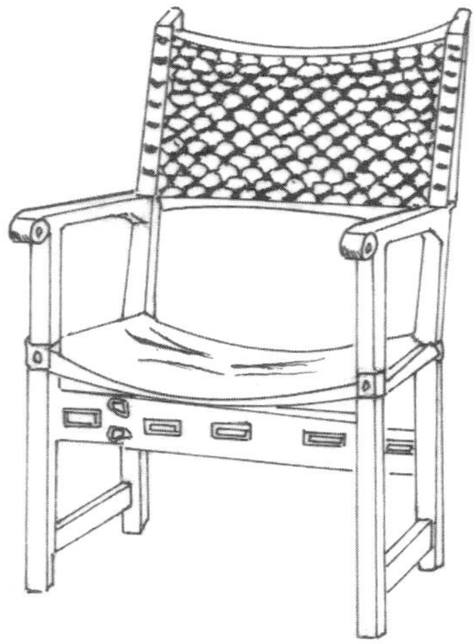

그림 8-11. 가죽으로 댄 스페인의 접는 의자

그림 8-12. 상아로 상감세공한 스페인의 바르구에노

스페인의 쇠퇴

스페인은 가장 부유한 지역인 네덜란드를 잃으므로 국고가 바닥이 났고, 필립 2세는 1588년에 영국에게 패배한 무적함대를 위해 과도한 지출로 1596년에 파산했으며, 필립 3세도 1607년에 파산했다. 군대는 구식이었고, 정부는 무능했으나 스페인은 중요한 역할을 계속 하려고 했고, 1620년대, 30년대 및 40년대에 스페인의 30년 전쟁(1618~48) 참여는 많은 군사비의 지출로 제품에 부과된 과도한 세금과 함께 경제적 빈곤을 더욱 크게 했다. 동시에 전쟁을 위한 무거운 세금은 내부반란으로 이어졌다. 1640년 스페인북부지역, 포르투갈 및 이탈리아에서 반란은 스페인의 영광을 끝내게 했다. 스페인의 경제적인 어려움의 정도는 아직 역사적인 주제이나 스페인의 해외지역 손실은 의심의 여지가 없다. 네덜란드가 1648년에 공식적인 독립을 인정받았다. 스페인은 1559년에서 1713년까지 플로렌스. 베네치아 및 교황령을 제외한 이탈리아를 지배했다. 하지만 네덜란드와 특히 목재가 풍부한 이탈리아 남부지역의 손실은 스페인에서 목재공급의 부족을 뜻했다.

16세기에 금괴는 스페인에 매우 해로운 영향을 미쳤다. 왕은 스페인으로 수입되는 모든 금괴의 20퍼센트를 차지했으나 이는 해외의 군대를 유지하기에도 부족했다. 스페인으로 막대한 은의 유입은 유럽의 여러 지역에서 소비자가격을 올리고, 스페인과 함께 유럽의 모든 지역에서 생활비를 증가시켰다. 16세기 동안에 소비자가격은 4배가 되었으나 그 원인을 알지 못했으며 돈의 가치하락이 이루어져 주민의 대다수가 큰 고통을 받는 원인이 되었다. 동시에 제품을 생산하는 기업들은 금괴를 취급하여 부를 쉽게 얻는 것을 보고 크게 실망했고, 산업의 쇠퇴는 스페인에 더욱 큰 경제적 고통을 주었다.

스페인사람들은 유럽에서 영향력을 계속 유지하기 위한 착취와 정복을 기뻐하였으나, 서인도제도와 아메리카대륙의 식민지에서 옛 문명의 파괴와 함께 많은 주민을 학살했다. 하지만 스페인은 16세기 동안에 10만명도 안되는 적은 수를 이주시켰던 미국에서처럼 빈 땅을 차지하기에 충분히 많은 스페인사람들을 이주시키지 않았다. 식민지 정부는 큰 땅을 소유하기보다 은 등의 채굴에 기초한 잘못된 정책을 사용했다. 스페인정부는 군대를 유지하고 함대를 만들기 위해 서인도제도에서 인디언과 아프리카 노예에 의해 은을 채굴하여 얻는 수입에 계속 의존했다.

8.5.3. 서인도제도와 노예제도

콜럼버스가 신세계를 향해 항해를 시작한지 1달 만에 마데이라와 같이 나무들이 많은 섬들에 도착했다. 콜럼버스는 오늘날 아이티와 도미니카 공화국이 위치한 히스파니올라 섬에 도착했고, 섬에는 수천 종의 나무들로 가득했다. 마데이라군도에서와 같이 이주자들은 서인도제도에서 나무들을 자르고, 그 자리에 사탕수수를 재배했다. 곧 이어서 많은 목재가 설탕공장을 세우고 사탕수수를 설탕으로 만들기 위한 연료로 사용되었다. 서인도제도에서 설탕생산을 위한 목재의 대량소비는 나무가 울창했었지만 오늘날에 이름뿐인 마데이라와 같이 되게 했다.

유럽 사람들은 서인도제도에서 원주민들을 몰아내고, 노예들이 나무를 베는 일에 종사하게 하였다. 인디언들이 떠났으므로 농장주들은 사탕수수농장에서 일할 노동자들이 부족하여 아프리카로부터 흑인들을 데려와야 했다. 포르투갈사람들은 기니해안지역으로부터 많은 노예를 데려오는 것이 이익이 된다는 것을 알게 되어 노예무역으로 발전시켰다. 설탕을 생산하기 위해 아프리카로부터 서인도제도에 계속하여 보내진 흑인들은 백년 후에 거의 백만 명에 이르렀다.

흑인 노예들은 너무 가혹한 노동에 7년 동안 생존하면 오래 산 것으로 생각되었지만, 설탕 소비자와 농장주들 및 노예무역에 종사하는 사람들은 설탕생산을 위해 파괴되는 산림과 함께 인간의 생명에 대해 염려하지 않았다. 유럽 사람들은 설탕을 귀중하게 여겼고, 15세기 말경 서인도제도로부터 설탕을 싣고 온 배들은 베네치아 등과 같은 유럽의 항구들에서 흔히 볼 수 있었다.

8.6. 네덜란드

네덜란드는 스페인과 교역으로 경제발전을 이룩했다. 네덜란드는 수출의 2/3를 스페인에 했으며, 스페인도 양털의 2/3를 네덜란드에 수출했고, 설탕 및 향신료와 같은 제품의 많은 양을 수입했다. 또한 스페인은 자국 내 도시들보다 네덜란드의 도시들이 더 많은 이익을 얻을 수 있도록 했다. 하지만 스페인에 대항한 네덜란드 북부 7개 지역은 반란의 성공과 함께 북유럽의 중요한 상업중심지인 암스테르담을 만들었다. 도시는 스페인의 지배로부터 피해온 피난민, 박해로부터 자유를 찾는 유대인과 지식인 및 경제 붐으로부터 이익을 얻기 위해 찾아오는 상인과 노동자의 유입으로 빠르게 증가하는 인구를 수용하기 위해 1.8km^{2}에서 7.2km^{2}로 확장되었다. 인구는 1610년에 5만 명으로 1567년 스페인에 대항한 네덜란드 반란 초기보다 두 배가 되었고, 그 후 10년에 다시 두 배로 증가했다. 1610년에 암스테르담에는 가장 아름답고 계획된 도시를 만들기 위해 많은 목재가 필요한 3개의 운하를 건설하려고 했다. 운하는 주택을 창고로 사용할 수 있게 했다. 물건은 운하를 통해 작은 배에 의해 운반될 수 있었고, 블록과 박공벽으로부터 돌출된 주택은 고패장치에 의해 물건을 위층 마루에 끌어올릴 수 있었다. 창고가 강 입구에 위치한 항구에 쉽게 접근할 수 있도록 운하를 따라 세워졌다. 건축부지에는 진흙에 목재 말뚝이 견고히 박힐 때까지 박았고, 넓은 도로가 주택 앞에 만들어졌다. 베네치아처럼 정착된 도시의 생활방식으로 찬장은 물론 침대 등의 가구를 벽에 짜맞추었다. 세기의 마지막 10년에 네덜란드의 주택내부는 이탈리아, 스페인 및 프랑스에서 발견된 것보다 현대주택과 모습이 더 유사했다.

배의 발달과 교역

오랜 기간 잔혹했던 전쟁과 함께 전통적인 무역상대국인 스페인으로부터 독립은 네덜란드가 포르투갈과 같이 희망봉을 돌아서 인도양에 이르는 새로운 교역로의 개척을 위해 큰 배들을 필요로 하게 했다. 또한 낮은 물의 나라였던 네덜란드는 나라 전체의 분위기가 홍수와 전쟁으로부터 생존을 위해 대양진출에 대한 요구가 많았다. 북해의 어부로부터 네덜란드 해군의 팽창은 고래잡이를 위해 북극에 빠르게 진출했고, 동인도를 식민지로 만들게 했다. 그림 8-13은 16세기 후반에 네덜란드의 전형적인 연안무역선으로 시간이 지나면서 여러 형태로 발전되었다.

그림 8-13. 16세기 후반에 네덜란드의 연안무역선

네덜란드는 특히 요트개발의 선구자였다. 요트(yacht)란 단어는 사냥 혹은 추적을 의미하는 네덜란드어 jacht로부터 왔다. 항해 역사에서 17세기에 요트가 위치를 차지하게 된 것은 속도 및 바람불어 오는 방향으로 항해할 수 있는 능력이 요구되었기 때문이다. 네덜란드의 수로에서 작고 강력한 짐배의 기술과 경험이 합해진 사형범장(sprit rig)은 다음 3세기 동안 템스 강에 친숙한 광경이 되었다. 네덜란드는 큰 항구들로부터 운하를 통해 물건들을 운반했고, 요트들은 네덜란드의 얕은 운하에 적합했다. 얕은 운하는 깊고 긴 배의 선체에 문제가 되어 네덜란드사람들은 양 측면을 무겁고 철을 씌운 참나무목재로 만든 판재로 짜 맞추었다. 17세기 중엽에 하나의 돛을 가진 이 배들은 해군 함정과 연안의 작업선에 기초가 되었고, 안락하게 설비됐으며, 정교한 조각과 금가루로 장식됐다. 초기 요트들은 전함 및 작업선들과 같이 육중하게 만들어졌지만 시간이 지나면서 상대적으로 가벼운 배로 발전했다. 난간과 나란히 위치한 크고 부채와 같은 판재로 만든 측판(그림 8-14)들은 바람에 의해 배가 옆쪽으로 밀리는 것을 막았고, 보트의 지지를 위해 아래로 내려질 수 있었다. 측판은 얕은 물속에서는 운하의 바닥에 닿지 않고 여분을 주기 위해 올려졌다. 요트가 바람이 부는 방향으로 항해를 가능하게 한 것은 범장이 아니고 측판이었다. 측판은 바람에 의해 바람이 부는 쪽으로 밀리는 것을 막기 위해 배가 바람을 거슬러 항해할 때 바람이 불어가는 방향을 낮출 수 있게 했다.

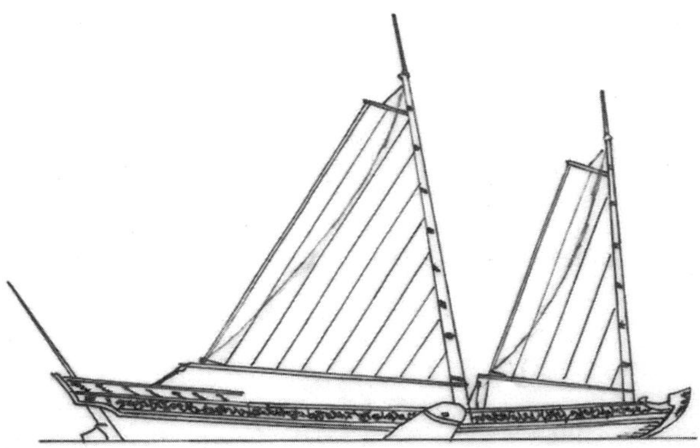

그림 8-14. 17세기에 네덜란드의 요트

네덜란드의 식민지화와 교역

암스테르담의 해양운송업은 폴란드 등의 동유럽평원으로부터 잉여농산물을, 16세기 말에는 기아로부터 위협을 받고 있는 유럽 남부지역으로, 17세기에는 서유럽으로 운송하여 이익을 얻었다. 스페인과 포르투갈의 산업화 실패와 함께 여러 나라들이 섬유, 금속세공품, 가구, 타르 및 목재를 아메리카의 금괴와 교환하기 위해 물건을 운반하는데 네덜란드 배를 이용했다. 포르투갈의 쇠퇴는 귀중한 선대와 함께 다른 나라의 점령으로부터 식민지들의 일부가 노출되어 있었다. 또한 유럽에서 해양운송 화물량의 팽창은 네덜란드에 많은 기회를 제공하였고, 반 독점사업이었다. 하지만 네덜란드의 조선업은 독일의 목재가 꼭 필요했고, 대형선박에 필요한 크고 긴 돛대도 생산되지 않아 목재가 부족했다. 따라서 독일의 전나무와 가문비나무가 벌채되어 라인 강을 통해 네덜란드로 운반되었다. 목재는 뗏목으로 만들어져 운반되었기 때문에 사람들은 네덜란드까지 뗏목을 타고 간 다음 돌아갈 때는 말 등을 이용하였다. 인구가 증가함에 따라 연료와 건축에도 목재의 사용이 증가하였다. 특히 16세기에는 서유럽의 산림이 완전히 벌채되어 북유럽으로부터 목재를 구해야했지만 배의 판매와 대여가 더 많은 이익을 주었다.

네덜란드에 위치한 암스테르담의 첫 번째 장점은 훌륭한 상선선대에 있었다. 많은 배가 북해의 어업을 위해 건조되었다. 16세기에 이유는 알 수 없지만 청어 떼가 발트 해로부터 북해로 이동해와 어업이 갑자기 융성하였다. 청어가 네덜란드의 가장 중요한 수출품과 음식이 되었고, 전함이 영국과 스코틀랜드 해안을 따라 청어잡이 배를 보호하기 위해 보내졌다. 1590년에 네덜란드사람들은 새로운 화물운반선(Fluyt)을 고안하여 운송업에 혁명을 가져왔다. 배 밑이 물에 조금 잠기는 바닥이 평평한 짐배는 선원이 적게 필요했고, 빠른 시간에 값싸게 제작되어 경쟁자에 비해 운송요금을 싸게 할 수 있었다. 16세기 말에 인도, 인도네시아 등 동인도제도로 항해를 시작했을 때 네덜란드는 더 큰 배를 만들어 대양항해를 할 수 있었고, 17세기 중엽에는 전체 유럽 상선의 절반을 보유했다.

네덜란드 해군력의 갑작스런 상승은 교역에 의한 부에 기초했고, 운하와 제방 및 배를 만드는 조선소들의 팽창을 가져왔다. 전함과 함께 네덜란드의 선박은 수로의 작은 화물운반선으로부터 향료, 목재, 값비싼 금속, 보석, 차와 커피 등을 위해 자바 및 중국 등에 이르는 장거리 항해를 위한 큰 배까지 모든 배들을 포함했다. 그림 8-15와 같은 큰 상선이 17세기 말에 서인도제도로 항해하기 위해 만들어졌다. 네덜란드는 가장 큰 상선 선대를 보유하여 세계 교역의 지배와 함께 다른 나라들에 그들의 배를 수출했다.

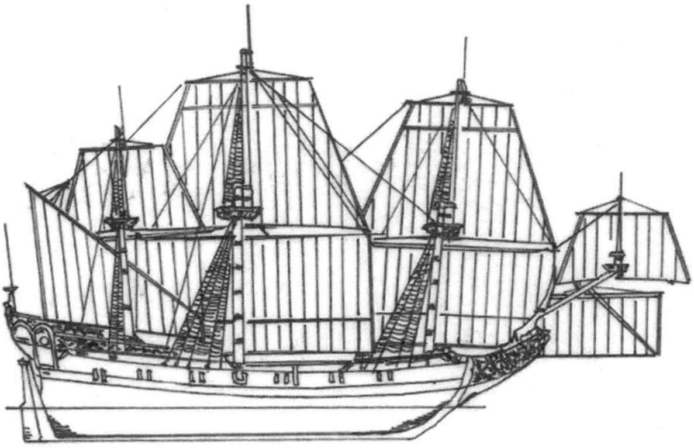

그림 8-15. 17세기 후반에 네덜란드의 상선

두 번째는 암스테르담상인이 유럽에서 유통되는 거의 모든 생필품을 취급했다. 물건의 다양성은 암스테르담에서 물건을 사도록 외국인들을 유인했으며, 유럽에서 밀, 어류, 무기 및 해상장비 등의 가장 큰 시장이 되게 했다. 스웨덴의 철, 스페인의 양털, 덴마크의 소금 등도 암스테르담을 통해 거래되었으며, 반제품상태로 들여온 많은 제품이 암스테르담에서 완제품으로 만들어져 많은 이익을 또한 주었다. 네덜란드는 1594년에 가장 큰 유혹인 포르투갈과 스페인의 향신료독점권을 파산시키기 위해 극동회사를 설립했다. 첫 번째로 네덜란드 선대는 자바 섬과 말라카까지 항해하여 후추와 향신료를 싣고 돌아왔다. 향신료를 직접 들여오는 것은 포르투갈이 독점권을 유지하기 어렵게 했다. 남아메리카대륙을 돌아서 인도네시아에 도착하는 항로의 개발은 네덜란드의 또 다른 큰 승리였다. 1602년에 새로 설립된 동인도회사는 곧바로 향신료 등이 풍부한 땅에 선대를 파견하여 향신료, 비단 및 솜을 가져왔다. 그들은 말라카 및 인도네시아의 지도자와 협정을 맺고 자바 섬에 행정적이고 군사적인 수도를 건설하였다. 그들은 또한 포르투갈사람들을 말레이반도와 실론으로부터 몰아냈고, 말라카에서 영국 상인들을 학살했으며, 일본의 나가사키에 무역센터를 건설하여 무역을 독점하였다.

17세기는 대부분의 유럽 국가들이 참여한 교역과 식민지 확장의 시대였다. 배를 타는 오랜 전통을 가진 나라들이 가장 선두에 섰다. 특히 영국과 네덜란드는 경쟁적으로 북아메리카와 동인도제도에 관심을 가지고 있었다. 1664년에 네덜란드는 약 천여척의 전함을 보유하고 있었다. 네덜란드의 상선들은 원거리 항해, 화물운반, 탐험 및 가장 중요한 방어를 위해 설계되고 만들어졌다. 그들은 수마트라, 자바 및 동양의 더 멀리 위치한 섬들로도 향했다. 1588년에 스페인의 무적함대를 격파한 영국은 바다의 지배권을 주장했으나 네덜란드도 같은 요구를 세 번째 네덜란드-영국전쟁(1672~74)의 마지막 해전에서 패배할 때까지 주장했다.

네덜란드의 쇠퇴

1626년에 설립된 서인도회사는 덜 성공적이었다. 서인도회사는 포르투갈과 스페인의 교역 및 점령지들에 대한 공격에 노력을 기울였고, 가장 뛰어난 성과가 1628년에 쿠바의 항구에 정박해 있던 스페인 선단의 포획이었다. 서인도회사는 카리브 해의 베네수엘라북부에 위치한 바위섬인 큐라소를 얻음으로 약탈과 무역을 위한 뛰어난 기지를 만들 수 있었고, 사탕수수 재배를 위해 브라질북부지역을 점령했지만 경비를 충분히 보상받지 못했다. 네덜란드의 정착지들이 북아메리카대륙에도 세워졌다. 중요한 식민지인 뉴 네덜란드는 허드슨 강 입구부터 뉴욕 주의 알바니까지 차지하고 있었다. 17세기 말에 영국 및 프랑스와의 경쟁과 전쟁은 상업제국으로서 네덜란드를 쇠퇴하게 했고, 1664년에 영국은 뉴 네덜란드를 힘들이지 않고 차지하여 뉴욕이라 불렀다. 서인도회사는 곧 암스테르담상인들과 불화로 많은 돈을 잃고 파산했다.

네덜란드는 인도네시아와 말라카의 향신료무역을 보호하기 위해 무력을 사용했고, 국제적인 동의를 얻었다. 하지만 그들은 중상주의 정책에 필요한 강력한 중앙정부가 없었고, 거기에 영국과 3번에 걸친 전쟁(1652~1654, 1665~1667 및 1672~1674)과 프랑스와의 전쟁(1672~1678)동안 명백하게 나타났다. 이들 전쟁은 영국과 프랑스의 중상주의에 대한 희생물이었다. 영국의 조선업은 물건 수송을 수출하는 나라의 배와 영국의 배에 의해서만 할 것을 요구하는 정부정책에 자극되었다. 영국과 프랑스에서는 관세가 네덜란드제품이 들어오는 것을 막는데 사용된 반면에 장려금이 새로 설립되는 산업에 지원되었다. 1667년에 영국 선대를 파괴하기 위해 템스 강 입구까지 항해해온 네덜란드의 노력에도 불구하고 두 나라 사이에 전쟁은 네덜란드 경제에 크게 손해를 입혔다. 1672년에 프랑스의 침입은 넓은 지역에서 홍수와 제방의 붕괴로 멈추었고 암스테르담의 번영을 파괴하지는 못했지만 막대한 에너지를 없애는 중요한 원인이 되었고, 조선업이 또한 쇠퇴하였다. 특히 유럽에서 30년 전쟁과 함께 네덜란드의 목재공급부족은 조선소의 노동자들을 놀며 보내게 했다. 특히 청어잡이 배들의 수는 가장 많았을 때의 1/4로 줄었고, 어업은 영국, 스코틀랜드, 스칸디나비아 및 벨기에 배들과 경쟁해야 했다. 네덜란드 경제의 쇠퇴는 그들 경쟁자의 발전이 또한 원인이었다. 네덜란드가 했던 원료의 전매나 반제품의 가공을 다른 나라들이 대신했다. 네덜란드의 산업은 프랑스의 고급제품과 경쟁할 수 없었고, 특히 18세기 말에 섬유산업은 영국에서 시작된 대량생산체계에 의해 생산된 제품과 가격 및 품질에서 경쟁이 되지 못했다.

8.7. 유럽의 악기

악기의 중요성은 1400년경에 시작되었고, 그 시기에 바이올린과 대부분의 악기들은 고전적인 모양으로 조각되고, 상감세공했으며, 맵시가 있었다. 악기들은 화가들과 조각가들에 의해 값비싼 물질인 수입목재, 상아, 진주 및 보석이 사용되어 예술품으로 만들어졌다. 악기들의 예술적인 아름다움이 역사적으로 가장 진가를 인정받았다. 같은 이유들로 악기들은 예술애호가들에 의해 수집되고, 전용박물관에 보존되었다. 관악기들이 크게 유행했고, 같은 종류의 악기들로 연주했으며, 모든 악기들은 여러 크기로 만들어져 사용되지 않을 때는 궤에 보관됐다.

리코더의 기원은 알려지지 않고 있으나 11세기까지는 하나의 목재로 만들어졌고, 매우 단순한 모습을 했다. 16세기 초에는 이미 리코더가 실내악단에 포함되었다. 플루트는 기음들(fundamentals)을 낼 수 없을 만큼 좁은 내경(bore)이 있는 리코더였고, 두개의 구멍이 전면에 한개 구멍이 뒤에 있었다. 이들 적은 수의 구멍들은 단지 한손으로 연주하게 했고, 연주자의 다른 손은 북과 같은 다른 악기를 연주했다.

윈드 캡(wind cap)이 있는 악기가 음악에 최초로 소개된 것은 15세기였고, 크로모른(Cromorne, 그림 8-16)은 윈드 캡이 있는 가장 오래된 유럽의 악기로 끝 부분이 굽은 가느다란 원통형 오보에였다. 구멍의 내경이 거의 완전한 원통형으로 음색은 오보에보다 더 부드럽고 음울했다. 세게 불어서 연주하는 것이 불가능해 손가락 구멍들의 수가 제한되었고, 7개가 정면에 1개가 뒤에 있었으며, 리드가 목재로 만든 뚜껑으로 감춰져 있어 리드 자체는 손을 댈 수가 없었다. 악기는 150년 정도만 존재했고, 1617년에 마지막으로 언급되었다.

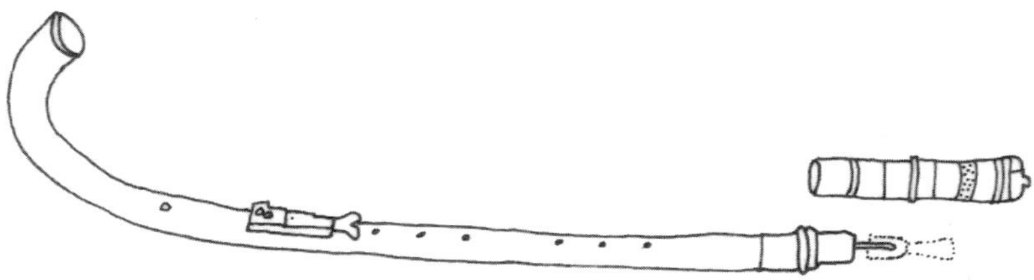

그림 8-16. 크로모른

굽은 목재 조각으로 만든 코넷(그림 8-17)은 목재의 두 반쪽들을 속이 비게 한 다음 서로 접착을 하고 가죽 덮개로 고정시켰으며, 종종 아름답게 조각했다. 코넷의 소리는 트럼펫의 음색보다 덜 화려했다. 이는 놋쇠로 만든 악기보다 관이 짧고, 원추형이며, 상대적으로 넓었기 때문이었다. 훌륭한 코넷연주자는 노래하는 사람을 능가하는 모든 우아한 음색을 가진 선율들을 연주했다. 코넷연주의 황금기는 1600년경에 마감했다.

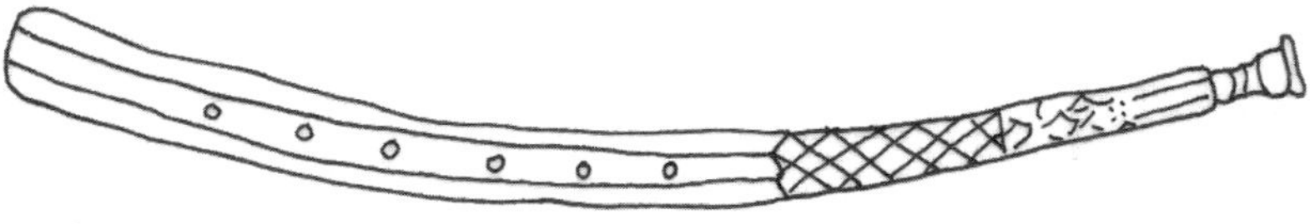

그림 8-17. 굽은 코넷

1400년과 1600년 사이에 매우 빠르게 발전된 것은 건반악기로 다음의 연주 때문이었을 것이다. 14세기에는 두 건반을 가진 오르간이 존재했다. 하나의 건반(鍵盤)에 35~47개의 건(鍵)이 있었다. 15세기부터 두 건반은 함께 연주할 수 있게 결합이 되었다. 결합장치는 한 보드에 있는 건의 압력이 다른 보드에 있는 대응되는 건에 작용할 수 있게 두 건반을 연결했다.

피아노의 전신인 클라비코드는 현이 있는 건반악기였다. 다리나 스탠드 없이 작고 얇은 상자에 줄들이 오른쪽에 있는 줄 조리개로부터 잡아당겨졌다. 전나무목재로 만들어진 작은 공명판에는 하나 이상의 기러기발들이 있었다. 각 건의 뒤쪽 끝에 있는 금속은 대응되는 줄에 서서히 접촉했고, 굉장히 낮고 빈약한 음색을 냈다. 반면에 현대의 피아노는 친 다음 다시 되돌아가는 해머가 줄을 느슨하게 하여 접촉점에서 진동을 크게 한다.

건반악기와 성공적으로 경쟁한 악기로는 류트(그림 8-18)가 있었다. 15세기에 유럽의 류트는 아라비아류트의 많은 특징들을 가지고 있었다. 잘록한 부분은 상대적으로 좁았으며 격자장식을 했다. 1400년과 1500년 사이에 잘록한 부분은 격자가 4개였고, 점차 8개로 증가했다. 줄의 수는 1400년경에 6~8개였고, 1450년경에 11개가 되었다. 이들 중에 10은 5개의 이중 줄을 만들고, 단지 하나의 줄이 섬세하고 우아한 음색을 내기 위해 한 줄로 사용됐다. 류트가 전 유럽에서 애호되는 악기였지만 스페인에서는 인기가 없었다. 스페인에서는 민속악기인 기타로 연주했다.

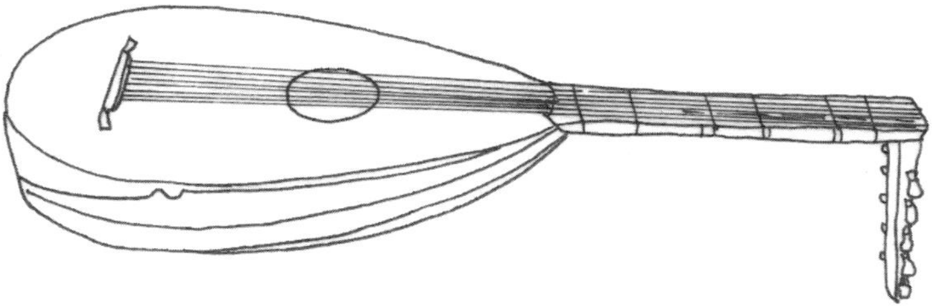

그림 8-18. 류트

16~17세기 경에 유행한 기타 비슷한 악기인 시턴(그림 8-19)은 손가락으로 연주했고, 기원은 불분명하지만, 아마 유럽남부지역의 뜯는 바이올린으로부터 유래되었을 것이다. 지중해 사람들은 켜는 것보다 뜯는 것을 선호하여 왔다. 바이올린의 뒤에 있는 줄 조리개는 15세기까지 시턴에 존재했다. 17세기에 시턴은 정면과 측면에 줄 조리개가 있었고, 그 후에는 측면에만 있었다. 1500년부터 1750년까지는 서양 배 모양의 몸체였고, 9개의 줄이 표준이었지만 줄의 수는 변했다.

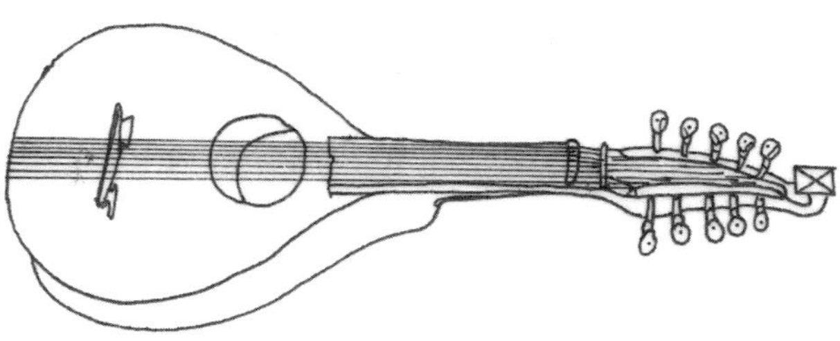

그림 8-19. 시턴

제 9 장 영국 및 유럽의 발전과 목재

중세에 영국은 유럽의 변방에 위치하여 후진국이었고, 매우 가난에 시달렸다. 4백년에 걸친 로마의 지배가 있은 다음 영국은 상대적으로 쉽게 게르만민족에 정복되었다. 그들의 정복으로 원시림은 다시 잘려나갔고, 농업을 위해 내륙지역의 기름진 토양이 개간되었다. 로마시대에 영국은 약 15%의 산림이 감소하였고, 그로인해 바다로 둘러싸인 지역은 현재까지도 토양이 회복되지 않고 있다. 하지만 내륙지역은 습하고 양분이 풍부하여 덜 손상을 입었다. 9세기와 10세기에 바이킹의 침입과 함께 북부와 동부 지역에서 정착은 미래의 정치적·법적 발전에 매우 중요했고, 1066년에는 노르만이 섬을 정복하여 가장 발전된 봉건주의 형태를 채택했다. 농업생산성의 향상은 1100년과 1300년 사이에 인구를 크게 증가시켜 노르만에 정복된 1066년에는 1백만 명 정도였으나 2백년 후에 거의 4백만 명으로 증가했다.

새로운 왕인 윌리엄(1066~1087)은 직접 군대를 이끌고 서쪽지방과 북쪽지방으로 향했고, 그들 지역에 많은 성들을 세웠다. 높은 벽으로 둘러싸인 성들은 전략적으로 위치한 도시들로 외부에 방어용 해자를 만들기 위해 많은 주택들이 헐렸다. 윌리엄은 그의 봉신(封臣)들에게 넓은 토지를 주었고, 농부는 단일 계급으로 자유가 없는 농노가 되었다. 또한 윌리엄은 가장 중요한 봉신들이 왕인 자신에 대항하기 위해 힘을 하나로 통일시킬 수 없게 전 왕국에 뿔뿔이 흩어지도록 토지를 주었다. 따라서 윌리엄 통치 말기에 영국은 유럽에서 가장 조직화된 봉건사회가 되었다.

윌리엄에 의해 확립된 봉건제도는 왕에게 많은 권력을 주었다. 영지의 세금에 기초하고 효과적으로 토지세를 징수하여 총수입은 다른 봉건군주국보다 많았다. 헨리 1세(1100~1135)와 헨리 2세(1154~1189)가 통치할 때 왕은 매우 존경을 받았지만, 1215년에 왕의 권력남용과 직무소홀로 봉신들과 영향력이 있던 성직자들은 군주정치에 대항하여 왕이 법 아래에 있다고 주장했다. 영국이 봉건공국들로 나누어지지는 않았지만, 13세기 후반과 14세기에 의회제도의 성장과 함께 왕들은 중요한 정책결정을 의회와 함께 하게 되었다.

9.1. 튜더왕조와 목재

로마제국의 철 제련소에 의해 파괴된 산림은 많은 시간이 흘러 회생되었지만, 그 당시에 유럽대륙의 대부분 지역은 농업 및 산업 등의 발달로 나무가 적었다. 영국은 상대적으로 울창한 산림을 가지고 있었고, 헨리 8세(1509~1574)시대에 영국은 유럽의 다른 지역과 비교하여 농업과 제조업이 발달되지 않아 목재가 부족하지 않았다. 특히 영국의 남부지역은 목재가 풍부하여 산업이 발달된 플랑드르, 네덜란드 및 프랑스에 목재를 수출했다.

유럽의 다른 나라들에 비해 해상무역과 산업이 발달하지 않은 영국은 목재를 덜 사용했지만 헨리 8세의 재임기간까지 스페인은 목재로 만든 배들로 서인도제도와 동양의 바다들을 발견했다. 포르투갈사람들도 인도 및 동인도제도로부터 향신료교역을 독점하여 많은 이익을 얻고 있었다. 그 시기에 영국은 소금, 철, 염료, 유리 및 무기들을 포함한 생필품들과 사치품 모두를 유럽대륙으로부터 수입했다. 소금은 빨리 상하는 고기와 유제품에 꼭 필요했기 때문에 주로 프랑스에서 수입했고, 철 또한 해외로부터 수입했다. 플랑드르는 영국에서 만든 모직물을 염색하고 완성시킨 제품을 영국으로 다시 보냈다. 영국은 유리도 부족하여 다른 나라들로부터 수입했다. 영국은 대포와 탄환 등 대부분의 무기도 다른 나라에 의존했다. 소금, 염료, 유리와 철 등의 제조에는 많은 양의 목재가 필요했고, 영국은 이들 제품을 생산하지 않고 수입했기 때문에 산림이 보존되었다.

튜더왕조(1485~1603)의 첫 번째 왕인 헨리 7세(1485~1509)는 내부불화를 줄이고 강력한 정부를 세우려고 노력했다. 귀족사회는 많은 귀족들이 장미전쟁(1455~1485)동안 살해되어 매우 약해졌다. 헨리 7세는 귀족사회의 사적인 전쟁들을 없애고, 프랑스 및 스페인과 같은 상비군을 창설했다. 그는 상업 활동들도 장려했고, 특히 모직물 수출의 증가는 왕의 수입을 수출에 의한 세금으로 늘어나게 했다. 헨리 7세의 검소함과 함께 국내외 정책들의 성공은 영국을 안정되게 했지만 산림구조는 무너지기 시작했다. 여러 이유들이 있었겠지만 근본적인 이유는 재정 · 경제적인 이유에서였다. 산림에서 사냥의 권리는 군주에게 있었고, 제한적이었지만 산림은 벌금과 허가를 통해 얻은 수입을 왕에게 주었다. 그러한 수입은 결코 부수입으로 간주될 수 없었지만 같은 시기에 산림법은 덜 엄격하게 적용되었고, 산림에 대한 지배력을 잃기 시작했다. 결과적으로 밀렵이 증가하였고, 사냥에 의한 소득은 크게 감소했다.

귀족들의 활동 제한과 함께 유산계급인 농촌의 지주와 도시의 상인계급은 권력과 부를 축적했고, 왕과 유산계급 사이에 협력체제가 이루어졌다. 군주정치를 제한하는데 성공한 유산계급들은 거의 예외 없이 튜더왕조시대에 부를 축적했고, 헨리 8세 때 옛 봉건귀족들은 거의 사라졌으며, 그 대신 상류사회는 새로운 집단으로 바뀌었다. 수도원 땅의 몰수와 왕이 소유한 산림의 판매는 많은 상인들 및 행정부의 관리들에 의해 가능하게 되었다. 그들은 사회적 지위와 함께 경제적인 이익을 위해 새로운 땅을 개간했다. 어떤 가문은 수도원의 넓은 땅을 차지하여 후에 정치적으로 필요한 기초를 확립했다. 돈이 만들어졌고, 석탄 채굴과 산업원료로 석탄의 사용도 시작되었다. 어떤 학자들은 이것을 첫 번째 산업혁명이라 부른다.

헨리 8세와 무기산업의 발달

1530년대 후반에는 유럽대륙의 강국들이 영국을 위협했다. 유럽대륙으로부터 위협은 로마교황이 헨리 8세의 이혼을 승인하지 않자, 헨리 8세는 스스로 영국 교회의 우두머리가 되어 수도원을 해산하고 토지를 몰수하면서 시작되었다. 영국의 안전을 위해 헨리 8세는 외국으로부터 무기를 구입하려했지만 그의 적인 신성로마제국과 로마교황의 영향력 아래 있던 나라들과의 전통적인 무역관계는 급속히 변화되었다. 특히 영국에 대한 무기 수출금지는 영국의 안전에 대한 위협을 의미했으므로, 헨리 8세는 무기를 자급자족하려고 노력했다. 그에 대한 노력으로 헨리 8세는 철 제조업자와 숙련된 총 만드는 기술자들을 남부지방으로 보내 대포와 총을 만들도록 했다. 남부지방은 철이 풍부하고, 총을 만드는데 필요한 연료인 참나무가 울창하여 총을 생산하기에 특히 적합하였다. 1543년에 영국에서 철로 만든 최초의 총과 1545년경에 영국의 안전을 위협했고 헨리 8세가 염려했던 다양한 종류와 형태를 가진 총들이 생산되기 시작했다. 총 제조의 성공은 영국을 무기경쟁의 중심에 있게 했고, 짧은 시간에 철 산업을 발전시켰다.

엘리자베스 1세와 산업발달

영국은 무기의 자급자족에 성공하였지만 아직 많은 물건들을 유럽대륙으로부터 수입했고, 무역의 불균형으로 발생된 경제적인 문제들을 해결해야만 했다. 경제적 파산으로부터 나라를 구하고, 회생시키기 위해서는 지금까지 수입된 제품의 국내생산을 활성화해야만 했다. 새로운 산업들의 성장은 많은 사람들에게 일자리를 주었고, 무역의 불균형을 해결할 수 있었다. 엘리자베스가 통치하는 동안(1558~1603) 상대적으로 작은 섬인 영국은 유럽에서 신교도국가들의 리더로 떠올랐고, 세계제국을 위한 기초를 만들었으며, 문화적인 르네상스를 경험했다.

목재와 산업연료

농촌에서 많은 목재수요는 전국에 걸쳐 일반적이었다. 농기구 등이 목재에 많이 의지했고, 기둥, 담장, 동물의 장애물, 낙농기구 등에도 목재가 사용되었다. 산업에서 목재는 연료로 매우 중요했다. 16세기 중엽에 산업은 급속히 팽창하였고, 목재가 산업연료로 사용되었으나 1650년경에는 많은 양이 석탄으로 대치되었다.

켄트지역의 섬유산업은 염료 통에 열을 가하기 위해 많은 목재가 필요했다. 섬유산업의 연료로 목재를 공급하기 위해 클랜블룩과 그 인접지역은 1553년부터 1573년까지 매년 평균 80헥타르가 파괴되어 산림면적의 2/3가 벌채되었다. 이 시기에는 철을 녹이기 위해서도 많은 목재가 사용되었다. 철과 함께 구리가 무기를 만드는데 필요했기 때문에 헨리 8세는 유럽대륙으로부터 구리를 수입하기 위해 많은 돈을 사용했다. 따라서 헨리 8세는 영국에서 구리광산을 찾으려고 노력했지만 결국 실패했다. 엘리자베스는 1565년에 구리가 풍부한 광맥을 발견했고, 구리광석을 제련하기 위해 많은 제련소를 세웠다. 1570년대에 구리 생산량의 증가와 함께 넓은 산림지역에서 많은 나무들이 연료인 숯을 만들기 위해 잘렸다.

소금은 유럽대륙으로부터 많이 수입된 또 다른 중요한 물건이었고, 16세기에 소금가격의 상승은 영국의 경제를 어렵게 만든 하나의 원인을 제공했다. 따라서 영국은 소금을 자급자족하기 위해 많은 노력을 했고, 드로이트위치(Droitwich)는 소금생산의 중요한 중심지가 되었다. 16세기 초에는 소금 용광로에 연료를 계속 공급하기 위해 많은 목재가 필요했다. 결국 드로이트위치의 주변지역은 완전히 나무가 없는 지역으로 변하여 다른 지역들로부터 목재를 공급받게 되었다. 많은 노력들이 풍력과 함께 소금물을 끓이기 위한 석탄의 사용으로 품질이 좋은 소금 만드는 방법을 찾게 했으며, 그러한 노력들은 영국이 소금수출국이 되게 했다.

엘리자베스는 유리공장을 세우는 외국인들에게 유리 판매 및 생산의 독점권을 주어 해외로부터 그 당시까지 수입된 것보다 더 싸고 좋은 유리를 만들 수 있게 하였다. 그 결과로 영국에서는 최초로 유리제품이 엘리자베스여왕 초기에 만들어졌고, 유리생산을 위해 많은 참나무목재가 숯으로 만들어져 연료로 사용됐다.

조선(造船)업의 발달

영국에서 막대한 부는 해외무역을 통해 이루어졌다. 엘리자베스가 통치하던 시대에는 하나의 큰 전쟁과 세계 탐험이 있었고, 선박건조에 필요한 목재의 수요는 매우 컸다. 또한 큰 무역회사들이 러시아 및 동인도제국 등과 무역을 위해 설립되었다. 배들이 중국 및 북아메리카대륙의 북동해안을 탐험하기 위해 보내졌고, 스페인 식민지에 아프리카로부터 노예를 공급했다. 어떤 회사는 이익이 되는 해외농업, 즉 버지니아에 담배와 서인도제도에 사탕수수 등을 재배하기 위해 영국사람들을 정착시켰다.

엘리자베스 1세 이전에는 총 등의 무기류를 제외하고 해군을 위한 배들보다 유럽대륙에 더 의존하는 것이 없었다. 엘리자베스 1세는 배들을 증가시키기 위해 인센티브를 제공했다. 영국정부는 무역에 영국 선박만 이용하도록 했고, 영국에서 만든 큰 화물선을 가진 상인들에게 보조금을 주었다. 또한 영국정부는 어선의 수를 늘이기 위한 방법으로 물고기만 먹는 날을 정해 어획량을 증가시켰다. 이러한 방법들은 효과가 있어 어선의 수와 상업용 선대의 크기가 1571년과 1576년 사이에 크게 증가됐다. 둥근 형태의 코그 개발은 톤수를 증가시켰다. 거대한 배는 권력의 상징이 되었고, 엘리자베스여왕은 거대한 전함을 만들기 위해 조선공 등 배 만드는 기술자들을 유럽대륙으로부터 초빙하였다. 초기 영국 해군은 배에 총을 설치할 수 있는 큰 전함을 가진 프랑스 및 스페인의 해군과 전쟁이 목적이었다. 전함은 상선들로부터 디자인되었고, 이러한 성공은 엘리자베스가 통치하던 영국이 바다에서 명성을 얻게 했다. 참나무목재가 배를 만드는데 주로 사용됐지만 양 물푸레나무, 너도밤나무 및 느릅나무의 목재도 사용되었고, 배의 크기와 수의 증가는 많은 목재를 필요로 하게 했다.

가 구 산 업

튜더왕조시대에 영국은 독일 및 네덜란드와 문화적으로 밀접했지만 가구양식은 이들 지역보다 가장 절충적이었고 모호하였다. 튜더왕조 초에 최상의 가구는 건축과 배를 만드는 기술을 사용하여 참나무목재를 쪼개서 만든 판재로 튼튼하게 만들었다. 가구의 도장은 단순한 왁스나 올리브기름을 사용했고, 침대와 침구, 목재로 만든 의자와 그 위에 놓여지는 방석이 전부였다. 헨리 8세가 통치할 때 르네상스의 개념들이 순수하고 확실한 형태로 영국에 전해졌고, 가구는 이탈리아와 함께 독일, 플랑드르 및 네덜란드가 영향을 미쳤다. 유럽대륙의 종교박해는 많은 우수한 장인들이 도피처를 찾아 영국으로 이주하게 했다. 이들 나라들의 가구에 대한 영향이 있은 다음 16세기 초에는 어떤 스타일에 대한 것이 아니라 안락함에 대한 개선이 있었다. 16세기 후반의 엘리자베스시대에는 플랑드르가 영향했고, 더 정교한 조각과 함께 영국적인 특성이 주어졌다. 엘리자베스 1세가 통치하던 시기에 상류층들은 단순함과 안락함보다 다소 호화스럽고 현란한 시도들을 했다. 특히 대리석으로 만든 테이블들이 소중히 여긴 가구였고, 이 시기에 짜 맞춘 단판을 사용한 가구의 세트가 소개되었다. 1600년경에는 기둥과 조각된 패널로 만든 머리판이 있는 침대와 같은 큰 가구들이 상류사회에서 일반적으로 사용됐다.

목재부족에 따른 변화들

목재부족은 목재가격을 크게 상승시키는 원인이 되었다. 산업의 성장 결과로 목재부족과 그에 따른 목재의 가격상승이 배들을 만들고 고치는데 많은 어려움을 주었다. 엘리자베스는 산업발전을 저해하지 않고 목재를 적절히 조선소에 공급하려고 노력했다. 그러한 정책은 영국에서 만든 배와 목재의 수출을 금지시켰고, 배를 만드는데 적당한 목재가 산업의 연료로 사용되지 못하게 했다.

목재의 높은 가격과 부족은 중요한 연료로 석탄을 사용하게 했다. 엘리자베스 통치시대에 급속한 산업의 발달은 산업연료의 석탄 사용으로 석탄 산업도 발달시켰다. 석탄의 사용은 목재가 부족하게 되므로 선택의 여지가 없었다. 16세기 말에 런던은 연료로 석탄의 사용이 크게 증가했고, 1600년경에는 거의 모든 도시들이 연료로 석탄을 사용했다.

목재부족은 산림소유자들이 시장경제를 따르게 했고, 장원제도로부터 시장경제로의 변화는 산림을 더 파괴했다. 더 큰 문제는 판매를 위해 나무를 자른 다음 거의 심지 않았다는데 있었다. 그 원인은 목재를 팔고 땅을 개간하는 것이 더 이익이었다. 따라서 대다수의 사람들은 산림을 초지로 바꾸었을 때 발생되는 이익만을 생각했다.

9.2 목재부족과 왕의 몰락

목재부족으로 인한 문제들이 제임스 1세(1603~1625)의 집권 초에 나타나기 시작했다. 1608년에 강추위는 시민들에게 많은 고통을 주었고, 심각한 목재부족 사태를 발생시켰다. 연료 다음으로 많은 목재가 주택의 건축에도 필요했다. 하지만 건축과 연료로 사용되는 목재는 품질과 크기에서 달랐다. 또한 건축 재료는 벽돌, 돌 및 석회 등이 목재를 대신할 수 있었지만 연료에 대한 수요는 매우 심각했다. 또 다른 수요는 가구로 17세기까지 수입목재가 일반적으로 사용되지 않아 많은 참나무목재가 요구되었다. 가정용 도구인 접시, 사발 및 큰 맥주잔과 통 등은 은이나 주석으로 만들어지기 전까지 참나무목재로 만들었다. 목재부족은 가구 및 가정용 도구와 함께 유리, 배, 맥주, 모든 다른 생필품, 가죽의 가공에 필요한 타닌을 위한 수피 및 여행을 위한 다리 등에도 영향했다. 농촌지방에서도 목재가 부족하여 농부들은 밀짚 등을 연료로 사용해야만 했다. 밀집 등이 토양을 기름지게 하는데 사용되는 대신에 연료로 사용되었기 때문에 토양은 비옥함을 잃었다. 따라서 목재부족은 농산물의 생산량에도 크게 영향을 미쳤다.

목재부족과 산업

목재부족을 해결할 수 있는 유일한 방법은 나무를 보존하고 심는 것이었다. 제임스 1세는 산에 나무를 심기위해 많은 노력을 했고, 목재를 절약하기 위해 런던에 세워지는 새로운 주택과 연료로 목재를 사용하지 못하도록 했다. 제임스 1세는 유리 등의 생산에도 목재를 연료로 사용하지 못하게 했다.

철 제련소들은 목재부족으로 산림이 울창한 지역을 찾으려고 노력했다. 따라서 17세기에 영국의 철 산업은 목재부족을 해결하기 위해 많은 제련소들을 미국으로 이전했다. 미국에서 철 생산은 값싸고 풍부한 목재의 공급으로 성공했다. 또한 16세기 후반부터 17세기 초반에 영국은 울창한 산림이 있는 아일랜드에서 유리, 통 및 배를 만들었다. 철 제련소들은 아일랜드의 싼 목재로 철을 생산하는 것이 많은 이익을 주어 영국으로부터 철광석을 아일랜드로 가져와 해안지역에 세워진 용광로에서 철을 생산하였다. 아일랜드의 목재는 통과 술통을 만드는데도 사용되었고, 아일랜드의 산림도 황폐하게 되었다.

목재부족과 내란

제임스 1세가 통치하던 시기에 시작된 의회와의 대립은 그의 아들인 찰스 1세(1625~1649)가 통치하는 동안 더욱 악화되었다. 1628년에 의회는 왕이 어떤 세금도 과세하기 전에 의회의 동의를 받도록 하는 법률을 통과시켰다. 1629년부터 1640년까지 찰스는 의회의 협력 없이 세금을 거둘 수 있는 방법을 찾아야 했고, 그 방법으로 산림에서 자라는 나무를 팔았다. 1630년대 후반에는 예전보다 더 경제적으로 궁핍하여진 찰스 1세가 천주교신자에게 산림을 판매한 것이 의회와 불화를 더욱 크게 하였다. 천주교신자인 프랑스의 루이 13세의 딸과 결혼으로 찰스 1세의 종교적 성향에 대한 의심을 하고 있던 의회는 영국의 목재부족과 함께 천주교신자에 의한 산림구매로 스페인의 공격을 쉽게 받을 수 있을 것이라 생각했다. 따라서 장기의회(1640~1660)는 산림판매를 취소했고, 그로인해 장기의회와 왕 사이에 불화가 더욱 커지게 됐다.

찰스 1세는 예전에 결코 없었던 목재부족으로 국민들에게도 많은 고통을 주었다. 목재부족은 예전에 훔친 적이 전혀 없는 많은 정직한 시민들조차 목재 도둑으로 만들었다. 하지만 왕에게 호의적인 사람에게는 목재를 선물함으로 목재가 없거나 부족하게 된 대다수 국민들이 분노했다. 목재부족과 함께 목재에 대한 찰스 1세의 정책은 대다수 영국사람들을 왕의 적이 되게 했다. 결국 목재부족은 의회와 왕 사이에 내란(1642~1646, 1648~1652)으로 발전되어 왕의 몰락으로 이어지게 했다.

9.3. 산업혁명전의 영국

목재부족은 왕과 의회 사이에 내전이 일어나게 했고, 이 시기에 양심이 없는 사람들은 산림을 파괴하고 산에 사는 동물들을 죽였다. 전쟁이 끝난 다음에도 이러한 일들은 계속되었고, 나라는 무질서한 상태였으며, 관리들의 방종과 부정은 더욱 산림을 파괴하게 했다. 1660년에 군주정치가 회복되었으나 산림은 더욱 빠르게 황폐해졌고, 연료에 대한 목재의 수요는 공급을 초과하였다.

왕정복고와 삼림회복 노력

영국인들은 1660년에 왕이 다시 나라를 통치하게 했고, 새로운 왕인 찰스 2세(1660~1685)는 산림을 복원하려고 노력했다. 산림복원의 노력들 중에 하나로 찰스 2세는 목재부족에 대한 해법을 에버린(John Evelyn)에게 찾게 했다. 에버린은 목재부족을 해결하는 방법으로 나무의 자연증가에 의지하는 것보다 심을 것을 주장했다. 또한 에버린은 조림이 성공하기 위해서는 가장 유용하고 심는데 가장 적합한 나무에 대해 알아야 한다고 했다. 그는 나무를 심는 나무를 심는 방법 및 목재를 유용하게 사용하는 방법과 기술에 대해서도 언급하였다.

네덜란드와 전쟁 및 런던의 대화재

네덜란드와 전쟁 및 런던의 대화재는 많은 목재를 필요로 했다. 네덜란드와 3번에 걸친 큰 전쟁(1652~1654, 1665~1667 및 1672~1674)은 영국의 중상주의가 원인이었다. 영국이 수입과 수출에 영국의 배만 이용하도록 한 것이 네덜란드를 자극했다. 영국의 관세는 또한 네덜란드제품이 수입되는 것을 막는데 사용되었고, 장려금이 새로 설립되는 산업에 주어졌다. 1667년에 영국의 선대를 파괴하기 위해 템스 강 입구까지 항해해온 네덜란드의 노력에도 불구하고 두 나라 사이에 전쟁은 네덜란드 경제에 막대한 손해를 입혔다.

영국이 네덜란드와 바다에서 싸우고 있는 동안 1666년에 발생된 런던의 대화재는 거의 대부분 지역을 파괴하여 런던의 재건에는 많은 목재가 필요했다. 목재에 대한 수요는 크게 증가했고, 가격은 예전보다 매우 비싸졌다. 목재부족과 함께 높은 가격으로 런던의 재건과 배의 건조가 매우 지체되므로 영국은 목재의 수입에 대한 제한을 완화시켰다.

목재부족과 그에 따른 변화들

목재부족은 대부분의 산업들이 연료를 목재로부터 석탄으로 바꾸게 하였다. 소금공장들은 1670년대 후반까지만 목재를 연료로 사용했다. 하지만 철 제련소들은 그 때까지도 인접지역에 있는 산림을 파괴하였고, 사람들은 석탄의 사용을 좋아하지 않았지만 목재를 구하는 것이 어렵게 되자 소금공장들과 함께 가정과 사무실에서 석탄을 사용하기 시작했다. 17세기 말에는 많은 연료를 사용했던 온실, 소금공장, 벽돌공장 등이 석탄만을 사용했다.

석탄의 사용으로 목재에 대한 수요가 줄어들자 경제학자들은 산림을 농지와 초지로 바꾸고, 그 곳에는 가장 큰 이익이 되는 것을 재배해야 한다고 주장했다. 경제학자들은 사회·경제적 이익도 고려했다. 산림은 아주 적은 수의 사람을 고용하지만 초지와 농지는 양털, 가죽, 고기, 옥수수, 건초 등을 생산하기 위해 많은 사람들을 고용할 것이라고 주장했다. 이는 사람들을 부유하게 만들어 더 많은 목재나 석탄을 확보할 수 있도록 하게 할 것이라고 했다.

사람들은 나무를 심는 것보다 더 많은 산림을 파괴했고, 산림을 미개한 것으로 생각한 반면에 나무가 없는 농촌지방은 문명을 의미했다. 18세기에 나무의 감소는 북아메리카와 같은 지역들을 영국 해군을 위한 목재공급지로 생각하게 했다.

목재부족과 미국의 목재

철 제련소들은 연료로 목재를 사용했고, 목재부족은 철 제련소 가까이에 위치한 산림을 소유한 사람들에게 철 제련소에 숯을 만들어 팔기 위한 나무를 기르게 했다. 산주들은 16년 주기로 나무를 잘라 많은 이익을 얻었다. 하지만 17세기 후반과 18세기에 산림은 배를 만드는데 적합한 목재를 조선소에 공급하지 못했다.

17세기와 18세기에 영국은 7개의 큰 전쟁에 참여했다. 또한 해외무역의 확장으로 목재의 수요가 커졌지만 목재를 확보하기가 매우 어려워 해군은 새로운 전함들을 건조할 수 없었다. 18세기에는 발트 해 지역도 중요한 전함의 돛대로 적당한 목재가 거의 남아있지 않았다. 따라서 뉴잉글랜드의 돛대용 목재는 전략적으로 매우 중요하게 되었다. 북아메리카대륙의 청교도들은 신앙의 자유를 위해 뉴잉글랜드에 정착했지만, 그들은 바로 무역 상품으로 풍부한 산림을 생각하게 되었으며, 동시에 어디서나 통나무집을 지은 다음 제재소를 세웠다. 정착민들은 주로 판재와 통널을 만들어 국제시장에 팔았다. 목재는 영국보다 오히려 영국의 적인 프랑스, 포르투갈 및 스페인에 팔았을 때 5배가 넘는 이익을 얻었다. 하지만 미국이 영국의 적인 이들 나라에 목재를 수출하는 것이 문제였다. 따라서 영국의회는 영국의 안전이 미국의 목재에 달렸다고 확신하여 돛대에 적합한 나무의 벌채를 막는 법률들을 제정했고, 목재가 더욱 부족하게 되자 인센티브를 제공했다. 1770년에는 미국으로부터 배를 만들기 위한 목재 원료 14000톤, 6백만 피트의 소나무, 참나무 및 삼나무 보드와 5백만 통널을 수입했다. 이를 위해 뉴잉글랜드에서는 3만 그루 이상의 나무가 잘렸다.

해군력과 교역

1660년에 찰스 2세의 왕정복귀는 그동안 영국을 괴롭힌 내부의 불화를 끝내게 했지만 새로운 왕국은 프랑스의 더 강력해진 군대와 네덜란드의 위협에 직면했다. 프랑스는 유럽을, 네덜란드는 해상무역을 지배하려고 했지만 영국의 위치는 매우 약했다. 영국의 재정은 내전으로 어려운 상태였고, 네덜란드와 전쟁은 어려운 싸움이었지만 영국의 해군이 더 나은 모습으로 태어나게 했다. 해군의 배들은 그들의 임무에 더 적합해졌고 해군은 잘 체계화되었다. 찰스 2세는 이어지는 2세기 동안 사용된 영국의 해군제도를 확립했다.

영국 해군의 배들은 그들의 크기 및 중요성에 따라 6등급으로 나누었다. 첫 번째 등급의 배들은 다른 등급의 배들보다 더 크고 강력한 무기로 무장했다. 특히 세 번째 등급의 배들은 74개의 대포로 무장했고, 길이가 50m정도로 1600톤을 약간 넘었다. 영국 해군은 가장 강력했던 시기인 18세기 말에 세 번째 등급의 배들을 가장 많이 가지고 있었다.

중요한 전함들의 제조에는 많은 양의 목재와 재료가 요구되었다. 3등급 전함(그림 9-1)은 대략 2000그루의 나무와 100톤의 철제품, 4000장의 구리판, 30톤의 구리로 만든 볼트, 3만 개의 선박용 나무못, 12톤의 뱃밥, 5톤의 피치, 12톤의 타르, 6톤의 호분(胡粉)과 백분 및 4톤 이상의 페인트가 필요했다. 영국의 조선기술자들은 배 만드는데 영국의 참나무목재를 선호했다. 이는 영국의 참나무목재가 유럽대륙과 북아메리카대륙의 참나무목재보다 더 강하고 오래 견딘다고 믿었고, 유럽대륙과 북아메리카대륙의 참나무목재들은 더 썩기 쉽다고 생각했었기 때문이다. 하지만 미국의 조선기술자들은 자국의 백 참나무목재를 현재도 사용하고 있다. 배를 만드는데 필요한 참나무목재의 부족이 영국 해군의 문제였다. 특히 프랑스와 잦은 전쟁으로 전함들은 더 크게 되었고 수가 더 많아졌다. 조선소들은 나무가 자라는 것보다 더 빨리 참나무목재를 사용했다. 곧은 목재는 용골 및 판재로, 굽은 목재는 뼈대와 완목(腕木)으로 많은 목재가 매년 사용되었다. 하지만 참나무는 심어서 성숙하게 자라는 데 100년 이상의 기간이 필요하여 외국으로부터 목재를 수입해야만 했다.

그림 9-1. 17세기 후반에 두 갑판이 있는 영국의 제3급 전함

목재로 만든 가장 큰 전함들은 120개의 대포를 실었고, 선체구조가 더 복잡하게 되었다. 목재는 자체 무게와 대포, 설비 등의 무게를 지지할 수 없어 선체의 크기를 제한해야만 했다. 이 문제를 극복하기 위해 선체 내부에는 지그재그 모양의 가로대를 내부 판재 위에 있는 뼈대 내부에 종방향으로 첨가했다. 19세기 초 이후에 이 방법은 그림 9-2와 같이 내부 판재 위로 삼각형 모양을 연속으로 만들었다. 이 방법은 고안자인 세핑스(Robert Seppings)의 이름으로부터 세핑스 시스템으로 알려졌고, 19세기 말경에 목재로 만든 배의 구조를 강화하기 위해 사용된 철 띠의 선조가 되었다.

그림 9-2. 세핑스 시스템을 사용한 제 1급의 전함 선체

중요한 전함들도 선대의 단지 일부였다. 큰 전함들을 지원하고 그들의 후방을 수비하기 위해 다양하고 더 작으며 전문화된 배들로는 신속하고 돛대가 하나인 구포함, 화공선 및 수송선이 있었다. 외대박이 돛배의 일종인 커터(그림 9-3)는 화물을 더 빨리 운반하고 연안의 밀수꾼들을 감시하기 위해 사용되었으며, 가볍고 빨랐다. 영국의 커터는 초기에 항해를 크게 증진시킨 가동용골(可動龍骨)인 3개의 용골로 유명했다. 커터는 자유자재로 움직일 수 있어 결국에는 요트와 수로 안내선으로 채택되었다. 작은 배는 중요하지 않은 것 같았으나 선대의 함선들 사이에 연락을 위해서도 절대 필요했다.

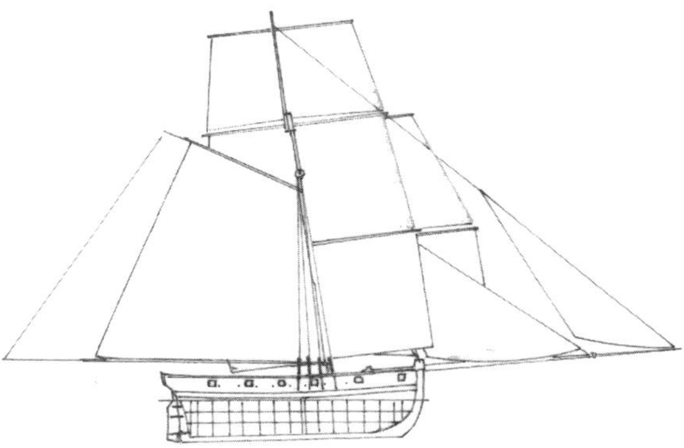

그림 9-3. 18세기에 영국의 커터

윌리엄 3세(1689~1702)시대에 영국은 해외무역을 프랑스의 대서양 항구에 기지를 둔 해적선들로부터 보호할 필요가 있었다. 호위함에 대한 요구는 새로운 프리깃함을 만들었다. 프리깃함의 어원은 아라비아어였고, 노를 가진 알제리의 큰 삼각돛을 단 추격용 선박이었으나 2층 갑판의 배들로 변하자 작은 순양함이라 불렀다. 새로운 형태의 배는 2m의 건현(乾舷)을 가지고 있었고 승무원들은 아래 갑판에 머물렀다. 강력한 프랑스의 해적선들에 의한 영국 교역의 손실이 무역의 보호를 위해 작은 2층 갑판 배들을 만들게 했으나 이들은 속력이 느렸다.

18세기 중엽에 빠르게 무거운 무기들을 어떻게 운반할 것인가에 대한 문제는 해결됐다. 그 해결 방법으로는 아래층 갑판의 높이를 낮추어 수면 아래에 위치하게 하여 상대적으로 낮고 바람에 거슬러 올라갈 수 있는 건현을 만들었다. 스웨덴 해군이 최초로 만들었지만 대포들을 포함하여 적재량이 900톤 이상인 무거운 프리깃함들이 프랑스와 영국 해군의 경쟁으로 발전했다.

1805년에 36개의 대포가 있던 프리깃함은 갑판에 3개의 작은 배들을 가지고 있어 일렬로 갑판에 단단히 묶었다. 두 개의 더 작은 배들은 배로부터 해안에 선원들을 나르기 위해 주로 사용했고, 셋 중에 더 큰 것은 대형보트로 닻, 대포, 물통과 같은 무거운 물건들을 운반하기 위해 사용되었다. 대부분의 작은 배들과 같이 프리깃함은 노를 저을 수 있거나 돛을 장착할 수 있었다.

주 택

15세기경부터 사람들은 사생활과 편안함을 위해 작은 서재와 화장실을 가지고 있었다. 경제적인 여건이 허락된다면 보이기 위한 것과 다른 하나는 사용을 위해 완전히 이중인 한 쌍의 방들을 만들기 시작했다. 비슷한 배치가 1700년과 1800년 사이에 세워진 대저택의 일부에도 존재했다. 완전한 분리가 이루어지지 않았을 지라도 보통 지상 층에는 접견실 세트가 있었고, 이들 접견실에는 재력을 과시하기 위해 기념물들, 훌륭한 가구, 귀중한 커튼 및 양탄자들이 먼지커버로 덮여 보호됐다. 이는 매우 비싼 가구들이 오늘날까지 보존되게 된 이유들 중에 하나일 것이다. 큰 식탁이 1780년경 이전에 영국에서 유행되었다. 예전에는 여러 작은 테이블들이 사용되었다. 큰 식탁의 출현은 다른 용도로 공간이 이용되는 것을 불가능하게 했고, 결국 식당의 기능이 고정되었다.

가 구

17세기에 교역의 성장은 완성된 가구와 가구를 만들기 위한 목재를 멀리 떨어진 지역으로 운반하는 것이 가능하게 했다. 영국은 1620년대부터 많은 가구들을 베네치아로부터 수입했다. 또한 가구의 중요한 수입장소는 인도와 그 인접지역이었다. 영국, 포르투갈 및 네덜란드 사람들로부터 가구 만드는 법을 배운 인도의 장인들이 유럽스타일에 가장 접근했다. 운송비용은 비쌌고 관세가 많았지만 상인들은 큰 이득을 얻었고, 소매상들도 많은 이익을 얻었다. 인도제품은 같은 영국제품보다 매우 쌌지만 많은 수요를 충족시킬 수 없어 제조업자들은 곧 인기가 있는 인도가구를 모방하기 시작했다. 특히 1666년의 런던대화재는 많은 사람들이 가구와 주택을 잃게 했고, 주택의 재건과 함께 사람들은 상대적으로 값싼 가구가 필요했다. 인도의 등나무 세공품으로부터 영감을 얻은 값싼 등나무로 만든 의자의 좌석과 등받이는 그러한 수요를 충족시켰고, 예전의 가구보다 가벼웠으며, 내구성과 안락함으로 18세기까지 유행되었다. 디자인과 함께 재료의 가벼움은 가구를 이동시키기 쉽게 했다. 등나무는 정교하게 조각된 호두나무목재로 만든 의자로부터 침대겸용소파(그림 9-4)까지 앉는 가구에 사용되었다.

찰스 2세가 복귀한 1660년경에는 화려함과 사치스러움이 다시 유행했다. 왕정복구 이후에 영국은 바로크양식을 채택했고, 가구에서 조각이 17세기 마지막 30년의 특성을 나타냈다. 그로인해 호두나무목재가 참나무목재를 대신했고, 1600년대 후반부터 1700년대 초반까지 호두나무 목재시대가 되었다. 부유한 사람들은 조각된 찬장과 그곳에 전시할 물건들이 필요했다. 조각과 함께 진주에 의한 상감세공이 가구장식으로 사용되었다. 17세기 후반에는 연귀이음을 한 모서리를 가진 돋음 세공된 패널이 사용되었고, 네덜란드로부터 쪽매붙임 세공이 소개되었다. 대비된 단판의 섬세한 조각들로 만든 패널이 다양한 가구 형태에 사용되었고, 캐비닛의 서랍과 문이 상감세공된 패널로 만들어졌다. 의자의 등받이는 예전보다 더 높게 되었다. 1680년경에는 화장대와 1700년경에는 다리가 높은 옷장, 큰 시계 및 거울과 같은 물건들도 소개되었다.

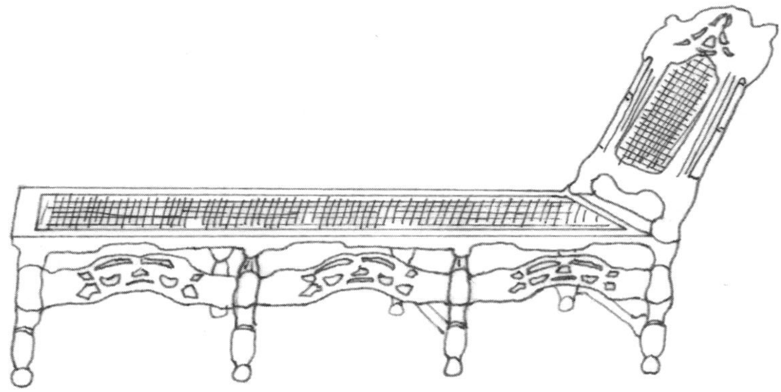

그림 9-4. 1660년대 앉는 좌석과 머리 부분을 등나무로 만든 침대겸용소파

17세기에 영국은 가구를 만드는데 적당한 목재가 역시 부족했기 때문에 노르웨이와 발트지역으로부터 참나무목재와 전나무목재, 스페인과 프랑스로부터 호두나무목재를 수입하기 시작했다. 또한 일부가 영국의 식민지인 버지니아로부터 수입되기 시작했다. 강도와 경도가 큰 흑단은 인도 등의 동양으로부터 수입되었다. 흑단은 정교하게 장식된 가구들에 종종 상아, 별갑(거북 껍질), 황동, 은 및 여러 귀중한 돌 등 외국으로부터 수입된 희귀한 재료들과 함께 사용됐다. 해외로부터 계속되는 목재수입은 역으로 가구수출을 가능하게 했고, 스튜어트왕조 말기에 번창하였으며, 18세기와 19세기에는 영국을 유럽의 최대 가구수출국으로 만들었다.

앤여왕스타일은 가구에서 가벼움과 함께 처음으로 우아함을 소개했고,

호두나무 목재시대와 함께 영국 가구의 황금기가 시작되게 했다. 목재와 금속 핀들 대신에 접착에 의한 결구가 사용되었고, 곡선 형태들이 조각된 장식에 많이 이용됐다. 쪽매붙임 세공은 앤여왕스타일이 시작된 1700년경에 사라졌다. 중국의 영향을 받은 굽은 다리가 영국에 소개되어 새로운 양식의 가장 독창적인 특징이 되었다. 네덜란드의 굽은 다리에 비해 영국은 더 두드러지고 강건하며 매우 조각풍의 곡선을 사용했다. 굴대들 사이에 모양을 낸 세로 널이 있는 윈저(그림 9-5)라 불리는 부엌의자가 이 시기에 소개되었다. 목재로 만든 좌석은 안장과 같은 모양을 했지만 용도가 다양하며 안락하게 되었다.

그림 9-5. 18세기 초 윈저의자

1709년에 프랑스에서 대부분의 호두나무가 추위로 얼어 죽자 영국은 가구제작에 영국과 미국의 호두나무목재와 함께 새로운 목재인 마호가니를 미국으로부터 수입하여 사용하기 시작했다. 마호가니는 아름답고, 내구성이 있으며, 벌레가 잘 먹지 않고 가공성이 좋은 목재로 1733년에 관세의 폐지와 함께 마호가니 목재시대가 시작되었다.

1714년 조지 1세가 통치하던 시기부터 1830년까지는 조지왕조시대로 알려지고 있다. 앤여왕스타일은 1720년경에 인기를 잃었고, 굽은 다리와 조각과 같은 특징들은 치펀데일로 알려진 다양하고 종합적인 스타일의 출현에 기여했다. 치펀데일은 새로운 디자인을 만들지 않았지만 런던에서 캐비닛 제작 및 가구와 함께 벽지, 커튼 및 차양 등 주택에서 필요한 모든 것을 공급하는 회사를 경영했으며, 선전을 위해 디자인 책을 1754년에 발간했다. 이 책은 거의 단독으로 영국의 가구산업을 표준화했고, 책에 있던 디자인들이 크게 유행했다. 치펀데일의 중요함은 로코코 디자이너로서 그의 영향력과 함께 디자이너들과 가구산업 사이에 가장 두드러진 연결고리 역할에 있었다. 가장 사치스런 치펀데일 의자의 등받이(그림 9-6)는 단지 조각된 리본모양을 가지고 있었다. 좌석은 보통 완전히 천으로 씌웠다. 치펀데일은 마호가니 단판으로 만든 3매 합판을 사용했고, 이후 여러 세기 동안 가구 디자인 및 제작에 영향을 미쳤다. 격자세공 장식(그림 9-7)은 의자와 테이블에 운치를 준 중국스타일의 특징이다. 격자세공을 한 등받이가 의자에서 발견되었고, 대나무가 또한 동양의 재료로 모방을 위해 사용되었다.

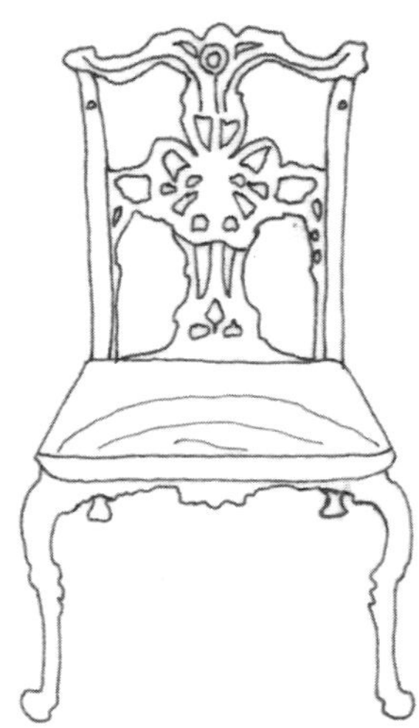

그림 9-6. 리본모양의 등받이가 있는 치펀데일 의자

그림 9-7. 격자세공을 한 치펀데일 의자

9.4. 산업혁명과 목재

산업혁명은 인류의 역사에서 가장 중요했고 인류에게 많은 영향을 미쳤다. 특히 산업혁명은 인류가 예전에 경험하지 못했던 많은 변화들을 경험하게 했다. 인간과 동물에 의한 동력은 기계에 의한 동력으로 대치되었고, 이용되지 않았던 자원들을 개발하여 사용하게 했다. 기계를 사용하게 된 공장은 장인들과 가족에 의한 가내공업의 중요성을 크게 감소시켰다. 농업의 경제적 중요성이 감소되었고, 농부는 도시의 무산계급이 되었다. 또한 산업혁명은 남성, 여성 및 어린이의 역할 변화와 함께 음식물의 개선으로 인구를 크게 증가시켰다.

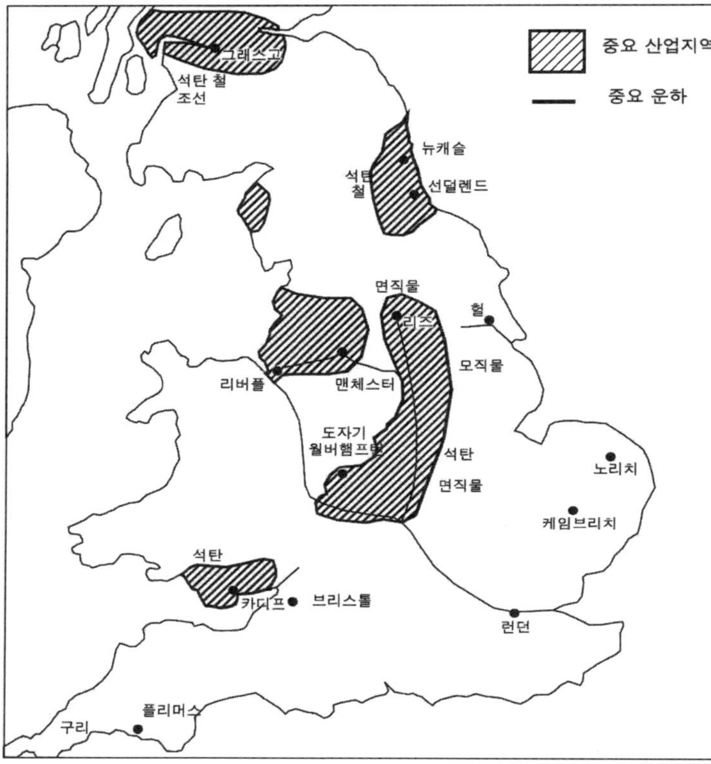

그림 9-8. 영국의 산업혁명

산업혁명은 서로 다른 나라에서 서로 다른 시기에 일어났고, 18세기에 영국은 지역시장경제로부터 국제산업경제로 변화를 위한 조건들을 가진 유일한 나라였다. 이들 조건들은 내부의 자유교역, 외국(신세계)과 교역, 석탄 등 풍부한 에너지, 섬유산업에 유리한 기후조건 및 알맞은 지리적 위치(섬나라)를 가졌으며, 안정적인 정치제도도 있었다. 영국에서 산업혁명은 1760년경에 시작되었고, 농업혁명에 의해 다른 나라들보다 앞서 이루어졌다. 18세기의 농업혁명은 농장경영 및 가축사육 방법들의 개선으로 농업생산량을 크게 증가시켜 많은 사람들에게 싼 가격으로 음식을 제공할 수 있게 했다. 유럽의 다른 나라들과 다르게 음식물의 구입에 사용돼야 할 돈이 제품을 구입하는 데 사용될 수 있게 했다. 동시에 인구증가는 새로운 공장들에 노동력을 제공했다. 잉여농산물의 유통과 시장에 파는 것을 쉽게 하기 위해 개선된 도로들과 운하들을 위한 투자가 1750년대와 1760년대 초에 이루어졌다. 18세기에 영국은 거대한 식민제국을 만들었고, 많은 배들을 가지고 있어 어떤 장소든 제품들을 수출할 수 있었다. 성공적인 산업화의 중요한 요소는 해외에서 원하는 싼 제품을 생산할 수 있는 능력에 있었다. 유럽대륙은 그들의 산업을 보호했지만, 북아메리카와 동양 등에 위치한 식민지들은 값싼 제품을 원했으며, 영국에서 기계로 생산된 물건들은 그러한 수요를 충족시켰다.

산림은 오늘날과 같은 영국의 발전에 사회·경제적으로 중요한 열쇠였다. 특히 19세기에 산림으로부터 경제적인 이득은 대단히 컸다. 이 단원에서는 목재가 영국을 크게 발전시킨 산업혁명에 어떤 역할을 했는가 알아본다.

섬 유 산 업

18세기에 영국은 이미 가내공장에 의해 값싼 섬유제품을 다른 나라들보다 앞서 생산하고 있었다. 방적공과 직공(織工)에 의해 만들어진 초기 기계들이 제품을 생산하는데 사용됐다. 하지만 섬유산업의 팽창과 섬유제품에 대한 더 많은 수요는 새롭고 더 복잡한 기술을 요구했다. 방적기가 처음으로 산업혁명 초기인 1760년대 후반에 모습을 나타냈다. 증기기관이 방적기와 같은 기계류에 적당한 동력을 제공할 수 없어 기계들은 거대한 수차에 의해 작동되었다. 수차, 바퀴의 굴대, 톱니바퀴 및 방적기 등은 큰 참나무의 목재로 만들어졌다. 모직과 방적 공장 모두에서 사용되는 기계가 매우 크게 증가하여 많은 양의 목재를 소비했다. 섬유산업에 연료로 사용할 숯을 만들기 위한 목재의 소비가 또한 크게 증가했다.

운하와 농업의 발달

산업혁명 초에 주 에너지원은 흐르는 물이었다. 기계들이 흐르는 물의 운동에너지에 의지했기 때문에 대부분의 새로운 산업들은 강 가까이에 위치했다. 목재와 돌로 세워진 초기 공장들은 주변에 있는 다른 건물들과 조화를 이루었고, 사람들은 공장 근처에 사는 것이 유리하다고 생각했다. 이는 수월한 일터의 접근과 강가의 쾌적함을 뜻했으며, 산업지역은 주택, 상가 및 공장 건물들로 이루어졌다.

영국은 작은 나라로 해안으로부터 내륙지방까지의 거리가 육로로 운반해도 좋을 만큼 짧았지만 강들이 자연적인 장애물이었기 때문에 상대적으로 쉬운 운하가 건설되었다. 내륙지방은 풍부하고, 쉽게 얻을 수 있는 광산, 즉 석탄 및 철광석 등이 이용을 기다리고 있었다. 강과 운하는 산업을 위한 에너지원이었고, 운송과 산업을 위해 교통로로, 주민들에게는 유원지로도 제공됐다. 1759년 초에 석탄자원이 풍부한 지역과 맨체스터 사이에 운송비의 절감을 위한 첫 번째 운하가 건설되기 시작했다. 운하는 맨체스터에서 석탄의 가격을 반으로 절감시켰고, 많은 목재가 필요한 운하건설에 대한 열정이 영국의 모든 지역으로 확산되었다. 운하의 양 측면은 붕괴되는 것을 막기 위한 지지 벽을 세우기 위해 많은 목재말뚝이 사용되었다. 항해에 필요한 수문 또한 목재로 만들어야 했다.

운하들은 물건의 운송을 쉽게 하여 상업을 발전시켰고, 농업도 기업농업으로 발전시켜 많은 이익을 얻게 했다. 농업의 개선은 재투자를 위한 자본을 제공했고, 단위 면적 및 사람당 더 많은 생산을 가능하게 하였다. 개선된 농작물의 윤작은 더 이상 경작되지 않는 땅이 사라지게 하였다. 특히 밀을 생산한 다음 재배된 토끼풀과 순무는 토양의 회복과 함께 동물의 사료로 공급되었다. 동물, 특히 소와 양의 품종개량도 농업의 발달에 크게 공헌했다. 낙농업의 중요성 증가는 농촌지방에서도 얇게 만들어진 치즈를 평평하게 놓기 위한 목재마루 등에 많은 목재가 필요하게 했다. 농장주와 상인들은 1765년 운하건설 덕분에 농산물을 더 싼 가격으로 소비자들에게 공급할 수 있었다.

철 도

역사학자들은 철도가 1830년대와 1840년대에 유럽의 경제발전에 가장 크게 기여했다고 한다. 철도는 영국에서도 산업혁명의 성공에 크게 기여했다. 석탄과 철에 대한 수요는 철도산업의 성장을 촉진했고, 싸고 빠른 운송수단은 산업의 발전에 많은 영향을 미쳤다.

철도의 시작은 1500년대 초 독일의 광산에서 찾을 수 있고, 영국에서는 1600년 이후에 석탄광산에서 석탄을 가득 실은 작은 손수레가 목재로 만든 궤도를 따라 이동했다. 18세기 초에는 말들이 더 많은 화물을 운반하기 위해 마차 길로 불리는 궤도를 따라 달렸다. 목재로 만든 궤도는 곧고 평행하였으며 정확히 초기의 철로였다. 말들은 바퀴가 4개인 수레들을 궤도가 있는 마차 길을 따라 끌었고, 마차 길은 석탄의 운반을 크게 개선하였다.

영국은 많은 철도와 운하 건설로 좋은 운송수단과 함께 산업의 동력이 필요했다. 증기엔진은 18세기에 석탄광산에서 물을 퍼내기 위해 사용되었고, 1769년에 제임스 와트가 처음으로 피스톤을 움직이기 위한 증기의 사용으로 연료를 크게 줄였다. 증기엔진의 철도에 대한 응용은 1829년에 스티븐슨이 바퀴에 직접 연결된 피스톤을 증기압으로 움직이게 했다. 기술의 발달과 함께 철로 만든 철도가 개발되었고, 1830년에는 영국에서 최초로 철도가 건설되었다. 1843년에 영국은 3000km의 철도를 건설하였고, 운하와 함께 모든 중요한 도시들을 더 효과적으로 연결하였다. 하지만 철도 또한 많은 목재를 침목과 다리 건설에 사용했다.

철 산업의 목재부족과 석탄혁명

18세기에 철 산업들은 감소된 목재의 공급량을 가지고 마차 길, 철도와 운하 건설, 사과주스와 치즈 생산 및 섬유산업 등과 경쟁해야 했다. 목재의 비싼 가격과 확보하는 데 어려움에도 불구하고 수입 철에 대한 높은 관세는 철 제련소 소유자들에게 많은 이익을 보장했다. 따라서 철 제련소의 목재에 대한 수요는 매우 컸다. 1톤의 철광석을 녹이기 위해 3톤의 목재가 필요했고 하나의 철 용광로는 40일에 반지름이 1.4km보다 더 넓은 지역에서 벌채된 목재의 양을 필요로 했다. 따라서 석탄혁명은 산림에 매우 중요했다. 1709년은 석탄이 철을 녹이는데 목재 대신에 최초로 사용된 해이다. 그러나 세기의 중반까지 석탄의 사용은 일반적이지 않았고, 석탄광산의 받침목으로 많은 목재가 필요했기 때문에 생각했던 것보다 산림에 좋은 영향을 주지 못했다.

영국에서 철 산업에 석탄의 사용은 인류문명의 흐름을 변화시켰다. 철용광로들은 충분한 숯의 확보가 어렵고 가격이 비쌌지만, 석탄은 풍부했고 싼 가격으로 팔렸다. 영국에는 많은 철광석이 있었으나 18세기 초까지 철을 생산하기 위한 기본 공정이 거의 변하지 않고, 목재로 만든 숯에 의지했다. 하지만 목재가 예전보다 더 부족하게 되므로 많은 사람들이 철 제련소에서 석탄을 사용하기 위해 노력했지만, 석탄이 철광석에 직접 접촉되므로 석탄의 불순물이 철을 오염되게 했다. 18세기 초에는 주철을 생산하기 위해 철광석을 제련하는 새로운 방법이 석탄으로부터 파생된 코크스의 사용에 기초하여 고안되었다. 주철을 생산하기 위해 유황과 다른 원하지 않는 성분들을 제거한 코크스라 불리는 순화된 석탄의 사용은 철 제련을 만족스럽게 했다. 숯 대신에 코크스로 만든 석탄의 사용으로 절약된 돈은 일반 국민들에게 철로 만든 병, 주전자 및 스토브 등을 공급할 수 있게 했다.

숯에 대한 의존으로부터 자유로워진 영국의 주철 생산량은 1750년경에 3배가 되었다. 더 좋은 품질의 철 생산은 주철에 있는 불순물을 태워버리기 위해 코크스가 사용된 무쇠 정련법(puddling)이라 불리는 방법이 개발된 1780년대까지 불가능했다. 그 후에 영국의 철 산업은 급속히 발전했다. 영국은 1740년에 철을 17000톤 생산했지만 1780년대는 7만 톤을 생산했다. 1840년경 2백만 톤 이상을 생산했고, 1852년에는 다른 나라의 생산량 모두를 합친 것보다 많은 거의 3백만 톤을 생산했다. 철 산업의 발달은 새로운 기계들에 대한 수요를 충족시켰다. 무쇠 정련법에 의해 생산된 품질이 좋은 연철은 1860년에 더 싼 강철이 생산될 때까지 사용되었다. 가격이 싼 철의 공급은 특히 새로운 운송수단 등과 같이 다른 산업에도 철로 만든 기계류의 사용을 장려했다.

목재로부터 해방은 철의 생산량을 크게 증가시켰다. 철의 소비가 크게 증가되었지만 철 수입을 크게 줄일 수 있었고, 영국은 철 제련에 석탄의 사용으로 세계의 산업중심이 되었다. 석탄혁명은 영국이 목재시대로부터 철기시대에 돌입하게 했다. 다리, 보, 기계류 및 배들이 철로 만들어진 것과 같이 철도 레일이 목재로 만든 예전의 것들을 대신했다. 철과 석탄의 이용은 문명의 중요한 건축재 및 연료로서 목재의 위치를 잃게 했지만 목재가 석탄혁명을 만들었다. 목재를 사용한 버팀목은 광산의 갱도를 지지하여 석탄을 채굴할 수 있게 했다. 석탄은 철로 만든 것들에 의해 대치될 때까지 목재로 만든 수레에 의해 목재로 만든 레일 및 목재로 만든 운하의 수문을 통과하여 목재로 만든 배로 제철소에 운반되었다.

산업혁명과 배

영국은 좋은 항구들이 모든 해안에 위치하였고, 바다에는 2세기에 걸친 노력으로 세계에서 가장 많은 6천 척의 배와 10만 명으로 추정되는 선원을 가진 상선 선대가 있었다. 이들은 영국의 식민지, 스페인과 포르투갈의 식민지, 중국 및 서아프리카와 무역을 했고, 상인계급은 많은 자본을 축적했다.

기술의 발달과 함께 1840년에 최초로 대양을 횡단한 증기여객선은 브리타니아호이다. 돛배의 모습이 증기를 위해 약간 수정되었고, 보조 돛의 필요성은 감소되었다. 증기선은 미래의 배였고, 돛배는 과거의 것이 되었다. 초기 증기선들은 장거리를 항해하기 위해 그들이 운반할 수 있는 것보다 더 많은 석탄이 필요했기 때문에 처음에는 반이 증기선이고, 반은 돛배인 절충식이었다. 석탄이 떨어지거나 바람을 이용할 수 있을 때 선원들은 돛을 올렸다. 또한 석탄의 사용으로 철 산업은 크게 성장하였고, 철로 만든 배가 출현하였다. 최초의 철로 만든 배는 19세기 초에 건조되었으나 1837년까지 상업적으로 성공하지 못했다. 최초의 철로 만든 전함이 1860년에 건조되었고 조금 뒤 철로 만든 배가 눈에 띄게 증가했다.

산업혁명과 주택

산업혁명 초기에 도시노동자들의 주택은 농촌사회의 주택과 매우 유사했다. 노동자들은 작은 집에서 살았지만, 그들의 고용주들은 지주계급의 장원을 모방한 별장주택에 거주했다. 하지만 노동자들은 산업혁명과 함께 많은 변화를 경험했다. 노동자들은 더 이상 음식을 제공할 뜰을 가지고 있지 않았다. 이는 생활하는데 완전히 임금에 의지해야만 하는 것을 의미했다. 일자리를 찾기 위해 오는 많은 노동자들의 유입으로 산업화된 도시들은 쾌적함과 편리함을 제공하지 못했다. 19세기에 산업화는 불결한 도시환경을 만들었다. 복잡한 도시들은 전염병들의 번식장소가 되었고, 1832년에 콜레라가 매우 빠르게 영국 전체에 퍼졌다.

도시들은 농촌으로부터 노동자들의 유입으로 많은 주택이 필요했다. 새로운 주택의 수요는 중류계급의 주택을 셋집으로 전환시켰으나 새로운 주택의 건설 또한 이루어졌다. 17세기와 18세기에는 주택에 대한 건축기술이 발달했고, 새로운 이주자들을 위한 숙박시설의 수요증가를 충족시키기 위해 건축가들은 전통적인 농장 노동자들의 오두막과 18세기 농촌의 소작인 주택들을 모방하였다. 이들 주택들은 위생시설이 부적절했다. 배수구는 없거나 막혀있어 공급된 물이 오염되었다. 작은 뜰이 주택 앞과 뒤로 있는 농장의 노동자 오두막에 비해 새로운 노동자의 주택은 뒤에 작은 뜰만 있었다. 또한 거실과 부엌이 1층에 있었고 2층에 거실이 있던 2층집으로 수세기 이상 발전된 농촌주택은 방의 구석에 침대를 설치한 것이 최상인 단칸방 주택으로 퇴보해서 쾌적함이 부족하게 되었다. 도시에서 주택의 수요증가는 공동 연립주택을 건축하게 했다. 공동 연립주택은 한 면을 제외한 3면이 모두 이웃과 연결되었다. 이 주택 형태 또한 농촌주택으로부터 모방됐다. 농촌에서는 공동 연립주택이 1706년에 최초로 건설되었다. 일반적으로 공동 연립주택은 1층에 식당과 거실이 있었고 2층에 2개의 침실이 있었으며 하나의 출입구와 함께 모든 창들이 출입구 쪽에 있었다. 토지의 이용효율을 최대로 하기 위해 도시의 공동 연립주택은 거리에 수직으로 세웠고 좁고 환기가 잘 안 되는 통로에 의해 서로 분리되었다. 안뜰 뒤에 공동화장실이 있어 하나의 화장실은 보통 7가족이 사용했다.

19세기에는 또한 결혼하지 않은 남성과 여성을 위한 주택의 수요가 크게 증가했다. 하녀는 물론 견습공과 노동자들은 숙소가 제공되지 않아 다른 노동자들의 가정에서 하숙을 해야만 했다. 19세기 중엽에는 노동자 가정을 위한 고층의 셋집들이 런던에 처음으로 모습을 보였다. 1850년에 완성된 건물은 뒤에 위치한 트인 복도를 통해 출입할 수 있는 아파트(flat)들로 구성되었다. 5층 높이의 건물은 U자 모양이었고, 큰 안뜰을 둘러싸고 있었다. 트인 회랑(回廊)들은 안뜰을 바라보았고 넓은 계단에 의해 거리에 접한 출입구와 연결되었다. 전형적인 주택은 좁은 현관을 통해 출입했고, 부엌, 화장실 및 작은 침실은 복도를 향해 창문이 있었으나 거실과 큰 침실은 거리를 향한 면으로부터 환기가 되고 빛이 들어왔다.

의회는 1855년에 주택의 위생기준에 관한 조례를 제정했다. 새로운 위생규정들을 만족시키기 위해 건물 뒤에 작은 뜰과 화장실이 있는 2층 주택들이 개발됐다. 하지만 나무가 없는 거리에 줄지어선 이들 주택은 단조로운 도시환경을 만들었다.

도시 주변지역의 별장주택

공동 연립주택은 19세기에 모든 소득집단들의 거주에 사용되었으나 19세기 중엽 이후에는 공동 연립주택의 인기가 하락하기 시작했다. 공동 연립주택의 역할은 점차 별장주택(villa)이 대신했다. 18세기 말에 영국에서 부유한 가정들은 혼잡하고, 오염되었으며, 범죄로 고통을 받는 도시를 떠나기 시작했다. 이러한 경향은 시장과 의회 등 투표로 선출되는 직책들의 자격조건이 그 사회에 있는 주택에 직접 거주해야만 한다는 사실이 촉진했다. 그로인해 부유한 상인, 법관, 은행가 및 소매상인 등의 집단들이 농촌지방으로 거주를 위해 이주했다.

초기에는 자신들의 운송수단을 가진 가정들이 농촌으로 이사할 수 있었고, 매일 도시로 출근할 필요가 없다면 더욱 도움이 되었다. 승합마차와 함께 철도 등 교통기관의 발달은 도시 가장자리에 큰 정원이 있는 별장주택을 많은 집단이 소유할 수 있게 했다.

별장주택은 2층으로 중앙에 위치한 출입구가 현관으로 이어졌고, 현관의 측면에 방들이 있었다. 침실 및 목욕탕은 2층에 있었고, 부엌과 식료품 저장실 등은 지하에 있었다. 종종 부엌과 다른 편리한 공간들이 주택의 뒤나 정원으로 통하는 1층 뒷부분에 있어 응접실로부터 보이지 않게 벽으로 가렸다.

별장주택의 인기는 구입할 수 있는 사람들의 범위를 확대시키고 적은 건축비용으로 이익을 증대시키기 위해 빅토리아시대에 건축가들은 공동 연립주택과 농장 노동자들의 주택 요소들을 채택했다. 특히 공동 연립주택의 지하부엌과 농장의 노동자 주택으로부터 반 분리형주택이 채택됐다. 중간계급 이하의 별장주택 출현은 1877년과 1887년 사이에 주택의 건축을 크게 증가시켰다. 런던은 별장지대의 거대한 반점들로 둘러싸였고, 이들 새로운 주택들은 이상적인 주택이 되었다.

19세기에 도시 교외지역의 발달

도시 교외지역의 별장주택과 분리형주택의 인기로 새로운 주거양식이 출현했다. 조용하고 자연적인 농촌지방에서 위생적인 생활환경과 큰 도시에 가까움은 도시에 있는 직장에 대한 부담을 경감시키고, 상업・문화적인 기회들을 증가시켰다. 19세기는 방어에 대한 고려들이 더 이상 도시의 팽창을 제한하지 않았다. 도시의 팽창은 상대적으로 자유롭게 되었다. 부유한 사람들을 위한 주택이 있는 도시 교외지역은 팽창하는 도시가 차지했고, 이는 철도가 지나고 복잡했던 노동자들의 주택이 도시의 경계를 넘어 팽창했기 때문이다. 따라서 교통의 혼잡, 오염 및 소음 문제가 도시의 외곽지역에서도 발생되게 되었다.

도시들의 팽창은 큰 면적의 산림도 차지했고, 농장은 도시로부터 점차 멀어졌다. 도시를 둘러싸고 있던 교외지역은 더 도시를 질식시키기 위해 위협하는 올가미를 닮았고, 주민들은 중세도시들이 자유, 안전 및 기회들을 제공했던 과거를 회상했다. 점차 도시 거주자들은 산업화에 영향을 받지 않고 도시로부터 농촌지방까지 가까운 거리에 위치하고 있으며, 자연환경을 보존하고 있는 도시에 살고 있는 사람들을 부러워하기 시작했다.

자연환경은 19세기 말 산업발달에 영향을 받은 도시 거주자들을 사로잡았다. 많은 중류가정들은 새로운 사회에 거주하기 위해 노력하였다. 종종 부유한 가정들의 주거사회에서 배타는 극단으로 흘렀다. 예를 들면 별장주택지역의 출입구는 원하지 않는 사람들의 출입을 막기 위해 제복을 입은 문지기에 의해 지켜지는 문들로 경계를 구분했다.

산업혁명과 가구

18세기에 러시아, 덴마크, 네덜란드, 플랑드르, 폴란드, 스페인 및 포르투갈은 영국가구의 중요한 수입국으로 알려지고 있다. 18세기 초에 수출한 가구 형태는 케비넷, 의자, 옷장, 책상, 시계 케이스, 거울, 액자 등이 포함됐다. 가구는 해외의 고객을 위해 종종 특별히 디자인되었다. 특히 선명한 색깔로 칠한 가구가 스페인으로 수출됐다. 또한 가구수출에 매우 중요한 지역은 영국의 식민지들이었다. 많은 가구가 부유한 미국의 남부지역에 보내졌고, 그 대신에 농산물들과 다른 원료들을 가져갔다.

18세기에는 런던의 많은 사람들이 직장 가까이에서 매주 집세를 내는 세입자로서 살았다. 주인들은 세입자들이 가구를 가지고 도망가는 경우가 있어 가구를 제공하지 않았기 때문에 월부구입방식으로 가구의 거래가 이루어졌다. 또한 1700년대는 가구디자인에 중요한 변화가 시작되었다. 곡선이 역사상 최초로 구조와 장식 모두에서 기본이 되었다. 그 결과로 곡선이 인기를 잃을 때까지 앤여왕스타일과 로코코스타일이 유행했다. 실내장식들에는 중국양식과 고딕양식이 함께 사용되었다. 1730년경에 인기를 잃었던 옻칠이 1750년경에 다시 채택되었으나 곧바로 신고전주의라는 적을 만났다. 1760년경에는 로코코스타일에 실증을 느꼈고, 신고전주의가 1770년에 모습을 나타냈다. 그럼에도 불구하고 다음 세기 초에 건축 양식과 장식은 중국양식(Chinoiserie)의 유행을 일으키기에 충분한 강점이 남아있었다.

그림 9-9와 같은 고딕양식은 양식 자체가 영국에서 결코 완전히 사라지지 않고, 지방의 건축가들 손에 그 때까지도 남아 있어 중국양식보다 더 진지하게 항상 받아들였다. 처음에는 실내장식에서 성공을 거두었다. 신고전주의는 새로운 지적이고 도덕적인 요소들을 순수하게 결합시켰다. 정신적인 요소가 특히 신고전주의 발달에서 눈에 띈다. 신고전주의는 항상 교훈적이었고, 예술과 함께 사회청결을 목적으로 하였다.

그림 9-9. 고딕양식의 등받이가 있는 의자

1830년대 이후에는 예전보다 생활에서 격식을 차리지 않았고, 변화가 가구설계에서 분명하게 나타났다. 자연주의는 앉는 가구의 특징인 둥근 모양과 함께 스프링을 사용한 천으로 만든 가구의 소개와 같은 중요한 기술혁신으로 나타났다. 스프링과 천을 사용하여 만든 가구의 특허는 1828년에 프래트(Samuel Pratt)가 받았지만 기술혁신은 느리게 이루어졌다. 스프링과 천을 사용하여 만든 가구는 새로운 재료들을 찾았고, 이 시기에 새로운 공정이 개발되었다. 하나의 중요한 기술혁신은 1840년대에 목재로부터 철로 침대를 만들기 시작하면서 이루어졌다. 오래된 목재 침대는 벌레들과 위생적인 이유로 적어도 1년에 한번 완전히 분해해야 했기 때문에 금속으로 만든 침대가 크게 성공을 거두었고, 1850년대 중반에 영국에서 제조업의 중요한 부분이 되었다. 금속은 또한 의자를 만드는데도 이용되었다. 그림 9-10과 같이 관으로 만든 흔들의자는 매우 정교했다. 또한 천으로 덮고 정교하게 철로 만든 다른 형태의 안락의자가 있었고, 상업적으로 1960년대에 다시 생산되었다.

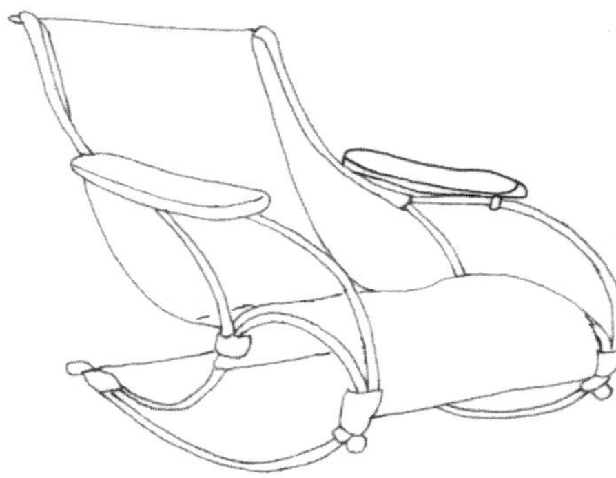

그림 9-10. 빅토리아시대에 금속으로 만든 흔들의자

1835년에서 1870년 사이에 특히 인기가 있었던 재료는 송진과 기름을 먹인 딱딱한 종이인 혼응지로 18세기에 알려졌고, 빅토리아시대에는 예전보다 더 큰 크기로 사용되었다. 혼응지는 가격이 싸고 칠기장식에 좋은 바탕을 제공하여 자개로 정교한 상감세공을 하기 쉽게 했다. 주로 작은 물건들과 가벼운 가구인 등나무로 엮은 의자의 좌석, 열방지용 칸막이, 작은 테이블 등에 사용했다. 종종 더 화려한 제품들에 사용되었으나 이들은 혼응지 패널을 지지하기 위해 보통 금속이나 목재로 만든 뼈대를 사용했다.

빅토리아시대 가구

5천년 이상 가구는 손으로 정교하게 만들어져왔지만 1850년경에 수공예는 쇠퇴하기 시작했다. 이는 산업화와 대량생산을 위한 압력 및 작업조건의 열악성 때문이었다. 1829년경에는 베니어를 자르기 위해 증기로 추진되는 기계의 사용이 비용을 크게 줄였고, 단판으로 만든 가구시장을 넓혔다. 로터리 레이스의 이용은 모든 조각된 물건을 더 쉽게 생산하게 했다. 조각장식에 대한 싫증은 특정 작업에서 전통기술을 돌이킬 수 없게 했지만 시간과 기술이 값비싼 재료의 사용과 함께 종종 가구를 만드는데 요구되었다. 하이패션가구가 교회, 부유층 등 상류계층에 의해 요구되어 왔다. 또한 빅토리아시대인 1837년과 1901년 사이에 모든 유럽의 나라들은 과거 양식의 재사용이 유행했다. 19세기에 변화는 제조기술, 사회구조 및 마음가짐에서 일어났고, 변화를 가장 잘 받아들인 것 중에 하나가 가구였다.

예술가구가 빅토리아시대의 실내에 아름다움을 위해 만들어졌다. 동양의 영향으로 뚜렷한 기하학적 형태를 가진 가구가 검게 칠해졌다. 곧은 선, 가느다란 지지 점, 격자세공 무늬 및 굴대들이 사용되었고, 1880년경에는 동양으로부터의 영향이 최고점에 이르렀다. 예술가구 또한 중세의 고딕양식으로부터 영향을 받았다. 영국에서 유미주의운동의 가장 영향력이 있는 디자이너들 중에 하나였던 탈버트(Talbert)는 고딕양식으로 가구를 디자인하기 시작했다. 얇은 돋음 세공으로 조각한 뼈대를 사용한 구조는 접착제 대신 장부, 쐐기 및 철로 만든 클램프로 거짓 없이 보이려 했다. 단지 광택이 나는 단판들이 빈약한 구조를 감추었고, 둥근 형태와 화려한 조각 및 광택이 있는 마무리 칠은 피했다.

이스트레이크(Eastlake)는 그림 9-11과 같은 가구디자인에 고딕양식을 선호했다. 그는 특히 보이는 결구가 있는 패널 및 판재로 만든 구조를 좋아했고, 가구는 윤을 내지 않았다. 직선으로 둘러싸인 이스트레이크스타일 가구에 가장 일반적인 장식은 톱니모양의 기하학적 조각, 거꾸로 된 굴대 등으로 동양으로부터 영향을 받은 양식과는 달랐다.

그림 9-11. 등나무로 좌석을 만든 이스트레이크스타일 의자

산업화와 가구

19세기의 산업화는 어떤 시대보다 더 경제적이고 효과적으로 가구를 만들 수 있는 수단들을 제공했다. 기계류는 손으로 하던 느린 공정들을 빠르게 했다. 새로운 제조방법들은 또한 모든 사람들이 살 수 있는 화려한 가구를 만들 수 있게 했다. 기계가 만든 제품이 시장에 넘쳐났고, 손으로 만든 제품은 높은 품질의 조각과 마무리가 요구되어 매우 비쌌고, 단지 사치품과 관계가 있었다.

산업화는 생산방법을 발전시킨 반면에 가구스타일은 놀랍게도 적게 발전시켰다. 기계로 생산된 장식과 예술적인 물건들이 소비자들이 사로잡았다. 대량생산은 물건들이 유행하지 않으면 폐기해야 하므로 소비자 중심주의를 탄생시켰다.

재료와 기술이 변했지만 물건들은 근본적으로 같았다. 부자들이 예술가구로 거실을 채웠다면 가난한 사람들은 모조품을 원했다. 부자들이 청동으로 만든 예술적인 가구들을 가지고 있었다면 가난한 사람들은 무쇠로 만든 같은 모양을 원했다. 계급과 관계없이 거의 모든 사람들이 가구로 실내를 채울 수 있었다.

공예미술운동과 유미주의운동

산업혁명 중에 영국은 빠른 변화, 특히 가구와 같은 장식예술에 갑작스런 변화를 경험했다. 역사적으로 가장 장식적인 예술품은 주의 깊게 디자인되었고 손으로 만들어 비쌌다. 복제되고 기계에 의해 대량생산된 가구는 새로운 중산계급이 살 수 있었지만 산업화된 사회는 물질적인 이득과 함께 또 다른 비용을 지불했다. 철도들과 공장들은 도시의 가난한 사람들이 살기에 알맞지 않은 조건, 오염 및 질병을 가져왔다. 공예미술운동은 빅토리아시대의 예술, 취향 및 악화된 사회조건의 반작용으로 나타났다. 공예미술운동은 19세기 후반에 공정 및 제품을 변화시키고 작업공정을 통해 정신적인 조화를 촉진시키기 위한 대안을 찾았다. 선구자들은 기계에 의한 획일 대신에 손으로 만든 가구의 창작과 디자인 재료의 재평가 및 개인주의를 장려했다.

공예미술운동의 많은 미적 개념들을 공유한 관계되는 현상을 유미주의운동이라 불렀다. 유미주의운동은 패션이 선도했고, 동양의 디자인이 자극했다. 하지만 빅토리아시대에 친숙한 어떤 것과는 완전히 달랐고, 동양 예술에 대한 흥미가 강했다.

9.5 유럽대륙의 산업혁명과 목재

19세기 초에 프랑스, 독일 등 유럽의 국가들은 농업국가였지만 19세기에 유럽대륙의 일부 국가가 영국과 비슷한 발달을 경험했다. 그들은 인구증가, 농업의 개선, 가내공업을 확장시키고 해외교역을 발전시켰다. 유럽대륙은 영국의 산업혁명을 가능하게 했던 장점들을 가지고 있지 않았다. 좋은 도로와 강의 부족은 운송을 어렵게 했고, 중요한 강들의 통행료 및 관세들은 비용을 증가시켰다. 영국 기업가들과 다르게 유럽대륙의 기업가들은 또한 경쟁과 위험한 투자를 꺼렸다. 1790년과 1812년 사이에 프랑스혁명과 나폴레옹전쟁도 유럽대륙의 산업화에 장애가 되었다. 인구증가는 영국보다 빠르게 진행되었고, 인구증가로 농촌에서 실업이 증가하여 굶주림에 지친 농장 노동자들이 도시로 유입되기 시작했고, 결과적으로 많은 나라들이 산업화를 원하게 됐다. 1830년 이후에 네덜란드, 프러시아 및 프랑스 정부는 산업박람회 지원과 함께 발명가에 장려금을 주었고, 기술 및 과학 학교를 세웠으며, 외국시찰 경비를 지원했다. 은행체제의 개선은 기업에 투자할 자본을 쉽게 동원할 수 있도록 했고, 영국사람들의 투자도 유럽대륙에서 크게 이루어지게 했다.

운송수단의 발달

운송수단의 발달은 유럽대륙의 산업혁명에 열쇠였고, 그에 대한 첫 출발로 도로건설, 강 준설 및 운하건설이 이루어졌다. 증기선의 소개는 강을 통한 운송수단으로 중요했고, 프랑스는 1848년의 혁명전에 수천 킬로미터의 운하를 건설하였다. 1830년에 영국에서 처음으로 건설된 철도가 유럽대륙에서도 건설되었다. 벨기에는 나라를 관통하는 두 개의 철도를 유럽대륙에서 맨 처음으로 건설했고, 프랑스는 1860년에 철도를 완성했으며, 독일은 프랑스보다 10년 정도 일찍 철도를 건설하였다. 철도는 많은 양의 목재를 침목과 다리 건설에 필요로 했다. 유럽에서는 1840년부터 1880년 사이에 약 16만km의 철도가 건설되어 많은 양의 목재를 사용했다. 전화는 1876년에 특허를 얻었고, 전화를 위한 전봇대로 많은 목재가 또한 필요했다.

다리의 발달

중세부터 15세기말까지 목재다리는 제한적으로 만들어졌고, 19세기까지는 큰 발전이 없었다. 목재로 만든 아치형 다리와 트러스 다리 등 적은 수의 목재다리가 있었다. 아치형 다리는 스팬길이가 약 30m까지 가능했고, 반면에 트러스 다리는 15~18m 범위에서 사용이 가능했다. 목재가 다리 발전에 기여했지만 18세기 이후에 유럽에서는 더 이상 목재로 만든 다리가 발전되지 않았다.

18세기는 다리를 포함한 토목공사가 중심이 된 급속한 발달의 시기였고, 토목공학이 직업으로 인식되었던 시기였다. 유럽대륙에서는 특히 프랑스가 토목공학이 발달했고, 스팬길이가 20~45m에 달하는 많은 목재다리를 건설했다. 대부분의 프랑스 다리는 수평인 바닥과 아치로 특징지어지고 판재의 여러 층을 서로 꺾쇠로 고정시켜 만들었다. 지붕으로 덮은 다리가 유럽에서 일반적인 특징은 아니었지만 적은 수가 스위스에서 만들어졌다. 여러 유명한 다리들이 18세기에 유럽에서 만들어졌지만 가장 중요한 목재다리의 발달은 세기 후반에 미국에서 있었다.

산림의 사회 · 경제적 영향

산림은 오늘날과 같은 유럽대륙의 발전에 경제적으로 중요한 열쇠였다. 산림은 사회적으로도 중요한 역할을 했다. 프랑스와 독일에서는 산림소유주와 산림이용을 계속하려는 사람들 사이에 충돌이 끊이지 않았다. 독일만이 산림의 소유자가 땅에 대한 권리를 확대하려는 유일한 나라가 아니었고, 프랑스 농부들 역시 19세기까지 산림을 계속 이용하고자 했다. 저항은 나무 파괴, 도벌 및 침입 등의 형태였고, 위반자는 주로 농부들이었다. 도로가 산림을 관통하여 생겼고, 산적과 범법자는 산림에서 안전한 안식처를 발견했으며, 범죄가 널리 퍼졌다. 침입자와 사냥터지기, 밀수업자와 세관원, 농부와 산림감시원 사이에 충돌했지만, 농촌사람들은 산림이용에 대한 전통을 지키려고 노력했다.

프랑스혁명 때 군주의 산림이 국유림에 포함되었다. 농촌사람들은 산림이 공유지가 되는 것으로 생각하여 목재와 연료를 위해 산림을 파괴했으며, 혁명군은 파리근처에서 도벌된 나무를 찾기 위해 많은 시간들을 허비해야 했다. 1795년과 1796년 겨울의 강추위는 프랑스 전체에서 산림에 대한 범죄를 크게 증가시켰고, 1850년 이후에야 감소하기 시작했다. 그러나 이 시기에도 산림이용에 대한 전통은 남아있었고, 농촌의 가난한 사람들은 산림감시원을 적으로 계속 생각했지만 세기말에 산림범죄는 거의 사라졌다.

농촌에서 소요와 저항은 알프스산맥 북쪽의 대부분 지역에서도 반복적으로 일어났다. 대부분이 산림에서 전에 갖고 있던 권리를 회복하고자 하는 요구였다. 목재의 가격상승과 산림소유자의 억압으로 목재에 대한 범죄가 증가했다. 프러시아에서는 모든 기소의 5/6가 도벌과 관계있었다. 산림에 대한 공유권의 억압은 사회-경제적 현실을 고려하게 하는 계기가 되게 했고, 사회주의운동을 유도했다.

산업혁명과 아파트건물

유럽대륙은 19세기에 도시인구의 증가로 도시의 주거지역 확장이 영국과 다른 형태로 전개되었다. 런던에서 주거지역의 팽창은 수평적이었지만 유럽대륙에서 수평적 도시 확장은 땅의 부족과 이미 존재하는 방어용 시설들의 이동에 따른 많은 비용으로 제한되었기 때문에 대부분의 시민들이 아파트형 주택에서 살기 시작했다.

19세기 말에 파리의 아파트형 주택들은 단순한 셋집과 분명히 다르게 고도로 세련된 도시의 고층건물들로 발전했다. 나무들이 많이 있는 거리를 따라 웅장한 전면 및 중앙난방체계와 엘리베이터 등의 편리함으로 아파트는 유산계급과 함께 상류계급을 위한 매력적인 거주 대안이 되었다.

아파트 거주를 대안으로 받아들인 이유들 중에 다른 하나는 공동연립주택을 위한 부지가 파리의 재개발이 있은 다음 매우 비쌌고, 또한 개인용 자동차가 사용되기 전에는 도시 교외의 별장주택으로부터 도시의 중심지까지 거리가 너무 멀었다. 그러나 가장 중요한 이유는 나무가 많이 있는 거리들에 있었다. 넓고 나무가 많이 있는 길은 아파트에 쾌적한 조망을 제공했다.

파리의 아파트형 주택은 인구가 크게 증가한 18세기와 19세기에 많은 변화를 경험했다. 여러 세대용 임대건물들이 증가하는 주민들의 거주를 위해 도시 안에 세워졌다. 1817년의 통계 자료는 파리에서 224,922 가정들이 26,751 주택에 거주했다. 이는 한 집에 약 8가정 이상이 살았음을 의미한다. 다세대주택들의 많은 수는 빽빽이 들어찬 셋집이었으나 많은 수가 아파트형 주택이었고, 19세기말과 20세기 초에는 아파트 건물이 파리의 특징이 되었다.

1800년대 초에 파리의 아파트 주택들은 주로 거주와 1층에 상업시설이 있는 혼합된 토지사용에 기초했다. 아파트 주택들의 1층은 보통 주 출입구나 지붕이 있는 현관의 차대는 곳을 제외하고 상업용도로 사용되었다. 초기 아파트 건물의 특징은 지하층에서도 상업 활동을 했다. 아파트들은 항상 수위가 감시하는 정문을 지나 계단을 통해 들어갔다. 일반적으로 주택들은 거리나 안뜰로 향해 열리는 창이 있어 사생활을 즐길 수 있도록 배치했다. 아파트는 또한 광범위한 소득집단이 거주했다. 1층은 엘리베이터가 소개되기 전에 가장 좋아하는 층이었다. 거리보다 높은 위치는 행인들로부터 사생활을 보호했으나, 계단을 올라 출입하게 했다. 천장과 창문의 높이는 건물의 위쪽으로 향할수록 낮아졌고, 엘리베이터가 없는 아파트는 집세가 낮았다. 외관은 박공 창을 가지고 있어 평평했으나 종종 창들 사이에 위치한 기둥들이 장식으로 사용되었다.

전형적인 아파트는 주 침실과 객실이 거리를 향해 있었고, 식당이 안뜰을 향해 위치했으며, 보조 침실들은 부엌을 포함한 사무실들과 함께 건물 측면에 위치했다. 식당은 앉아서 식사하는 동안 후원을 볼 수 있는 유일한 장소였다. 부인들이 사용했던 내실과 침실은 거리 정면을 따라 위치했고, 많은 시간을 침실에서 보냈으며, 침실은 취향에 따라 장식됐다. 내실의 기능은 작은 응접실이었고, 출입이 허용된 사람만 출입했으며, 안주인이 쉬는 장소였다.

19세기 후반에는 현대식이고 위생적인 설비들이 파리의 아파트 주택에 소개되었다. 부엌에는 큰 벽난로, 큰 테이블 및 가정용품을 위한 선반이 설치되었다. 이들 새로운 건물들은 부유한 사람들을 위해 설계되었다.

아파트 건물들은 1914년의 제 1차 세계대전과 함께 갑작스럽게 사라지게 되었다. 단지 사치스런 아파트들이 세워져 엘리트들을 만족스럽게 했고, 이들 건물에서 상업 활동은 더 이상 허용되지 않았으며, 상류층들만을 위한 순수한 주거건물이 되었다. 아파트들은 전통방식대로 침실과 객실이 거리를 향해 배치되었고, 식당, 보조 침실 및 부엌은 안뜰을 향해 위치했다.

파리에서는 아파트 건물들의 3가지 특징들이 아파트들의 생존에 공헌했다. 첫째로 파리는 쾌적한 거리를 가지고 있었고, 아파트 주택이 매력적인 장소가 되도록 많은 나무가 있는 독특한 도시였다. 두 번째는 아파트 건물의 최대 높이를 약 20m로 제한하여 6층을 초과하는 건물이 거의 없었다. 이 높이의 건물들은 거리의 폭 크기에 적당하여 아파트 거주자들을 위해 햇빛 및 공기들이 적당히 들게 하였다. 사치스런 것들을 제외한 아파트 건물들은 거의 순수한 주거용이 드물었고, 상업적인 토지이용도 같이 이루어졌다. 마지막으로 19세기의 도시주택에서 중요한 특징은 가장 사치스런 것들을 제외한 아파트 주택에서 거주자들의 사회·경제적 혼합으로 넓은 범위의 소득집단이 함께 거주했다.

9.6. 악기의 발달

악기의 근본적인 변화가 17세기에 일어났고, 연주자들은 청중을 감동시키려 했다. 그러한 경향들로 16세기의 서정적인 합창곡은 극음악(musical drama)이 대신했다. 다음방식은 인간의 마음과 감정을 더 잘 표현할 수 있는 독창이 대신했다. 다음방식은 목소리나 악기들을 이용했지만, 독창은 기쁨부터 슬픔까지 빠른 변화와 감정을 표현하기 위해 넓은 음역이 요구되었다. 노래는 표현방법의 자연스런 수단이었고, 악기들은 인간과 같은 소리를 낼 수 있는 것을 기준으로 선택되었다.

첫 번째 변화는 오보에와 같은 악기들의 추방으로, 이들은 더 높은 옥타브로 소리를 낼 수 없어 새로운 방식에 적당하지 않았다. 동시에 크로모른과 풍적 등도 더 이상 사용되지 않았다. 이 시대의 경향은 그림에서처럼 음악에서도 뚜렷한 차이를 보이는 색깔로의 변화를 의미했다. 17세기에 그림에서 단색화법의 지배하는 색을 선호했던 것과 같이 음악에서 지배하는 색은 활로 켜는 악기의 음색이었다.

바이올린의 기원은 추정하기 어렵지만, 여러 악기들의 형성에 이바지했다. 바이올린은 인간과 같이 두 개의 같은 소리를 내지 않고 그들의 유사함은 어떤 체계로 분류할 수 없지만, 바이올린의 구조는 중요한 청각

현상에 좌우된다. 몸체의 기능은 활로 켜는 줄들의 진동들을 얻는데 제한되지 않고 더 넓은 표면으로부터 소리를 방사한다. 바이올린들은 3천에서 6천 사이의 진동수를 가지고 있고, 좋은 바이올린은 진동수가 크며 고르게 퍼진다. 류트가 1750년경까지 연주되었고, 특히 쇠퇴는 기타의 상승을 수반했다. 단순한 악기인 지중해의 기타는 모든 감정들을 나타내는 매력을 가지고 있었다. 19세기에는 목재로 만든 줄 조리개 대신 금속으로 만든 스크류가 취급을 용이하게 했다.

16세기에서 17세기까지는 관악기의 위치에 결정적인 변화가 있었다. 대부분의 오래된 관악기는 새로운 시대의 표현방식에 적합하지 않았다. 현대 관현악단의 중심인 현 오케스트라가 이 시기에 확립되었고 이어서 관악기가 복귀했지만, 덜 중요한 위치를 차지했다. 플루트 등이 오케스트라에 처음으로 포함되었으나 그들은 바이올린과 경쟁하기 위해 약간의 변화를 경험했다. 개선은 하나의 관으로 만드는 대신에 두개 이상을 서로 고정시켜 만들었다. 이는 망원경과 같은 방법으로 길이를 조절하여 음의 높이를 연주자가 조절할 수 있게 했다. 17세기 후반에는 사냥꾼의 호른이 예술악기가 되었다. 호른은 짧은 관으로부터 긴 관으로, 넓은 내경으로부터 좁은 내경으로, 완전한 원추형으로부터 부분적인 원추형이 되었다.

18세기 후반에는 클라리넷, 코넷, 색소폰 및 많은 악기들이 추가되었다. 낭만주의(1750~1900) 음악가들은 여러 음의 구별 및 대비를 위해 모든 가능한 음색들을 사용하여 인간감정의 미세한 변화들을 모두 표현하려고 노력했다. 그들은 줄들로 음조 등을 바꾸었던 것과 같은 방법으로 음색들을 조정하는 효과를 발견했고, 관현악 작곡은 음악에서 자부심 강한 부문이 되었다.

모든 악기들이 가급적 완전하게 오케스트라의 독특한 색채를 위해 포함되었고, 이를 위해 많은 악기가 개량되었다. 트럼펫의 불완전한 음역이 수세기 동안 사용되었지만 트럼펫은 요구되는 모든 음색들을 내야 했다. 5천년 동안 전음계였던 하프가 반음계로 만들어졌다.

관현악작곡의 영향으로 모든 악기들이 음악적인 효과를 위해 발달했다. 가장 눈에 띄는 필요조건은 강력한 소리였다. 그들 중에 플루트조차 더 강력한 소리가 주어졌다. 19세기에는 재료, 모양 및 장치들에 의해 악기의 소리를 크게 하려고 노력했다. 이와 같은 변화는 연주장소가 작은 응접실에서 점차 더 거대한 연주회장으로 바뀌게 했고, 모든 경우에 감정이 관현악과 실내악 등의 연주에서 필요조건이 되었다. 결과적으로 악기들은 최대로 음악적 유연성, 즉 강약 사이의 짧은 순간 및 거의 인식할 수 없는 사소한 차이를 갖는 것이 요구되었다.

피아노는 모든 음색을 표현할 수 없는 하프시코드로부터 발전되었다. 문제점은 손가락으로 건반을 눌렀을 때 줄을 해머로 때릴 수 있도록 레버를 고안하여 해결했다. 피아노는 이탈리아에서 발명되었으나 독일에서 피아노를 변형시키고 발전시켰다. 그 후에 40년 동안 피아노는 독일에서만 만들어졌다. 독일은 피아노의 기능 및 모양에 결정적인 역할을 했다. 1760년에 7년 전쟁으로 직업을 잃은 피아노제작자들이 영국으로 이주했다. 이후에 독일은 영국과 경쟁하기 시작했지만 영국이 피아노생산에서 중심국가가 되었다.

15세기와 18세기 사이에 하프시코드가 존재하는 동안 뜯는 악기였던 하프는 현, 다음 및 기술에서 떨어지는 것으로 여겼다. 하프시코드가 사라짐으로 하프와 같은 악기들의 활동범위가 명백해졌고, 반음계를 낼 수 있되었다. 18세기 초에 하프는 중세의 하프들과 비교하여 단지 줄의 수가 더 많은 것이 달랐다. 음악의 현대적 발전에서 하프가 채택한 첫 번째 시도는 17세기 말에 티롤(tyrol)에서 이루어졌다. 후크(hook)가 줄의 위쪽 끝에 가까운 목 부분에 고정됐다. 후크는 바이올린연주자가 손가락으로 줄을 누르는 것과 같은 작용을 하여 반 음정 더 높게 했다. 더 나은 해답은 페달 하프의 고안으로 손가락 대신에 후크들이 속이 빈 기둥 내부로 철사에 의해 페달에 연결되게 하여 같은 효과를 냈다. 하지만 오늘날 사용되는 하프는 1820년에 만들어졌다.

1732년 이전에는 클라리넷이라는 명칭이 언급되지 않았다. 1760년 이후에는 클라리넷이 일반적으로 연주되었으나 오보에연주자들이 연주하여 오보에와 함께 동시에 연주되지는 않았다. 초기 클라리넷의 음색은 현대 클라리넷의 음색보다 오보에 음색에 더 가까웠다. 리드는 더 작았고, 작은 리드는 큰 것보다 더 빠르게 진동하므로 초기 클라리넷은 더 경쾌한 음을 냈다. 클라리넷은 19세기 초까지 높은 소리를 내야 했고, 1850년 이전에 클라리넷 연주방법은 더 부드럽고, 경쾌한 음을 강조했다.

색소폰은 담배파이프 모양으로 보통 굽었고, 소리는 믿을 수 없을 정도로 변화무쌍했다. 음색은 목관악기와 금관악기의 중간이었다. 색소폰의 선조들은 입으로 부는 굽은 부분과 벌어진 입을 가진 클라리넷으로부터 1807년에 만들어졌다. 모든 종류의 호른과 트럼펫들은 뿔, 등나무 줄기, 목재, 흙 및 수정 등으로 만들어졌다. 한편 색소폰과 플루트 및 클라리넷 등은 목관악기로 불림에도 불구하고 놋쇠로 만들었다. 사냥꾼의 호른은 18세기 말에 전투대형이 너무 커 말로 명령하기가 어렵게 되었을 때 군대악기가 되었고, 나폴레옹전쟁 이후에 트럼펫과 같은 모양으로 변화되었다.

트럼펫에는 밸브가 1820년경에 주어졌다. 1840년경에는 밸브가 있는 트럼펫들이 밴드에, 1850년에는 오케스트라에도 포함되었다. 작곡가들이 점점 더 높은 음역을 사용하였기 때문에 훌륭한 특성에도 불구하고 19세기 말에는 오케스트라로부터 사라졌다. 연주자들은 취주악기 중에 독특한 소리를 위해 밸브들을 트롬본에 사용하여 왔고, 짧은 팔을 가진 사람들이 가까이 할 수 있도록 만들어진 활주관을 가진 트롬본(그림 9-12)이 오케스트라와 밴드를 위해 만들어졌다.

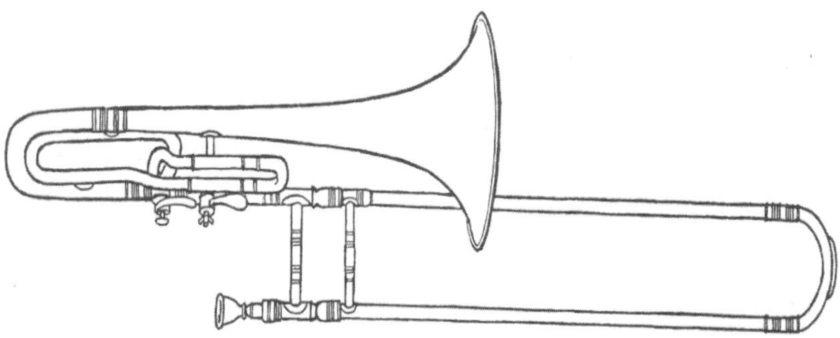

그림 9-12. 밸브들이 있는 트롬본

19세기에 오케스트라는 더 커졌다. 17세기의 오케스트라는 단지 현악기로 구성되었고, 점차 관악기가 포함되었다. 19세기 초 오케스트라에서 관악기는 보통 각각 두개로, 두 플루트, 두 오보에, 두 트럼펫이 포함되었고, 세기 중반에 각각 셋이, 말기에는 가끔 각각 4이 포함되었다.

타악기도 중요성이 증가되었고, 오늘날에는 피아노나 기타와 같은 현악기조차 멜로디와 하모니보다 리듬을 위해 합주단에서 사용된다. 미국의 밴조가 이러한 목적을 위해 밴드에 포함되었다.

전자악기들은 19세기의 전통으로부터 이탈하게 했다. 진동은 해머에 의해 피아노 줄을 때리거나 바이올린 줄을 활로 켜는 기계적인 방법으로 일으켰다. 하지만 전자피아노는 공명판이 없다. 전자현악기는 공명판을 가지고 있으나 그들은 모두 전자장치에 의해 소리가 증폭된다.

제 10 장 미국의 발전과 목재

오늘날 미국의 부와 문명을 언급하는데 어느 것도 목재보다 더 적합한 것은 없다. 목재사용의 변화와 발전은 미국의 역사에서 중요한 부분이었고, 특히 미국의 산업은 목재산업과 함께 발전하여 왔다. 콘크리트와 아스팔트로 뒤덮인 미국에서 산림이 미국사람들의 정신 발달에 중요하게 영향을 미치고 있음을 누구나 인식하고 있다. 목재는 재생가능한 자원이기 때문에 모든 물질이 없어진 뒤에도 미국사람들의 풍요로운 생활 속에서 계속 중요한 역할을 할 것이다. 따라서 이 장은 미국의 문명과 밀접한 목재의 사용 및 변화에 대하여 시대별로 사회·정치·경제적인 조건들과 관련지어 알아보고자 하였다.

10.1. 개척시대와 목재

개척시대에 미국사람들은 주로 해안지역에 거주했고, 도시와 농촌에서 인구가 빠르게 증가하였다. 미국사람들이 정착을 시작하면서 많은 나무가 주택과 배를 만들기 위해 잘렸지만 충분하였다. 오히려 이 시대에 산림은 정착에 방해가 되었고, 정착민들은 산림을 고맙게 생각하지 않았다. 또한 목재가 그들에게 많은 부를 가져다줄 것이라는 사실에 대해서도 그 시기에는 알지 못했다. 영국에서 1620년에 처음으로 도착한 사람들인 메이플라워호 승객들에 따르면 첫눈에 산림은 거칠고 황량한 인상을 주었으며, 산림에 사는 많은 동물들 또한 그들을 마음 편히 정착하게 하지 않았다고 한다.

정착민들은 정착에 방해가 되는 나무들을 제거하기 위해 인디언들이 주로 사용했던 방법을 이용하였다. 그 방법은 나무의 수피를 벗기고 나뭇잎이 없어지면 결국에는 말라죽게 되어 쉽게 제거할 수 있었으며, 산림을 불태우는 방법도 사용되었다. 뉴잉글랜드의 풍부한 목재는 정착민들에게 많은 연료로 제공됐으므로 삶에도 기여했다. 정착민들은 일반적으로 일년에 7달 동안 벽난로 가까이에서 보냈다. 운반상의 문제와 주로 작은 규모의 목재산업이 수요에 따라 목재를 공급했기 때문에 초기의 목재이용은 원시적인 방법에 의해 작은 나무를 이용하였다. 이 시기에는 도끼로 나무를 베고, 원목은 강을 이용하여 제재소까지 운반되었다. 제재방법은 그림 10-1과 같이 구덩이를 파고, 그 위에 원목을 올려놓은 다음 프로우(froe)라 불리는 큰 톱으로 제재하였고, 나중에는 수력과 풍력이 제재하는 데 이용되었다.

그림 10-1. 개척시대 초에 통나무 자르는 모습

뉴잉글랜드는 다른 지역들보다 울창한 산림이 있었기 때문에 건축을 위해 많은 목재를 사용했고, 그림 10-2와 같은 통나무집은 미국의 전통주택으로도 유명하다. 최초로 정착한 청교도들은 통나무집을 싫어했지만, 쉽게 지을 수 있었고, 고칠 수 있었으며, 따뜻하고 견고하여 쉽게 적응하였다. 최초의 통나무집은 인디언들의 오두막을 모방하였고, 학교, 교회 및 공공건물 등도 통나무로 건축하였다. 아울러 벽난로가 설치되었고, 후에 벽난로는 미국가정의 중심으로 자리를 잡았다. 농부들은 또한 그들 집 주위로 울타리를 쳤다. 울타리는 히커리나무, 아카시나무, 삼나무, 밤나무 등의 목재를 사용하였다.

그림 10.2. 초기 개척민들의 통나무집

개척시대 초에 교역과 산업

정착민들은 점차 시간이 흐르면서 목재로 교역을 하면 많은 이익을 얻을 수 있다는 사실을 알게 되었다. 메이플라워호가 최초로 도착한 다음 2년 후에 정착민들은 뉴잉글랜드에서 자라는 참나무목재들이 마데이라와 같은 포도주를 만드는 섬들에서 매우 필요한 통을 만들기 위한 통널로 적합하다는데 주목했다. 한때 마데이라는 많은 목재를 가지고 있었지만 1600년대 후반에는 섬의 대부분 지역이 거대한 삼나무와 다른 큰 수종의 나무들 대신에 포도나무들이 차지하였고, 포도주를 배에 싣기 위한 통을 만들 통널의 공급을 뉴잉글랜드에 의지해야 했다. 상인들은 통널과 영국에 좋은 값으로 팔 수 있는 포도주를 교환할 수 있었고, 배들이 참나무목재로 만들어질 수 있다는 것도 알게 되었다. 서인도제도에 위치한 농장 소유자들도 설탕생산으로 많은 이익을 얻었으나, 증가하는 목재부족으로 파산하는 것보다 설탕생산을 계속하기 위한 새로운 방법들을 찾아야 했다.

그들은 연료로 목재보다 훨씬 품질이 떨어지고 약하며 짓이겨진 사탕수수 줄기를 사용했다. 서인도제도의 설탕공장들은 또한 설탕수출을 위한 통 만드는데 필요한 통널을 뉴잉글랜드로부터 들여왔다. 이러한 이유들로 목재는 뉴잉글랜드의 수출에 중요한 위치를 차지하게 되었다.

신세계에 개척자들을 보내는 일을 하던 회사는 또한 정착민들보다 훈련된 조선기술자, 통 제조업자 및 목수를 보내는 것이 회사에 이익이 되는 것을 알게 되었다. 새로운 이주자들은 회사를 위해 나무를 잘랐고, 개척민들을 태우고 왔던 배는 목재를 싣고 영국으로 되돌아갔다. 영국에서는 큰 돛대용 목재의 부족이 1630년대에 특히 절정에 이르렀고, 회사의 투자자들은 배에 싣고 오는 목재에 많은 관심을 가지게 되었으며, 1634년에 정기적인 목재교역이 시작되게 했다.

특히 목재교역은 신세계에서 가난한 지역들 중에 하나였던 뉴잉글랜드를 가장 부유하고 인구가 많은 식민지로 바꾸었다. 뉴잉글랜드의 배들은 옷, 담배와 같은 영국의 사치품들을 가져왔다. 상인들은 또 다른 목재시장을 찾았고, 스페인과 포르투갈의 항구들은 뉴잉글랜드 목재 운반선들의 정거장이 되었다. 18세기 초에는 영국의 많은 젊은이들이 교역에 참여했다. 그들은 영국에서 만든 제품들을 뉴잉글랜드로 가지고와서 비싼 가격으로 팔았다. 그들은 목재를 구입하기 위해 많은 돈을 사용했고, 목재를 팔기 위해 포르투갈이나 스페인으로 향했다. 그런 다음 영국으로 되돌아가 또 다른 제품들을 사서 뉴잉글랜드로 향했다.

미국의 개척시대에는 많은 산업이 목재산업과 밀접한 관계를 가지고 있었다. 조선소는 목재와 함께 피치, 타르, 수지 및 테레빈이 필요했다. 이들은 목재로 만든 배의 이음매를 뱃밥으로 틀어막고 표면을 보호하기 위해 조선소에서 꼭 필요했던 물건들이었다. 뉴욕지방은 주택과 조선업이 발달했고, 필라델피아는 참나무목재를 이용하여 배의 돛대를 만들고, 캐럴라이너와 조지아 지역은 숯, 잿물 및 테레빈을 생산하였고, 잿물과 테레빈은 조선소에서 배의 표면처리용으로 사용됐다. 숯은 산업연료로 제철소와 유리공장에 공급되었고, 물정화용 및 얼음보관용 단열재로도 사용됐으며, 활엽수 목재의 재는 비누와 유리를 만드는데 필요한 알칼리와 토양개량제로 이용되었다. 그 외에도 느릅나무는 목구멍 상처 치료제로, 가문비나무는 비타민 C가 풍부하여 괴혈병 치료제로 사용되었다. 호두나무와 튤립나무는 염료로, 자작나무의 수피는 향료로, 너도밤나무와 호두나무는 꿀을 제공하였다. 참나무와 헴록의 수피로부터 얻은 타닌은 가죽가공 및 철로 만든 연장들이 물에 녹슬지 않게 하는데 사용되었다.

인구가 증가하면서 흔들의자, 수레, 4륜 마차 및 달구지 등이 또한 필요하게 되었으며, 물푸레나무, 벚나무 및 포플러의 목재는 마차 등의 본체를 제작하는데 사용되었고, 히커리나무 및 단풍나무 목재는 곡가공성이 뛰어나 바퀴를 만드는데 이용하였다. 단풍나무와 소나무의 목재는 침대, 장롱 등 가구를 만드는데 이용되었다. 저장을 위한 통과 욕조, 물통, 큰 우유통 및 파이프 등은 소나무, 너도밤나무, 자작나무 및 히커리나무의 목재로 만들었다. 참피나무의 통나무는 통과 벌통 등을 만들기 위해 통널로 자르는 대신에 속을 도려냈다. 이 통들은 식량을 저장하는 상자 및 식량을 가는 절구로도 사용되었다. 강하고 가벼운 양 물푸레나무와 히커리나무의 목재는 동물의 목에 매어 동물이 울타리를 통해 도망치는 것을 막기 위한 멍에로 사용되었다. 잘 휘는 호두나무와 느릅나무 생재는 활로 만들어 건조하면 형태가 변하지 않고 단단해졌다. 가지가 있는 막대기는 포크가 되었고, 곧은 막대기는 채찍의 손잡이로 사용됐다.

속이 빈 솔송나무의 통나무는 사료통, 여물통 및 소금 절구로 만들었고, 종종 판재는 수레바퀴를 만들었다. 물푸레나무, 자작나무, 밤나무, 호두나무 및 단풍나무의 마디 및 옹이들은 컵이나 접시로 모양을 내는데 이용됐다. 속이 빈 목재는 사람과 말의 신발로 만들어져 습지를 걷는데 사용됐다.

가구의 발달

개척시대에 미국에 도착한 장인들은 기술을 발휘할 기회가 매우 적었다. 이는 잠재적인 고객의 수가 적었기 때문이다. 미국에 도착한 초기 정착민들은 음식, 주거지 및 옷 등 기본적으로 필요한 것 외에는 관심을 보일 여유가 거의 없었다. 가구를 만드는 장인들은 오랫동안 영국스타일을 따랐고, 천천히 발달했으며, 매우 발달된 18세기 중후반의 가구조차 영국의 유행을 따랐다.

미국사람들이 가장 선호한 것은 예술보다 기술이었다. 가구들은 지방의 장인들에 의해 그 지방의 목재로 만들어졌고, 소위 말하는 하이패션 가구처럼 널리 유행하는 패션을 고집하지 않았으며, 단순하게 만들어졌다. 단순한 디자인의 의자는 얇고 좁은 등받이와 사다리 모양의 가로장이 많은 의자였다. 이 실용적이고 경제적인 디자인은 21세기까지 계속 사용되어 왔다. 많은 변화가 있었지만 미국에서 태어난 식민지의 주민들은 자신들이 영국사람이라 생각했고, 예술과 문화에서 영국에 의지했다. 또한 프랑스, 독일, 네덜란드 등의 다른 유럽지역으로부터도 이민자들이 미국에 정착하기 시작했고, 지역적 차이들이 17세기 후반 초부터 나타나기 시작했다. 네덜란드의 궤는 뉴욕가구의 지역적 특징을 주었다. 보스턴과 같이 중요한 도시들의 부유한 상인들은 영국의 최신스타일을 고집했다.

이 시기에 미국의 하이패션 가구는 영국의 가구를 대부분 모방했지만 시간적으로 상당히 늦게 유행했다. 영국에서 17세기 말에 인기가 있었던 가구가 미국에서는 18세기 초에 유행했다. 그림 10-3은 영국과 미국 모두에서 일반적으로 사용된 안락의자로 미국에서 17세기부터 유행됐지만 영국에서는 16세기에 유행됐다.

그림 10-3. 17세기에 미국에서 유행한 안락의자

신세계는 광활한 미지의 땅이었고 도시들, 건물들 및 예술 분야에서 유럽처럼 오랜 역사가 없었다. 또한 사람들은 생활을 위해 농업에 의지했고, 도시에 있는 상업중심지들로부터 멀리 떨어져서 살았기 때문에 가구는 이웃이나 가족에 의해 거의 만들어졌다. 검소함, 단순함 및 실용성이 가구에서 높게 평가되었다.

영국사람들은 미국의 모든 지역에 정착하였지만, 영국 이외의 나라들인 아일랜드, 독일 및 네덜란드 등으로부터 온 이민자들은 특정지역에 집중적으로 정착했다. 독일사람들은 펜실베이니아 주, 네덜란드사람들은 뉴욕에 정착했다. 펜실베이니아에 정착한 독일사람들은 그들의 전통에 따라 참나무, 호두나무 및 벚나무 목재로 만든 거대한 가구를 보통 아로새기거나 판재로 장식했고, 침엽수 목재로 만든 가구는 여러 색깔로 장식했다.

지역적인 차이들에도 불구하고 미국 전체에 영향했던 패션들이 있다. 사회가 안정되고 육체적인 고통으로부터 벗어나게 되자 사람들은 여가생활과 더 정교한 물건들을 찾기 시작했고, 스타일을 의식하게 되어 영국의 치펀데일과 앤여왕스타일에 관심을 가졌다. 둘 중에 어떤 스타일이든 가구는 영국의 가구와 같은 모델이 얼마 지나지 않아 미국에서도 만들어졌다. 1720년경에는 영국에서 인기를 잃었던 앤여왕스타일이 지배적인 스타일이 되어 1760년까지 존재했다. 앤여왕스타일의 특징인 굽은 다리, 하트 모양의 의자 등받이, 병모양의 세로 널로 만든 등받이 및 곡선의 반추형 좌석 등이 바로크스타일을 대신했다.

하이패션 가구의 제작자들과 고객들은 열정을 가지고 치펀데일 가구를 채택했다. 하지만 큰 도시들 외에는 앤여왕스타일을 계속 사용하거나 치펀데일과 결합시켰다. 이들 사이에 차이는 구별하기 어렵지만 두 스타일 모두 굽은 다리와 곡선에 크게 의지했고, 중요한 장식으로 조각하기 위해 마호가니를 사용했으며, 같은 장인들에 의해 만들어졌기 때문에 많은 가구의 형태들이 같았다. 양소매책상, 다리가 짧은 옷장, 발이 달린 옷장 및 책장들은 앤여왕스타일의 가구들이었다. 특히 옷장은 조각된 굽은 다리와 울퉁불퉁한 소용돌이 모양의 박공벽과 반신상의 용마루널장식이 있었다.

윈저의자는 1720년경에 영국에서 사용됐고, 필라델피아에는 1740대에 모습을 나타냈다. 영국의 윈저의자는 굴대 사이에 세로 널이 있지만 미국의 윈저의자는 강하고 유연한 히커리나무목재로 만든 높은 등받이 형태로 빗 모양의 등받이, 등받이 테, 부채 모양의 등받이 등 더 우아하고 다양하게 만들어졌다. 미국의 윈저의자는 다리가 영국보다 더 큰 각도로 벌어졌다. 다리의 고정을 돕기 위해 안장 모양의 소나무목재로 만든 좌석은 보통 더 두꺼웠다. 윈저의자(그림 10-4)는 19세기에 미국의 장인에 의해 완전한 형태로 만들어졌다.

그림 10-4. 미국의 긴 윈저의자

주택의 발달

가구처럼 미국의 주택은 초기에 거칠고 세련되지 않은 상태로부터 예술적인 정교함과 함께 매우 복잡하고 세련된 수준으로 발달했다. 뉴잉글랜드에서 주택들은 청교도들에 의해 예전에 생활했던 영국에서와 같이 목재로 만든 뼈대 부재들 사이에 벽돌이나 초벽으로 채웠다. 초벽은 추운 뉴잉글랜드에서 충분한 단열을 제공하지 못했기 때문에 벽의 외면들은 얼마 지나지 않아 참나무나 소나무 목재로 된 미늘벽판재로 덮었고, 목재로 만든 뼈대는 기후변화에 견디도록 개선되었다. 이는 특징적인 뉴잉글랜드의 실용적이고 허세부리지 않는 소금통 모양으로 전면은 2층이고 뒤쪽의 면이 단층인 목조주택(그림 10-5)이 되었고, 1776년경에는 중요한 주택스타일이 되었다. 도시주택에서 미늘벽판재에는 페인트칠을 하였으나 작은 도시와 농촌에서는 자연 상태로 두었다. 페인트칠하는 것은 과시를 위한 것이었고, 19세기까지는 일반적이지 않았다. 소나무목재로 만든 주택내부의 패널은 넓고 종종 이중으로 겹쳐서 사용하였다. 목재마루는 추위로부터 더 보호했고, 주택내부의 한쪽 끝 벽에는 벽난로가 있었으며, 지붕은 삼나무목재로 만든 지붕널이 사용되었다. 최초의 소금통모양인 목조주택의 건축가들은 가구제작자들과 같은 목수들이었다.

그림 10-5. 뉴잉글랜드의 초기 주택

중부 및 남부 지역에서도 목조주택이 일반적이었지만 건축 재료로 벽돌과 돌도 많이 사용됐다. 뉴욕의 네덜란드사람들은 주택의 내부에 위치한 계단과 문을 상당히 독창적으로 정교하게 조각했고, 종종 하얀색으로 페인트칠을 했다. 그들은 더운 여름을 위해 미국 주택의 전통적 특징이 된 정면에 위치한 현관을 고안했다. 베란다는 남부지역의 농장주택에서 일반적이었다. 펜실베이니아에 정착한 독일사람들은 예전의 통나무주택보다 노동력이 더 많이 요구되고 영구적인 통나무주택을 세웠다. 통나무주택은 사각형으로 목재를 정확히 위치시켰고, 종종 화려하게 조각된 목재기둥이 있는 2층이었다. 미시시피 강 유역에 정착한 프랑스사람들은 지면이나 기초 위에 통나무를 세운 말뚝주택을 지었다. 뉴올리언스에서는 목조건물이 돌이나 벽돌로 만든 건물보다 덜 일반적이었지만 홍수에 대비하여 기초를 높게 했고, 외부에 계단과 발코니가 있었다. 남서부지역의 스페인사람들은 건축을 위해 아도비 벽돌을 선택했다. 하지만 목재가 지붕 보, 문과 창틀 및 베란다에 사용됐고, 둥근 목재기둥에 얹은 보들은 조각됐다.

벽돌과 돌의 사용이 18세기에 증가하였지만, 1776년경에 미국의 목조주택은 유럽 주택의 수준에 접근했다. 이는 유럽에서와 같이 18세기에 건축가들에 협력한 솜씨가 있는 장인들 덕분이었다. 건축가들은 보통 다른 직업에 종사하는 아마추어였지만 목수들은 목재에 대한 많은 지식과 함께 세련된 주택을 건축하는데 거의 전문가적인 위치에 있었다. 건축가와 목수들은 설계도 없이 작업했지만 건축이 진행되면서 스케치를 만들었다. 미국역사에서 건축에 가장 인기가 있었던 조지안스타일이 개척시대의 전통스타일로 세기 초에 나타났다. 영국과 미국의 조지안스타일에서 주요한 차이는 미국의 조지안스타일 주택은 목재로 만들었다.

조지안스타일 주택의 목재로 된 외장은 보통 하얀색으로 페인트칠을 했다. 출입구는 특히 인상적으로 정교하게 조각했다. 패널로 만든 이중문의 측면은 복잡하게 조각된 패널에 의해 장식된 튀어나온 기둥들로 돌림띠(Entablature) 및 문 위에 아치 모양의 돌출부를 지지하는 대접받침이 있었다. 지붕은 초기의 집보다 더 평평했고, 울타리는 하얀색으로 칠했다. 모든 조지안스타일 주택들은 내부에 목재로 만든 많은 물건들이 있었다.

초기 주택의 방들은 벽널로 장식했고, 1750년 이후에는 벽지와 벽걸이 천이 벽널의 일부를 차지했다. 하지만 뉴잉글랜드의 목조주택들은 외부에 매우 적은 조각장식을 했다. 이는 아마 사치에 대한 청교도의 편견 때문이었을 것이다.

주택의 두꺼운 벽들은 벽에 깊게 위치한 창을 만들게 했고, 덧문을 만들기 위해 창문 가까이에 경첩이 달린 벽널이 붙여졌다. 계단은 넓고 발판의 끝 면들이 노출되고 조각됐으며, 난간들도 종종 조각이 되었다. 또한 미국사람들의 개인주의의 반영은 가까이에 있는 이용가능한 건축재인 목재에 의해 가능하게 되었다.

탈것의 발달

목재로 만든 여러 종류의 탈것들이 개척시대에 사용되었다. 작은 역마차는 두개의 좌석과 두개의 바퀴가 있는 독창적인 미국의 탈것으로 물건은 히커리나무목재로 만든 스프링에 매달았다. 2개의 바퀴가 있는 마차는 가볍고 두 사람이 탈 수 있는 운송기관으로 한 마리의 말이 끌었으며 도시들로 사용이 제한되었다. 도시들 사이에 있는 도로는 일반적으로 매우 상태가 좋지 않았기 때문에 북부지역에서는 겨울에 탈것으로 썰매가 또한 사용되었다. 역마차가 중요한 도시들 사이에 느리고 덜컹거리는 탈것으로 제공됐고, 좋은 날씨에는 뉴욕과 필라델피아 사이에 140km를 하루에 도착했다. 가장 빠르고 안락한 수단은 말의 등에 타는 것이었다. 농부와 화물 운송을 위해 가장 편리한 것은 두개의 수레바퀴가 목재로 만든 축에 고정된 달구지였다. 수레바퀴의 지름은 사람의 키와 거의 같았다. 바퀴는 또한 매우 넓어 쉽게 진흙에 빠지지 않았다. 탈것으로 포장마차도 있었으나 이는 18세기 초에 개선되었다. 펜실베이니아의 독일 정착민들은 미국의 서부개척에 전설적인 역할을 한 포장마차(그림 10-6)를 개발했다. 미국의 포장마차는 유럽의 포장마차에 기초했으나 언덕을 오르는 동안에는 하중이 중앙을 향하도록 고안됐다. 정면과 뒷면의 패널은 종종 조각됐다. 포장마차는 목재를 활모양으로 굽게 했고, 굽은 목재 위로 텐트와 같은 덮개로 덮었다. 포장마차는 보통 참나무와 포플러나무의 목재로 만들어졌고, 2~4톤의 화물을 싣고, 큰 것은 8마리의 말들이 끌었다.

그림 10-6. 미국의 포장마차

어업의 발달

미국의 거대한 해안, 특히 동해안은 큰 어장을 제공했다. 다양한 형태의 어선들이 고기잡이를 위해 개발됐다. 높은 범장(그림 10-7)은 바람이 부는 방향으로 항해하는데 효과적이어 고등어잡이 배에 사용되었다. 뉴잉글랜드의 조선소는 또한 고래잡이를 위한 배들을 제공했다. 석유시대 이전에 윤활유, 등불기름, 양초 및 비슷한 종류의 제품에 중요한 원료는 바다에서 가장 큰 포유동물인 고래였다. 고래잡이 선대는 매년 30만~40만 파운드의 고래 기름으로 만든 초를 유럽시장에 공급할 수 있게 했다. 고래의 뼈와 이빨은 코르셋, 뜨개바늘 및 밀방망이 등을 포함한 다양한 제품들과 손으로 조각한 물건들을 만들기 위해 사용되었다. 어선들의 선대는 또한 대구, 연어 및 철갑상어 등을 잡았다. 그들이 잡은 것들 중에 가장 좋은 것은 유럽에 있는 시장으로 보내졌고, 나쁜 종류의 물고기들은 서인도제도로 노예들을 위해 보내졌다.

그림 10-7. 북아메리카의 고등어잡이 배

도로, 다리 및 배

미국에서 첫 번째 도로는 진흙투성이의 오솔길이었다. 오솔길에는 통나무와 자갈을 덮어 마차 등이 통과하도록 하여 통나무길이라 불렸고, 후에 판재로 길을 포장하여 요즘의 포장도로로 발전하였다. 도로가 발전되면서 강은 교통수단의 장애가 되었다. 최초의 다리는 작은 계곡에서 나무를 베고, 몇 개의 통나무를 묶어 연결된 형태였다. 큰 강에서는 뗏목을 사용하여 연결하였고, 대부분의 다리는 통나무를 사용하였다. 트러스와 아치의 원리가 소개되면서 1764년에는 코네티컷 주의 세트켓강에 길이가 36m이고 물 위로 높이가 8.4m인 아마 최초로 트러스를 사용한 다리가 설치되었다. 미국에서 18세기 이전에 만들어진 대부분의 목재다리들은 짧은 스팬을 가진 다리였다. 18세기 중엽에는 일정한 간격으로 설치된 교각들 사이에 위치시킨 목재 보가 포함된 가대다리를 만들었다. 최초로 메인 주에서 가대다리가 요크 강에 1761년 만들어졌고, 이 다리는 길이가 81m, 폭이 7.5m였고, 약 5.7m씩 서로 떨어진 4개의 말뚝으로 된 교각에 의해 지지되었다. 또한 다리는 보트가 통과하도록 개폐식 스팬도 가지고 있었다.

미국사람들은 또한 강으로 여행하고 물건을 운반하는 것이 편리하다는 것을 알게 되었고, 인디언들이 사용한 카누를 모방하였다. 배는 가문비나무뿌리로 삼나무목재를 묶고 발삼나무의 송진과 소나무의 피치로 물이 새는 연결 부위를 막아서 만들었다. 후에 정착민들은 인디안들의 카누를 모방하여 스트로브 소나무나 튤립나무의 줄기를 도려내어서 배를 만들었다. 이는 이전의 카누보다 훨씬 가볍고 강하게 되었다. 1750년경에는 강으로 물건들을 운반하기 위하여 밑 부분이 평평한 배를 만들었다. 배의 아랫부분에는 두꺼운 활엽수목재를 사용하였다. 돛대를 이용하여 항해를 시작하였고, 이는 증기선이 출현하기 전까지 화물운반의 중요한 수단이었으며, 3~6m폭에 길이가 6~18m로 5~6명의 선원이 필요했다.

연안 돛배는 부피가 큰 생필품들을 운반하기 위한 수단으로도 철도시대 이전에 중요했다. 긴 항로를 따라 거대한 공기흐름으로 추진되는 대양의 배들과 다르게 연안 돛배들은 어떤 방향으로든 이동이 가능했고 종종 조수간만의 차를 이용했다. 연안 돛배들은 적은 수의 선원에 의해 항해를 효과적으로 하여 이익을 얻었다. 18세기에 미국은 교역으로 경제를 발전시켰다. 개척시대에 교역품은 보통 비싼 생필품으로 스페인과 프랑스의 사략선들보다 빠른 항해가 가능하고, 많은 화물을 운반할 수 있으며, 뉴잉글랜드의 작고 얕은 항구와 연안의 통행이 가능한 배들이 요구되었다. 1714년에 그러한 연안무역선으로 스쿠너가 진수되었다. 스쿠너는 선미와 선수에 있는 작은 두 개의 돛대가 있어 바다로 향하는 바람에 효과적이었고, 바람을 거슬러 항해할 수 있었다. 곧 스쿠너는 진가를 인정받아 해군의 순양함, 노예무역선 및 사략선(私掠船)이 되었다. 그림 10-8과 같은 윗돛대에 위치한 사각의 범장은 순조로운 항해와 함께 돛을 충분히 말아 올릴 수 있도록 발달했고, 곧 북아메리카의 고유한 형태가 되었다. 상업용 돛배의 최후까지 스쿠너는 미국의 교역에 중요한 역할을 했다.

그림 10-8. 개척시대에 북아메리카의 스쿠너

영국에 대한 미국의 독립전쟁(1775~1783) 시작과 함께 미국의회는 영국의 상선들을 공격하기 위해 많은 배들을 임대했다. 영국 해군은 북대서양을 계속하여 지배하였고, 미국의회가 가장 선호한 수단은 부유한 시민들에게 전쟁을 위한 배들을 만들게 했으며, 영국 상선들을 나포할 수 있는 사략선(그림 10-9)으로서 권한을 주었다. 1781년에는 대포 6700개를 장착한 449척의 미국사략선들이 바다에서 활동했다.

그림 10-9. 미국의 사락선

10.2. 미국의 팽창 및 산업발달과 목재

1775년부터 1783년 사이에 벌어진 독립전쟁 이후에도 미국의 모든 지역은 나무가 울창했다. 새로운 나라의 지도자들과 국민들은 경제성장에 목재의 중요성을 알았고, 미국은 값싸고 풍부한 연료인 목재와 함께 많은 철광석을 가지고 있었다. 미국은 또한 항해에 적합했고, 넓은 땅이 나무로 덮여있어 유럽보다 제조업 및 무역에 유리했다.

미국은 19세기 중엽까지 농업국이었지만 산업의 비약적인 성장으로 19세기 말에는 영국을 능가하는 세계 최대의 공업국으로 철도, 철강, 석유 등 많은 산업이 크게 발전하였다. 특히 노동력의 수요증가는 이민에 의한 인구증가로 이어졌다. 대서양과 태평양 사이에 위치한 대륙국가라는 지리적 조건이 미국의 발전에 중요한 역할을 하였다. 미국의 자연적인 조건들은 미국이 외부세력의 침략을 걱정하지 않고 영토의 확장과 발전을 계속하게 했으며, 19세기 말까지는 그 발전의 축인 내륙지방이 개발되었다.

이 시대에 미국의 인구는 4500만 명에 이르렀고, 급속히 산업화되었으며, 도시가 빠르게 성장했다. 철도와 전화 등도 미국사람들의 생활을 급속히 변화시켰다. 1870년경에 도시의 인구는 전체 인구의 20% 이상을 차지했고, 뉴욕의 인구가 100만 명을 넘어섰다. 산업화와 함께 급속한 인구증가는 산림에도 중요한 변화를 주었다. 철도, 전화선, 석탄 및 철강공장 등이 많은 목재를 사용하였고, 주택, 울타리 및 건설 등에도 많은 목재수요가 있었다. 시카고, 클리블랜드 및 인디애나폴리스 등 새로운 도시건설에도 많은 목재가 필요했다. 이 기간 중에 일어난 미국의 남북전쟁(1861~1865)은 목재의 사용을 크게 증가시켰다. 연료, 요새 및 무기공장 건설에는 많은 목재가 필요했다. 이 기간에는 목재의 소비량이 이전에 비해 연평균 10배 정도 증가하였다. 따라서 제재목의 생산은 경쟁력이 크고, 많은 이익을 남길 수 있는 산업으로 발전하여 갔다. 아울러 산림이 급속히 황폐해졌고, 기후변화, 홍수 및 토양유실 등 문제가 발생되어 산림의 중요성이 인식되기 시작했으며, 최초로 1872년에 네브래스카 주가 식목일을 제정하여 현재에 이르게 되었다. 목재를 많이 사용하는 철도회사와 기업들이 식목행사를 시작했으며, 1877년에는 미국 농무부에 산림관련 부서가 신설되었고, 그 후 몇 년 사이에 많은 산림관련 대학들도 설립되었다.

새로운 목재산업

산림보호정책과 함께 철도건설이 증가하면서 목재산업은 서부지역과 남부지역으로 확장되었고, 작은 산업이었던 제재산업은 철도 및 철 산업과 함께 미국의 중요산업으로 자리를 차지했다. 19세기 초에는 뉴욕의 제재산업이 다른 지역을 능가했고, 그 후에는 펜실베이니아가 선두 주가 되었다. 1876년경에 미시간 주는 1500개의 제재소에서 2만 명 이상이 일하는 가장 생산적인 주가 되었다. 미시간 주에서 생산된 제재목은 이리운하를 따라 동부지역에 위치한 항구로 보내져 유럽으로 수출됐다. 이주민들이 로키산맥의 동쪽에 위치한 대평원에 정착을 시작하면서 제재소들과 제재목의 보관창고가 미시시피 강 유역을 따라 생겼다. 교역에서 중서부지역의 중간지점은 시카고였다. 북쪽의 산림으로부터 호수를 통해 목재를 공급받은 시카고는 철도를 통해 다른 지역으로 운송했다. 시카고는 1871년의 대화재 이후에 건축을 위해서도 많은 목재가 필요했고, 미시간 주는 20세기 초까지 제재산업의 중심지로 남아있었다. 1876년경에 제재산업은 소나무가 많은 남부지역에서도 철도가 건설되면서 번창하기 시작했다. 남북전쟁 직후에 약 50개의 제재소가 조지아 주에 세워졌고, 많은 제재소들이 플로리다 주에도 세워졌다. 남부지역에서는 소나무목재와 함께 떡갈나무목재와 삼나무목재를 수출했다.

서부지역의 제재소들은 캘리포니아 주의 북부지역에 위치한 산림에서 레드우드를 잘라 제재했다. 거대한 세코이아는 1849년 골드러시 초기에 잘리기 시작했고, 많은 샌프란시스코 주택들이 세코이아목재로 건축되었다. 1852년에 캘리포니아 주는 레드우드를 보호하기 위한 법안을 거부했고, 남북전쟁 이후에는 국유림이 개인에게 빠르게 팔렸으며, 해안을 따라 많은 제재소들이 세워졌다. 제재목은 멀리 오스트레일리아까지 수출되었고, 1860년 이후에는 더 북쪽지역에서 제재소들이 설립되어 제재목을 생산했다.

많은 고안품들이 나무의 벌채와 제재를 빠르고 효과적으로 하게 했다. 1860년경에 양날이 있는 양키 도끼와 함께 띠톱과 둥근톱이 소개되었다. 그 후에 연마지와 자동대패기 등의 목공기계들이 기술적으로 많이 발전하여 제재목의 가격을 낮추었고, 그로인해 많은 목재가 미국의 도시발전을 더욱 촉진시켰다.

이 시대에 새로운 목재의 산업이용은 종이 원료로서의 사용이다. 목재로 만든 종이의 소개는 혁명적인 효과를 가졌다. 이때까지 종이는 천 조각(rag)으로 만들어져 상대적으로 비쌌다. 천 조각의 공급이 종이산업의 수요증가로 곧 부족하게 되었고, 18세기 말에는 천 조각 대신 목재를 종이 원료로 사용하기 위해 많은 노력을 했다. 1794년에 최초로 종이가 참피나무의 수피로 만들어졌고, 1830년에는 사시나무목재를 사용하여 요즈음의 목재펄프에 의한 종이를 생산했다. 싼 목재펄프를 사용한 종이산업은 빠르게 발전하였으며, 아울러 판지와 벽지가 개발되었다. 판지와 벽지는 곧 새로운 제품인 종이 이음 고리 및 덮개, 축전지통, 절연재, 문틀, 창틀 및 기차바퀴를 만드는데 사용되었다. 종이로 만든 바퀴는 철로 만든 바퀴보다 더 탄력이 있었으며 덜 소음을 발생시켰고, 충격을 더 많이 흡수하였다.

교통기관과 목재연료

1800년대 초에 미국은 러시아를 제외하고 면적이 세계에서 가장 큰 나라였다. 농부들과 제조업자들은 넓은 지역에 흩어져 살았고, 미국사람들은 또한 항상 이동했다. 따라서 미국에서 효과적인 수송체계의 개발은 유럽보다 더 절박했다. 내륙지역의 운송체계 부족이 미국의 경제발달을 제한했지만 수천 킬로미터의 도로와 운하가 동부지역과 서부지역을 연결하기 위해 만들어졌다. 증기선은 특히 중요하여 1860년경에 1000여척이 미시시피 강을 따라 항해했고 많은 양의 목재를 연료로 사용했다.

미국의 수송체계 발달에 가장 중요한 것은 철도였다. 1830년에 볼티모어로부터 오하이오 주의 앨리코트까지 37km를 시작으로 1860년경에는 4천 3백km의 철도가 미국에 건설되었다. 이 수송혁명은 미국의 모든 지역이 산업의 중심지였던 동북부지역에서 생산한 물건들을 위한 하나의 거대한 시장이 되게 했다. 철도는 여러 목적으로 목재를 사용했다. 초기 증기기관차는 석탄보다 목재를 연료로 사용하였다. 목재가 증기기관차의 연료이고 불 쏘시개였다. 1876년경에 석탄이 기관차의 연료로 사용되기 시작했지만 목재가 풍부한 남부지역과 북부지역에서는 목재를 연료로 계속 사용했다. 또한 목재는 선로, 침목, 기관차, 다리, 가대, 터널 벽 패널, 차고 및 역 등에 사용되었다. 침목이 목재로 만들어졌고, 풍부한 목재 덕분에 미국은 영국의 1/6비용으로 철도를 건설할 수 있었다. 최초의 기차선로는 제재목의 윗면에 철판을 못으로 고정했다. 1876년경에도 외딴 지역과 광산지역에서는 목재 선로가 사용되었다. 매년 선로는 수백만 개의 새로운 목재가 필요했고, 아카시아 일종인 로우커스트의 목재가 가장 오래 사용되어 15~20년 정도였고, 소나무와 삼나무 목재 등이 종종 사용되었지만 8년~10년 정도 견뎠다. 참나무와 밤나무 목재는 보존재가 사용되기 전까지 가장 일반적으로 사용되었고, 7년마다 교체되었다. 이 시대에는 대중교통 수단인 마차, 전차 및 케이블 카 등 대부분이 목재로 만들어졌다. 기차의 발달로 도로는 안락함이 요구되었기 때문에 7~10cm 두께에 길이가 2.4m인 판재로 포장하였다. 1820년대에는 포장도로가 펜실베이니아 주에서 1700km 이상, 뉴욕 주에서 6400km 이상이 건설되어 진흙투성이 도로가 마를 때까지 기다릴 필요가 없게 되었다. 도로의 포장에 사용된 수종은 헴록, 참나무, 느릅나무, 너도밤나무였고, 판재도로는 콘크리트도로가 등장할 때까지 가장 싸고 안락한 도로 환경을 제공하였다. 운하는 초기 철도보다 건설하기 어렵고 건설에 비용이 많이 들었지만 더 안락함을 주었고 경제적이었다. 1817년에 건설을 시작하여 1825년에 완성된 이리 운하는 화주에게 많은 이익을 주었다. 1830년경에는 계획했던 것보다 더 긴 1900km 이상의 운하가 건설되었다.

다리의 발달

기차가 강에 도착하면 승객들은 목재로 만든 다리를 만나게 되었다. 1859년경에 철로 만든 다리가 소개되었지만 대부분의 다리는 목재로 만들어졌다. 지붕이 있고 길이가 165m인 목재다리가 1805년 최초로 필라델피아에 세워졌다. 그 후에 지붕이 있는 다리는 도시의 상징으로 미국사람들에게 친숙하게 되었다. 목재로 만든 다리의 뼈대를 열화로부터 보호하기 위해 많은 철도용 다리에는 지붕이 있었다. 도시에서 지붕으로 덮인 다리는 어린이들의 놀이터, 광고, 회합 및 청혼의 장소로도 제공되었다. 19세기에는 다리건설에 다양한 방법들이 이용되었다. 구조용집성재가 1805년에 델라웨어 강에서 트렌톤 다리를 만드는데 사용되었다. 미국은 1830년경에 고속도로와 철도를 위해 많은 다리가 필요했고, 트러스와 아치가 목재다리 설계에 널리 사용되었다. 아치와 트러스들이 18세기 후반 파머(Palmer)에 의해 고안되었지만 다리에 대규모 응용은 19세기 전환점까지 일어나지 않았다. 1800년대 초에 다리 건설업자들은 설계에 필요한 조건들을 충족시키고 예전보다 우수하고 대담한 디자인을 만들려고 노력했다.

1797년과 1860년 사이에 미국 특허청은 목재다리에 대한 51건의 특허를 내주었다. 또한 미국에서는 목재다리를 썩는 것으로부터 보호하기 위해 지붕이 있는 다리(그림 10-10)를 만들기 시작하게 했다. 약 만개의 지붕이 있는 다리가 1805년과 1885년 사이에 미국에서 건설되었다.

지붕이 있는 다리에서 트러스의 필요성은 1820년에 현대 트러스의 초기 단계인 판재로 만든 격자트러스를 출현시켰다. 다리는 45~60° 각도로 교차되게 만든 트러스와 5~10cm 두께와 20~25cm 폭으로 된 수직재(web)로 구성되었다. 판재들은 목재로 만든 핀들로 교차점에서 서로 고정됐다. 격자모양의 트러스는 가볍고 비싸지 않았으며 짧은 시간에 조립할 수 있었고, 일반적으로 균일한 단면의 제재목이 사용되었다. 지붕이 있는 격자모양의 트러스로 만든 다리들의 많은 수는 목재가 풍부한 여러 지역에서 고속도로와 철도를 위해 건설되었다.

그림 10-10. 전형적인 지붕이 있는 격자트러스 다리

1830년대에 롱(Stephen H. Long)은 현재가 평행인 트러스(parallel chord truss)를 사용한 다리로 특허를 받았다. 1830년의 특허는 트러스(그림 10-11)의 첫 번째와 두 번째 패널 점을 확장시킨 꺾쇠가 포함되었다. 연결부들은 목재로 만든 쐐기나 나무못을 사용했다. 이 다리들은 널

리 보급되지는 않았지만 디자인의 하이브리드가 많은 고속도로와 철도를 위한 다리들로 지방의 목수들에 의해 세워졌다. 이들 중에 대부분은 45m 이상 되는 스팬길이를 가지고 있었다.

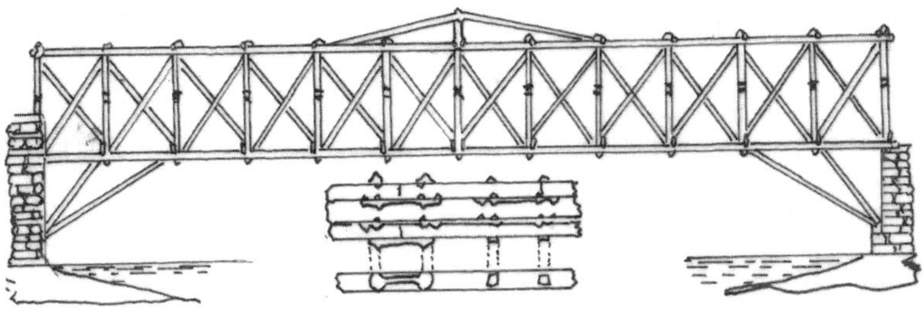

그림 10-11. 현재가 평행인 트러스다리

1840년대는 목재다리의 발달에 전환기였다. 이 시기까지는 거의 모든 대부분의 다리가 목재로 만들어졌고, 철의 이용은 작은 결구들로 제한되었다. 1830년부터 급속한 철도의 팽창이 다리의 발달에 큰 동기를 제공했고, 철로 만든 다리들이 출현되게 했다. 목재가 중요한 다리 재료로 계속 사용되었지만 철 또한 목재다리의 재료로 포함되었고, 소위 말하는 조합 다리들이 탄생했다.

롱의 트러스 이 후에 호우(William Howe)가 1840년에 트러스로 특허를 받을 때까지는 중요한 발달이 일어나지 않았다. 호우트러스는 평행인 현재들과 대각선의 버팀재들이 목재로, 수직재와 인장재들은 둥근 주철 봉으로 만들어졌다. 이는 트러스의 일부분에 철이 사용된 최초의 디자인이었다. 호우의 특허는 또한 수학적인 분석을 통해 최초로 설계되었다. 1840년에 호우는 매사추세츠에 있는 코네티컷 강 위에 거대한 다리(그림 10-12)를 만들었다. 이 다리는 7개의 스팬으로 구성되었고, 각각의 스팬길이가 57m로 철도를 위해 건설되었다. 호우트러스는 철도와 고속도로들를 위한 다리에 널리 사용되었고, 19세기 후반에는 가장 일반적인 트러스가 되었다.

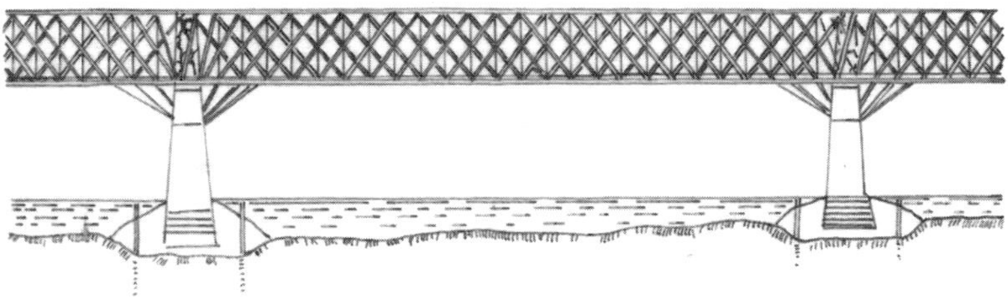

그림 10-12. 호우의 트러스다리

1844년에 특허를 받은 프렛(Pratt)트러스(그림 10−13)는 압축에는 목재, 인장에는 철로 만든 부재를 교차시켜 만들었다. 프렛트러스의 장점은 단순하고 효과적으로 목재를 수직재로 사용한 것이었다. 단점들은 트러스제작에 값비싼 재료의 많은 양이 필요했고, 대각선 재를 위해 사용이 불편한 앵글 블록(angle block)이 요구되었다. 하지만 프렛트러스는 완전히 철로 만든 다리에 선호되는 형태로 미국의 다리 발달에 중요한 트러스였다.

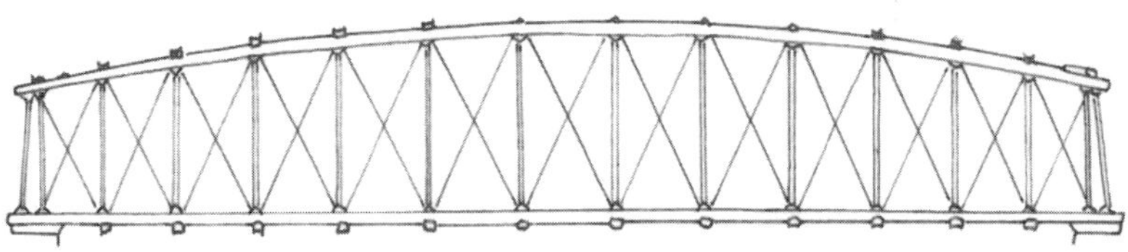

그림 10-13. 프렛의 트러스다리

19세기에 목재다리는 내구력이 큰 수종을 주로 사용했고, 수명을 길게 하기 위해 지붕을 사용했다. 하지만 목재다리의 성능을 개선하기 위한 최초의 중요한 발달이 이루어졌다. 보존처리된 목재의 소개와 함께 미국에서 공장이 1865년에 처음으로 세워졌고, 1910년에는 70개로 늘어났다. 그로인해 19세기 말에는 목재다리가 전통적으로 사용된 지붕이 없이 세워질 수 있었다.

1800년대 후반에는 철이 다리의 재료로 크게 인기를 얻었고, 목재와 경쟁하기 시작했다. 1859년에는 처음으로 철로 만든 철도용 다리가 세워졌다. 목재가 계속 다리의 건설에 사용되었지만 새로운 재료가 소개됨으로 목재의 사용이 줄어들기 시작했다.

배의 발달

미국은 독립전쟁 이후에 산업의 발달과 함께 무역에 의지했고, 적이었던 영국과도 교역을 다시 시작하였다. 하지만 무역을 위한 해상운송은 완전히 보호되지 않았고, 해적에 의한 약탈이 1794년에 해군을 창설하게 했으며, 첫 번째로 프랑스와 전쟁에 준하는 전투들이 있었다. 1806년부터 1812년 사이에 미국의 교역은 영국에 의해 큰 손해를 입었다. 자유교역을 주장한 미국은 영국과 전쟁을 했다. 전쟁에서 미국이 우위를 차지한 이유 중에 하나는 군함들의 품질에 있었다. 미국사람들이 만든 매우 무거운 프리깃함들은 영국의 배들보다 매우 강력했다.

미국사람들은 곧 이어서 캐나다에 관심을 갖게 되었고, 오대호는 전쟁의 무대가 되었다. 이 전쟁을 위해 미국은 코르벳함을 제작하였다. 그림 10-14는 오대호의 전쟁에 참여했던 코르벳함으로 대양항해를 목적으로 건조되지는 않았다. 그럼에도 불구하고 코르벳함의 윗돛은 이후 수십 년 동안 대양항해를 위한 배들의 범장 발전에 방향을 제시했다.

남북전쟁 이후에 미국은 배를 만드는데 선도적인 위치를 차지하지 못했다. 중요한 이유 중에 하나는 대륙횡단 철도의 개통과 내륙항로의 이용에 있었다. 내륙교통의 발달은 해안을 따라 바다를 통한 화물운반의 필요성을 감소시켰다. 내륙항로에 이용된 것은 외륜의 증기선, 뗏목, 바닥이 평평한 짐배 등이 있었다. 외륜의 증기선은 오하이오, 미시시피 및 다른 큰 강에서 목재와 농산물을 운반했다. 이 배들은 참나무, 호두나무 및 백합나무 등의 목재로 만들어졌고, 단풍나무, 참나무 및 히커리나무 등의 목재를 연료로 사용했다. 바닥이 평평한 짐배(barge)와 뗏목이 여전히 강에서 사용되었고, 운하에는 좁고 긴 화물선이 많이 있었다. 1880년대에는 철로

그림 10-14. 오대호의 코르벳함

만든 증기선들이 다른 나라의 선대들로 이용되기 시작했으나, 미국의 상선 선대는 돛대를 가진 배들로 세기의 전환점까지 교역을 위해 항해했다.

돛배의 최후 시대에 대양항해를 위한 미국의 최고 배는 빠른 쾌속범선인 클리퍼(그림 10-15)였다. 이 배는 아름다웠고 물에 낮게 위치하였으며, 돛대들과 활대들이 너무 높아 범포로 거대한 구름을 흩어지게 했다고 전한다. 클리퍼는 1850년대에 대서양을 횡단하고, 캘리포니아에서 희망봉을 돌아서 가는 긴 항해에 이용됐다. 넓은 돛과 길고 매끄러운 선체를 가진 클리퍼는 속도를 위해 설계되었고, 시간당 약 30km로 항해했다.

그림 10-15. 미국의 쾌속범선(클리퍼)

1870년대에 증기선과 경쟁 및 경제의 불황은 목재로 대양을 항해하는 배들을 만들었던 많은 조선소들이 파산하게 했다. 하지만 메인의 조선소는 안정적인 목재공급과 싼 인건비로 번창했다. 1875년경에 메인의 조선소는 미국에서 생산되는 배의 80%를 만들었지만, 메인조차 1850년대 이후 50%가 감소했다. 메인에서 곡물을 운반하기 위해 목재로 만든 거대한 짐배는 1870년대에 2000톤 이상이 일반적이었고, 1880년대에는 3000톤에 달했다. 1870년대에 메인의 조선소들에서 만든 배들은 미국의 전지역으로부터 운반되어온 목재로 만들어졌다. 곡물을 나르는 큰 배의 건조는 큰 참나무의 목재가 필요했고, 이들 나무들은 북동부지역에 드물었다. 따라서 무거운 뼈대는 점차 메릴랜드와 버지니아, 오하이오 및 오대호 연안의 내륙지역에 남아있는 참나무 숲에서 가져왔다. 플로리다로부터 가져온 떡갈나무목재는 마루판으로 사용되었고, 곡재들은 메인 북부지역의 가문비나무목재나 낙엽송목재로 만들었다. 돛대는 미시간이나 오리건의 소나무목재를 이용했다. 먼 지역으로부터 배를 만들기 위한 목재의 운반은 이윤을 적게 하여 배를 계속 만들 수 없게 했다.

미국의 조선소들은 철로 배를 만드는 유럽의 조선소들과 경쟁을 할 수 없었지만 아프리카와 남아메리카의 해안 주변에는 증기선을 위해 석탄을 공급하는 곳이 없어 목재로 돛배를 계속하여 만들었다. 하지만 돛을 가진 배들은 감소했고, 점차 대양항해에 철로 만든 증기선이 대신하게 되었다. 많은 미국의 조선소들이 목재로 증기선을 만들었으나 목재로 만든 배는 더 커진 엔진의 진동 때문에 선체에 엔진을 고정시킬 수 없게 되어 철로 만든 증기선이 대양을 항해하게 되었다.

가정용 물건들과 목재

철이 배와 연장 및 가정용 물건들을 만드는데 사용되었지만, 아직도 대부분의 도구와 가정용 물건에는 목재가 부분적으로 사용되었다. 나무들은 약품과 염료의 원료로 제공됐고, 단풍당은 1880년에 가장 많은 생산량을 기록했다. 나무들은 해 가리개, 방풍림 및 장식품으로 예전보다 더 많이 이용됐다. 크리스마스에 가정은 상록수로 장식했다. 울타리로 이용이 가능한 목재가 부족한 평원에서는 작고 가시가 많은 나무가 울타리로 사용되었다. 1873년에는 새로 고안된 철조망이 울타리를 대신했으나 목재가 철조망을 설치하기 위한 기둥으로 필요했다. 호두나무목재로 만든 테이블이 있는 재봉틀, 다림질 판, 세탁기, 아이스박스 및 커피를 가는 기계 등은 적어도 일부분이 목재로 만들어졌다. 금속도구 및 어름을 깨는 도구로부터 우산까지 모든 종류의 도구가 목재 손잡이를 가지고 있었다. 새로운 제품인 성냥, 연필, 자 및 야구 방망이 등도 목재로 만들어졌고, 목재로 제품을 만드는 공장들이 뉴잉글랜드에 집중됐다.

악기는 목재로 만든 중요한 제품이 되었다. 뉴욕은 아마 피아노 제조에서 세계를 선도했다. 1865년에 70개의 공장에서는 일주일에 피아노 250~300대를 생산했다. 1870년에는 2만4천대의 피아노가 미국에서 생산되어 다른 어떤 나라보다 많이 생산했다. 같은 해에 가정용 오르간이 2만9천대 생산되었고, 그중에 절반이 매사추세츠에서 생산되었다.

가구의 발달

미국은 영국의 영향을 받았지만 가구에서도 주체성을 확립하기 시작했다. 19세기에 신제품에 대한 열정과 함께 산업화가 미국자신의 가구스타일을 발전시키는데 기여했다. 1776년에 독립과 함께 미국사람들은 가구스타일에서도 독립을 원했다. 영국의 신고전주의양식을 성공적으로 해석하고 그들 자신의 것을 창조한 사람은 파이페(Duncan Phyfe, 1768~1854)였다. 그는 창조자라고 하기보다 모방자였지만 가구양식에서 이름이 알려진 최초의 미국인이다. 파이페는 조각된 마호가니, 평판 등받이, 바깥쪽으로 벌어진 다리, 다리가 중앙에 하나인 테이블 지주(支柱) 및 놋쇠로 만든 물건 놓는 대와 가구의 다리에 바퀴를 사용했다. 19세기 초 미국 가구들의 특징 중에 하나는 세로의 홈보다 파이페에 의해 사용된 평행으로 볼록한 늑골의 일반적인 사용이었다.

빅토리아시대의 미국가구

부활스타일은 영국과 프랑스에서 최고의 인기를 얻었고, 1840년대에는 미국사람들을 사로잡았다. 1850년대에 뉴욕시의 가구상들은 대부분 독일이나 프랑스로부터 이주한 사람들이었고, 다른 가구스타일들과 함께 많은 유럽의 가구상들이 미국으로 이주했다. 이들 중에 한 사람이 벨터(Belter)였다. 로코코스타일로 만든 벨터의 가구는 유럽에서 만든 가구보다 더 세련되었다. 그는 자연물을 이용한 정교한 조각으로 장식했고, 많은 구멍을 냈다. 이 시대에 가구에 사용된 과일과 잎 등의 조각은 모두 벨터에 의한 것이라 할 수 있다. 파이페 이후에 벨터는 뉴욕에서 가장 유행된 가구를 만든 가구장이였다. 벨터는 두께가 각각 1.6mm인 4~16개의 단판으로 적층된 패널을 사용했고, 패널들은 주로 자단재로 조각이 되기 전에 금형으로 구부리고 증기를 가해 만들었다. 산업화로 특징지어지는 시대에 응접실 가구, 테이블, 침대 및 다른 형태의 가구들은 손으로 조각하고 마감한 장식을 사용했다. 벨터의 조각은 그가 명성을 얻게 했고, 곡선의 통 모양을 한 의자 등받이들은 종종 앞면이 조각되었지만 그림 10-16과 같이 목재를 관통하여 조각하기도 했다.

그림 10-16. 적층된 자단재로 만든 벨터의 의자

1890년경에는 고리버들세공 가구가 가장 인기 있었다. 고리버들은 밀짚과 풀로부터 등나무까지 천과 같은 짜는 재료로 사용되었고, 그 시기에 등나무가 가구에 사용된 밀짚과 버드나무를 대신했다. 고리버들세공 가구(그림 10-17)의 대부분이 미국에서 만들어졌지만 재료는 극동아시아로부터 수입되었다. 예술적이고 손으로 만든 이국적인 고리버들세공 가구는 어떤 공간에서나 잘 어울렸고, 복잡한 디자인과 함께 화려한 고리버들세공 가구들이 중산층을 위해 만들어졌다.

그림 10-17. 고리버들세공으로 만든 흔들의자

특허가구

미국에서 적은 인구밀도에 광활한 땅, 기술 인력의 부족 및 상대적인 고임금은 기계가 널리 사용되는데 공헌했다. 또한 1860년대는 발명시대로 모든 사람이 발명을 했다. 기업가들은 물건들을 더 빠르고, 완전하며, 아름다운 물건들을 만들기 위한 방법들과 수단들을 찾았다. 가구제조에 기계화가 널리 이루어지기전인 19세기 중반 이전에는 정교한 가구들이 주로 손으로 만들어졌다. 하지만 기계들은 많은 모조품들을 생산하기 위한 수단들을 제공했고, 많은 사람이 적은 비용으로 많은 가구를 가질 수 있게 했다. 많은 발명들이 기계류에 집중되었고, 기계들은 예전에 손으로 했던 작업들을 대신했다.

부자들은 거대한 가구들을 위한 공간을 가지고 있었지만 중간계급들은 작은 공간을 가지고 있어 큰 공간을 확보할 수 없다면 가구를 작게 하든지 다른 방법으로 많은 기능을 가진 가구가 필요했다. 따라서 특허가구는 여러 기능들을 가지고 있었다. 의자는 안락의자, 안락의자는 침대, 침대는 옷장이 되었다. 특허가구는 공간의 절약, 안락함, 접는 의자와 같이 변동성, 흔들의자와 같은 탄성, 재봉틀의자들과 같은 전문성 및 소파침대처럼 개조성 등 하나 이상을 제공했다.

셰이커가구

빅토리아시대에 기능적 단순성과 가장 관계가 있었던 이름은 종교사회인 셰이커교도 집단이었다. 셰이커교도의 가구는 첫눈에 18세기의 단순한 농촌가구로부터 파생된 것 같았으나 자세히 보면 디자인과 솜씨들이 보통 이상이었고, 셰이커교도의 도덕적 마음가짐을 반영했다. 형태에서 순결함은 그들이 추구하는 정신과 같았고, 시각적이고 재료적인 면들은 고도로 세련되었다. 셰이커디자인은 균형, 양식, 비율 및 크기에서 특징을 가지고 있었다. 작은 모양의 반복적인 사용과 배열의 체계, 하나의 특징을 나타내기 위한 기능 및 모양과 크기에서 중요도에 따른 배치는 다른 요소들을 중요하지 않게 하므로 강조했다. 시각적으로 아름다운 비율은 모든 셰이커가구의 장점들 중에 하나였다.

셰이커가구의 재료, 방법 및 연장들은 18세기 후반에 일반적으로 사용된 것들과 거의 같았다. 손잡이가 있는 연장인 톱, 줄, 천공기 및 대패기 등은 모든 목공실에서 사용되던 도구였고, 19세기 초에는 새로 발명된 동력을 사용하는 연장으로 점차 변화되었다. 셰이커교도들은 남북전쟁 전에는 자신들을 위해 많은 가구들을 만들었고, 19세기 후반에는 상업적인 생산을 증가시켰다. 가볍고 실리적인 가구가 특히 동부 해안지역에 있는 도시들에서 판매됐다. 가구제작자들은 소비자들의 취향과 시장의 수요를 만족시키기 위해 노력했다. 하지만 생산기간 및 변화를 고려하면 셰이커가구는 재료, 구성, 모양 및 품질에서 놀라운 일관성을 보였다. 그림 10-18과 같은 의자의 팔걸이에 버섯 모양과 뒷기둥에 탑 모양의 장식은 의자에 균형을 주었다.

그림 10-18. 셰이커의자

히치콕의자

빅토리아시대에 히치콕(Hitchcock)의자는 셰이커가구와 비교될 수 있다. 히치콕의자(그림 10-19)가 가구발전에 공헌한 것은 생산방법이다. 히치콕은 가구디자이너가 아니라 생산 및 마케팅 분야에서 혁신자였다. 히치콕은 노동력절감을 위한 방법과 표준화개념을 도입하여 가구산업을 혁신했다. 그는 가정에서 조립할 수 있도록 상점에서 구입하고 매우 싸며 바꾸어 사용할 수 있는 의자 부재들을 만들기 시작했다. 등받이의 세로널과 의자의 기둥은 증기를 가해 휘게 했고, 앞쪽 다리들과 다른 곧은 부재들은 선반으로 깎았다.

그림 10-19. 히치콕의 벤치

주택의 발달

19세기의 주택스타일은 가구스타일처럼 지방 및 작은 도시에서는 매우 평범했고, 대도시에서는 사치스러웠다. 서부의 변경지역은 많은 목재의 이용이 가능하여 통나무집이 아직 표준 주택이였다. 서부지역의 광산촌은 목재로 만든 상가건물, 미늘벽판재로 만든 주택 및 교회, 목재로 만든 보도, 말이나 수레를 매는 기둥 및 가축우리들로 상징되었다. 작은 도시에 있는 농장주택도 평범하게 목재로 세워졌다.

건축에서 가장 유행하는 스타일의 대부분은 유럽에서 시작되었다. 중요한 차이는 목재의 이용으로 빅토리아시대의 미국 건축물은 가능하면 목재로 만들었다. 1876년경에는 고딕양식이 미국에서 가장 유행했고, 높고 작은 뾰족한 탑, 좁고 뾰족한 창 및 외부에 조각된 목제품 등이 있었다. 또 다른 스타일은 앤여왕스타일로 경사가 큰 지붕과 작은 탑이 있었다. 앤여왕스타일의 주택은 아래 부분에 벽돌을 사용했고, 윗부분은 목재로 만든 반 목재 스타일로 목재나 미늘벽판재를 사용한 지붕널은 다양한 색깔로 칠 했다. 그와 함께 주택의 기둥은 조각된 목재를 사용했다.

건축에서 가장 큰 변화는 시카고에서 1830년대 중반에 소개된 벌룬구조(balloon frame construction)의 사용이었다. 예전의 건물들은 건축하는데 많은 시간과 숙련이 요구되는 무거운 목재로 된 뼈대나 벽들에 의해 지지되었다. 하지만 테일러(Augustine Taylor)가 얇은 제재목들의 사이를 띄우고 여러 종류의 못으로 고정하여 서로 결합한 구조를 고안했다. 이 방법의 고안은 미국사람들에게 적은 비용으로 주택을 소유할 수 있도록 만든 주택의 혁명이었다. 예전의 무겁고 두꺼운 참나무목재를 사용한 뼈대 및 벽체와 같은 기능이 2인치(5cm) x 4인치(10cm) 제재목으로 가능하게 되었고, 1850년대에 확립된 샛기둥과 장선의 16인치(약 40cm) 간격은 제재목 등급과 생산기술의 개선으로 더 경제적인 24인치(약 61cm) 간격이 될 때까지 한 세기 이상 사용됐다. 파티클보드와 합판은 벽 표면에 목재목리를 이용하게 하였고, 예전에 소중하게 여겼던 활엽수 목재마루는 양탄자가 대신했다.

다른 목재이용

석탄, 구리 및 금 등의 광산숫자가 늘어나면서 광산의 갱목으로 많은 목재가 요구되었다. 1859년에는 펜실베이니아에서 석유가 처음 발견되면서 참나무목재로 유정 탑이 만들어졌고, 보관탱크도 삼나무목재로 만들었다. 전화의 보급 확대는 전봇대로 사용하기 위해 급격히 목재의 수요를 증가시켰다. 화공약품의 발전과 함께 많은 화공약품의 용기는 목재로 만든 통을 사용했다.

이 시대에는 목재사용의 전환기로 볼 수 있다. 연료, 도로포장 및 배연료의 사용이 감소했고, 새로운 용도, 즉 종이, 합판, 전화와 전기의 전봇대, 철도 및 화공약품에 목재가 사용되었다. 건축, 가구, 교통수단, 타닌, 울타리 및 악기 등에서 목재의 이용은 계속되었다.

미국의 성장과 산림면적의 감소

미국은 독립전쟁이 끝난 다음부터 남북전쟁이 일어나기 바로 전까지 강국으로 성장했고, 발전에 중요한 역할을 목재가 담당했다. 연료, 건물, 가구, 가정용품 및 모든 종류의 기계 등이 목재로 만들어졌다. 값싼 집, 빵 및 운송비 등이 나라의 성장과 번영의 기본 요소들로 미국은 경제발전을 위한 최상의 조건들을 가지고 있었다. 미국은 경제가 성장한 시기인 1811년부터 1867년까지 거의 50억 코드의 목재를 연료, 공장, 증기선 및 철로에 사용했다. 50억 코드의 목재생산은 약 20만 평방마일 ($1m^2$=$2.59km^2$)의 산림에서 나무를 잘랐다는 것을 의미한다.

1810년에서 1867년 사이에 건설 등으로 사용된 목재의 양은 연료로 사용된 양과 비교할 때 적은 양이었지만, 약 6만5천km^2에서 생산된 목재가 건축, 다리, 마차 및 수차 등에 사용되었다. 철도 침목으로는 많은 목재가 사용되지 않았으나 잠재적인 가치가 있는 어린나무가 잘려 미래의 목재공급을 위태롭게 했다.

경작을 위한 농경지로 1850년부터 1860년까지 10년 동안에 약 7만8천km^2의 산림이 파괴됐다. 가축의 방목 또한 산림을 크게 파괴했다. 동물들은 많은 어린 나무들을 먹어 없앴고, 나무껍질을 먹어 나무가 쇠약하게 되어 죽게 했다. 방목, 제재목, 연료 및 경작을 위해 파괴된 산림면적은 시간이 지날수록 증가하였다. 1850년에 미국은 25%가 울창한 산림지역이었으나 20년 후에는 15%로 감소했다.

10.3. 미국의 현대와 목재

미국에서 복잡한 현대 도시와 사회의 건설은 많은 목재의 이용과 함께 계속되는 기술개발로 가능했다. 20세기에 미국은 전체인구의 75%가 도시에서 생활했다. 거대한 도시와 교통, 농업 및 통신 등의 발달은 미국사람들의 생활에 크게 영향했고, 많은 양의 에너지와 원자재가 필요한 산업경제에 기초했다. 목재는 아직 미국 경제에 기초가 되는 에너지 및 원자재의 하나로 남아 있어 목재산업은 경쟁력을 유지하고 있다. 나라가 커지므로 대륙을 횡단하는 철도가 건설되고, 주택건설을 위하여 많은 목재가 요구되면서 제재산업은 더욱 발전을 했다. 제재산업이 급속히 성장하면서 모험적인 기업가가 요구되었다. 이들 중에 한 사람이 오늘날 웨어하우스 설립자이며 노동자 출신의 독일이민자인 웨이어하우저(Frederick Weyerhaeuser)였다. 또한 새로운 수요를 충족시키기 위해 목재의 새로운 용도 개발과 함께 새로운 목재제품이 시장에 소개되었지만, 철강산업 등과 비교하여 목재산업은 느리게 발전되었다. 이는 아마 목재가 너무 일반적으로 사용되어 잘 알려져 있고, 쉽게 사용이 가능하며, 쉽게 가공할 수 있기 때문이었을 것이다. 기술의 빠른 발달과 함께 건축, 교통수단 및 가구 등에도 목재는 빨리 적응하지 못했다. 하지만 기계화와 더 균일한 목재생산이 어느 시대보다 요구되었고, 제재기술 및 톱의 발달은 더 정확한 제재를 가능하게 했으며, 새로 개발된 합판, 목섬유제품과 파티클보드 및 종이 등이 목재의 이용에 많은 영향을 미쳤다. 이들 목재제품은 미국 경제에서 매우 중요했고, 목재자원을 더 효율적으로 이용할 수 있게 했으며, 복잡하게 생산되어 엄청난 시설비가 요구됐다. 이러한 새로운 경향은 제재, 종이, 합판 및 건축재 등을 제조하는 거대한 목재기업집단을 형성하게 했다.

주택의 발달

1차 세계대전이 끝난 다음 부유한 사람들은 도시의 주택으로부터 교외지역의 외딴 주택으로 이주하는 경향이 계속되었다. 자동차의 증가로 교외지역은 접근하기가 더 쉽게 되었다. 중간 소득의 사람들도 교외지역으로 이주하기 시작했고, 값싸고 작은 방갈로들이 서부지역 해안가의 교외지역에 새워졌다. 처음에는 방갈로들이 휴양주택으로 세워졌으나 후에 영구주택으로 채택되었다. 작고 값싼 조립식 방갈로가 미국의 모든 지역에 보급되었다.

2차 세계대전 전에 개인용 자동차의 증가는 교외에서 거주지역의 면적을 크게 넓혔다. 초기에 교외지역은 철로를 따라 보통 5~8km로 역으로부터 걸을 수 있는 거리의 공간을 차지하고 있었으나 자동차의 이용이 면적을 더 넓게 만들었다. 동부지역에서도 도시의 접근성 향상으로 복잡한 셋집으로부터 더 쾌적한 환경을 가진 주택에 대한 수요가 증가했다. 이들 수요를 충족시키기 위해 뉴욕은 시 외곽지역에 햇빛이 잘 들고 환기가 잘 되는 공원 아파트를 건설하였다.

공원이 있는 주택의 개념은 거의 보편적인 매력을 가지고 있어 많은 미국사람들에게 이상적인 주택을 의미했다. 미국은 땅과 주택의 건설이 상대적으로 비싸지 않았고, 차 소유가 필수로 받아들여졌다. 2차 세계대전 후에 미국에서 가장 대중적인 주택은 단층집인 방갈로였다. 방갈로의 이용이 알래스카의 아한대지역을 포함한 전 미국에서 이루어졌다. 전형적인 농촌지방의 큰 방갈로는 두 개의 차고를 가진 농장주택이었다. 경사면에 차고, 차고 위에 위치한 침실과 목욕탕은 같은 층이면서도 차고 위가 아닌 다른 위치에 있는 침실보다 바닥이 높은 스프리트레벨(split-level)주택(그림 10-20)이 50년대 후반과 60년대 초반에 크게 유행했다. 스프리트레벨주택의 장점은 방갈로보다 더 좁은 건물부지에 적합했다는 것이다.

그림 10-20. 스프리트레벨주택

최근에 주택산업은 새로운 조립식공법과 건축기술을 사용하고 있다. 이는 중요한 발전으로 목재에 대한 이용방법의 개선으로 가능하게 되었다. 철판으로 결합한 지붕트러스가 1950년에 소개되었고, 모든 새로운 단독주택의 약 75%에 사용되고 있다. 트러스로 만든 목재마루는 1970년에 소개되었고, 다세대주택의 10%이상이 사용하고 있다. 1930년대에 소개된 스트레스 스킨(stress skin)개념은 목재로 된 늑재가 있는 가벼운 합판 벽 패널의 공장생산을 가능하게 했다. 조립식주택의 가능성은 1848년 캘리포니아에서 골드러시 초기에 알게 되었지만, 거의 100년이 지날 때까지 개발되지 않았다. 주택의 건축시장은 새로운 연장(도구)의 개발로 조립식구조가 가능하게 되었고, 압축식 망치와 스테이플러의 사용은 인건비를 크게 절약하게 했다. 미리 마감되고 가공된 목재제품은 더 나은 품질관리가 가능해지게 했고, 거친 기후와 인간의 실수로 인한 불균일한 생산 가능성을 최소화했다.

건축용 목재

주택산업은 제재목, 합판 및 여러 목재제품들의 가장 큰 고객으로 중요한 역할을 하여 왔다. 새로운 주택의 건설에는 침엽수 제재목, 합판, 하드보드, 파티클보드 및 단열재와 같은 목재제품들의 많은 양을 사용한다.

20세기 이전에는 합판을 주로 백합나무, 풍향수, 자작나무 및 호두나무 목재로 만들었고, 재봉틀 캐비닛, 책상의 윗면, 문 및 가구 등에 사용했다. 그 시기에 사용된 천연 접착제로 만든 합판은 구조용이 아닌 내장재로 사용됐다. 더글라스 전나무로 만든 합판이 1905년에 오리건에서 처음 소개했다. 포틀랜드의 작은 농장에서는 단판으로 작은 바구니와 과일 통을 만들었다. 작은 농장에서 아르바이트하던 젊은 대학생인 오트젠(Autzen)이 단판을 사용하여 오늘날의 합판을 고안하게 되었지만 제 1차 세계대전 이전에는 널리 보급되지 못했다. 전쟁 중에 군대는 많은 제재목과 합판이 필요하였고, 합판의 새로운 용도와 접착제의 개발이 이루어졌다. 천연접착제보다 우수한 합성수지가 1935년에 개발되어 구조용 합판의 생산을 활발하게 했고, 건축 및 보트의 제작 등에 합판을 사용할 수 있게 했다. 초기에는 구조용 합판을 더글라스 전나무로 만들었다. 1993년에는 백합나무로 만든 합판이 구조용으로 시장에서 거래되기 시작했다. 구조용 합판에는 솔송나무, 낙엽송 및 가문비나무 등의 침엽수 목재도 사용되고 있다. 벽 패널, 캐비닛 및 가구 등을 위한 치장용 합판은 호두나무, 밤나무, 참나무, 느릅나무 및 양 물푸레나무의 목재로 만들어진다.

파티클보드와 함께 목섬유에 의한 단열재와 하드보드가 개발되었다. 이들은 톱밥 등 부산물로 만들어졌고, 단열재가 가장 오래된 형태이다. 가벼운 단열재는 열과 음을 차단하는 효과가 커서 주택의 단열 및 천정과 벽 등의 소음 차단용으로 많이 사용되고 있다. 하드보드 역시 외벽의 벽널 및 마루 대판 등 건축재료로 많이 사용되고 있다. 파티클보드의 약 1/3은 마루의 대판으로 사용되며, 주택의 벽널과 지붕의 덮개로도 많이 사용되고 있다. 건축 산업에 재구성 목재에 대한 수요증가는 미국에서 목재자원의 효율적인 이용을 촉진시켰다. 오늘날 넓은 공간이 필요한 교회, 스포츠센터 등 공공건물에는 목재로 만든 구조용집성재가 사용되고 있다. 구조용집성재는 쉽게 아치 형태로 만들 수 있고, 자연적이며 미적으로 우수해 많은 공공건물에 사용되고 있다.

가구의 발달

가구는 미국사람들의 일상생활과 밀접한 관계가 있고, 목재가구를 선호하는 전통이 아직도 남아 있다. 가구산업은 중요한 목재의 소비자로 많은 양의 활엽수와 침엽수 제재목 및 재구성 목재제품인 하드보드와 파티클보드 등을 가구제작에 사용하고 있다. 가구에 사용되는 중요한 수종의 목재는 참나무, 소나무, 단풍나무, 호두나무, 밤나무 및 자작나무의 목재이다. 오늘날 가구에 대한 일반적인 경향은 자연적이고 단순한 형태와 함께 두꺼운 제재목으로 만든 가구에 대한 관심이 증가되어 목재로만 만든 가구를 선호한다. 가구에서 최근에 중요한 변화는 조립가구의 제작에 목재사용의 증가와 새로운 접착제의 개발이다. 연마기, 루터 및 프레스 등의 목공기계 개발은 조립가구에 목재사용을 가능하게 했다.

공예미술과 가구

유럽에서 모더니즘이 발달하는 동안 미국사람들은 개척시대 스타일의 안락함과 안전을 선택했고, 이러한 추구는 일부 공예미술운동과 관계가 있었다. 19세기 말에 미국에서는 공예미술 가구가 유행했고, 통나무로 만든 가구가 소개되었다. 통나무로 만든 가구는 뉴욕 주 위쪽지역에 위치한 산맥의 여름 주택, 야영지 및 유흥지에서 많이 사용했고, 주로 인디애나 주에서 만들어 미국의 전 지역에 팔렸다. 특징은 둥글고, 제재하지 않은 히커리나무목재로 만들었고, 종종 수피가 붙어 있었다. 의자의 좌석과 등받이는 히커리나무의 수피로 짜서 만들었다. 테이블의 윗면은 일반적으로 제재하지 않은 참나무목재를 사용했지만 의자의 다리는 제재목을 사용했다. 1930년대와 1940년대 인기를 잃기 전에는 나일론으로 만든 가장자리의 띠와 다른 현대 재료가 종종 수피를 대신했다.

그림 10-21. 1920년경의 통나무로 만든 테이블

1930년경에 미국은 예술과 기계를 혼합했고 유럽으로부터 예술적 의존을 탈피했으며, 하나의 스타일을 사용하게 되었다. 모더니즘의 출발은 분명하지 않지만 공예미술운동이 영향을 미쳤다. 모더니즘은 철학, 스타일 및 디자인, 재료와 제조기술로 표현할 수 있다. 공예미술운동은 빅토리아시대의 불필요한 장식을 제거하여 감추지 않고 가구의 구성과 형태를 있는 그대로 보이려고 했다. 이러한 디자인 과정과 제조기술은 대중에게 쉽게 접근할 수 있도록하여 막 싹이 트기 시작한 모더니즘에 영향을 미쳤다. 토넷의 굽은 목재로 만든 의자들이나 셰이커가구도 모더니즘에 의한 가구의 겉모습을 창조하는데 아마 영향을 미쳤다. 그러나 이들은 연대적·문화적으로 빅토리아시대의 19세기에 기초하여 특별히 혁명적으로 인식되지는 않았다. 모더니스트들의 디자인은 무의식적으로 받아들여지고, 거절되었으며, 다른 19세기의 골동품들과 같이 이들의 디자인도 당연하게 받아들여졌다. 공예미술운동의 이상과 실재방향에 심취됐던 초기 모더니스트들은 디자인에 기하학적 형태와 직선을 많이 사용했고, 그들의 시대와 20세기의 디자인 모두에 공헌했다.

공업디자인과 가구

유럽에서 개발된 강철의 관으로 만든 가구는 공업디자인(Industrial design) 분야의 초기 제품들 중에 하나였지만 최초의 제품은 아니었다. 공업디자인은 예전에 사용되지 않았던 기술들과 재료들에 의존했다. 1920년대 후반에 모습을 나타낸 공업디자인은 기계에 의한 예술이었다. 과거 스타일들이 그들 각자의 문화들을 표현했던 것과 같이 새로운 스타일은 현대문화를 나타냈고, 20세기의 제조기술인 대량생산이 영향을 미쳤다. 대량생산은 판매를 위한 수단이었지만 미적인 가치를 요구했고, 이를 위해 적어도 2차원 예술과 그래픽 디자인이 공헌했다고 할 수 있다.

초기 공업디자인에 의한 가구는 대량생산에 적합하고 경제적인 금속을 재료로 사용했다. 이 시기에 사랑받는 가구의 재료들 중에 하나였던 알루미늄은 지구의 지각에서 발견되는 일반적인 성분이지만 보크사이트광석으로부터 분리시키기 위한 경제적인 방법이 1886년까지 알려지지 않았다. 1888년에 알루미늄공장이 설립되었고, 1924년 초에는 알루미늄으로 가구가 최초로 만들어졌다. 처음에는 널리 알려지지 않았지만 알루미늄은 무게가 가볍고, 녹과 부식에 강했다. 하지만 알루미늄은 용접이나 납으로 때우는 것이 상대적으로 어려웠고 다른 금속과 접촉했을 때 전해에 의해 반응했다. 처음에는 알루미늄 의자를 목재로 만든 의자처럼 보이도록 만들었다. 스타일들은 대부분의 금속을 천으로 덮고 노출된 면은 목재 무늬를 한 에나멜로 씌웠다. 오늘날 알루미늄 가구는 많은 나라에서 다양한 형태로 생산되고 있다. 그림 10-22와 같이 강철 또한 가구제작에 중요한 재료로 사용되고 있으며, 공업디자인이 플라스틱과 금속을 재료로 사용하는 가구산업에서 중요하게 생각되어지고 있다.

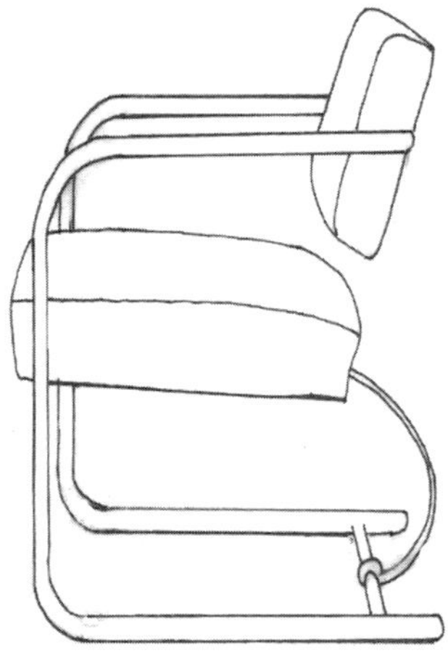

그림 10-22. 천으로 된 등받이와 좌석 및 강철관으로 만든 의자

최근의 가구

20세기에 모더니즘은 대량생산에 적합한 단순하고 경제적인 형태들과 전쟁을 위해 개발한 새로운 재료들을 사용하며 발달했다. 성형할 수 있는 플라스틱, 합판 등과 함께 새로운 아이디어들이 쏟아져 나왔고, 제조설비들도 더 이상 군대의 전유물이 아니었다. 산업은 도시사회로 돌아오는 군

인들에게 주택과 가구를 제공하기 위해 변화되었다. 1950년대에 유행한 모던가구의 황금기는 1960년대에 쇠퇴하기 시작했다. 사람들은 곧 특별한 것과 변화를 찾았다. 1960년대와 1970년대에 병원의 침대를 닮은 의자는 많은 공간을 차지했지만 거실에서 흔들의자를 대신했다. 침실에서는 물침대와 텔레비전이 모습을 보였다. 1980년대와 90년대에는 새로운 가구의 형태와 재료가 소개되기보다 많은 노력들이 가구의 도장재료 개발에 기울여졌다. 새로 개발된 래커, 아크릴 등이 목재 표면에 사용되었고, 목재가구의 보이는 뼈대는 대리석, 공작석 및 수입목재로 겉모양을 바꾸었으며, 실내의 벽 및 마루 등에도 사용했다.

60년대 말에는 디자인에 특징이 없는 가구들이 모든 가정을 차지했다. 이러한 가구 스타일의 대안으로 새로운 디자인은 쾌활함, 유머러스함 등을 고려하였고, 포스트모더니즘이라 불렸다. 포스트모더니스트들은 은유, 애매모호함 및 흥미 등도 첨가하고자 했다. 1970년과 80년대에는 고기술(high tech)로 불리는 구조, 재료 및 빠른 기술의 발전이 있었다. 가구에는 매끄럽고 광택이 있는 재료로부터 고무제품과 같은 자의식이 강하지 않는 재료까지 여러 새로운 재료들이 사용됐다. 테크놀로지는 생활방식과 직장생활에도 영향을 미쳤다. 가정과 회사 사이에 분리가 많은 사람에게 덜 엄격하게 적용되었다. 하지만 디자이너, 제조업자 및 가구상 등 가구에 종사하는 사람들은 여전히 근본적으로 다른 두 범주인 주거용 가구와 사무실 및 공공장소를 위한 가구(contract furniture)를 인식하고 있었다. 특히 미국에서는 가구에 대한 두 범주의 분리가 분명하고, 스타일도 서로 다르다. 많은 주거용가구들은 역사적으로 유명한 스타일에 기초했고, 골동품들과 그들의 복제품들이 주거용으로 적합했으나 지나칠 정도로 많이 사용되었다. 역사적으로 유명한 스타일과 많은 장식을 피하기 위한 노력으로 새로운 형태의 개발이 주거용가구보다 사무실 및 공공장소를 위한 가구에서 널리 이루어졌다. 20세기에 사무용가구는 용도에 맞게 디자인되었다.

교통, 통신 및 다른 목재이용

철도의 등장으로 목재의 중요성이 교통부분에서 약간 줄어들었지만 철도 침목, 다리 및 역 등에 여전히 많은 목재가 사용되고 있다. 20세기 초에 사용을 시작한 보존 처리된 침목이 목재의 이용을 크게 감소시켰다. 또한 20세기 초에 철산업의 발달은 다리 재료로서 철의 이용을 증가시켰다. 1890년경까지 가문비나무목재로 만든 격자다리들은 철제다리의 절반 가격으로 건설할 수 있었지만, 1930년대 중반부터 철이 목재보다 중요하고 경제적인 다리의 재료가 되었다. 20세기 초에는 강화 콘크리트의 이용도 크게 증가했고, 다리의 데크를 위한 중요한 재료가 되었다.

다리의 다른 재료들이 빠르게 기술을 발달시키는 동안 목재는 결구와 보존처리 기술 등에서 발달이 있었지만 다리의 재료로서 구조용집성재가 소개된 1940년대 중반까지 이루어지지 않았다. 구조용집성재는 1960년대와 1970년대에도 계속 발전하여 다리건설에 중요한 재료가 되었다. 1980년대는 새로운 구조용집성재로 만든 다리가 소개되었고, 다리 재료로서 목재에 대한 새로운 관심과 함께 많은 목재다리가 매년 건설되고 있다.

1차 세계대전 때 사용된 초기 비행기는 목재로 만들어졌다. 목재로 만든 날개의 익형(spar)과 소골(rib)은 천으로 된 덮개를 지지하기 위해 사용되었고, 2차 세계대전 때까지 가볍고 싼 개인용 및 연습용 비행기들에 목재가 계속 사용되었다. 전쟁초기에 금속의 부족은 비행기의 목재사용을 증가시켰고, 다양한 두께와 복잡한 모양으로 성형된 합판을 개발하게 했다. 두 전쟁 사이에 합판이 더 빠르고 비싼 개인용 비행기의 동체, 익형의 덮개, 날개의 뼈대 등에 사용되었지만, 점차 공군 및 상업용 비행기들은 완전히 금속으로 만들었다.

통신의 획기적인 발전 또한 목재와 목재제품의 더 많은 사용을 가져왔다. 전화는 목재의 새로운 수요를 만들었다. 1920년대는 미국에서 전화를 위해 연간 거의 200만개의 목재로 만든 전봇대가 필요했다. 밤나무목재와 삼나무목재가 초기에는 전화를 위한 전봇대로 사용되는 중요한 수종이었다.

목재는 제품 및 농산품을 선적하는 수단인 포장재로도 사용되고 있다.

목재로 만든 섬유판이 선적용 콘테이너를 만드는데 제재목을 대신하고 있다. 섬유판으로 만든 콘테이너는 가볍고 용도가 많으며 모든 종류의 제품에 적용할 수 있다. 이는 충분한 보호와 취급 및 포장 등을 자동으로 할 수 있고, 콘테이너의 재사용을 포함하여 쉽게 재활용이 가능하므로 환경적인 영향을 최소로 할 수 있다.

19세기 중엽에 종이의 수요는 가문비나무의 목섬유가 종이의 원료로 사용되기 시작하게 했다. 목재펄프를 사용한 종이의 제조는 많은 자본의 투자와 함께 새로운 설비가 요구되는 산업이지만 오늘날 종이의 90% 이상이 목재펄프로 만들어진다. 오늘날 일상생활에 꼭 필요한 일용품인 종이는 목재에 대한 미국의 의존을 다시 강조하게 한다. 지난 50년 이상 종이산업에서 가장 많이 사용되어왔던 가문비나무, 소나무 및 솔송나무와 같은 침엽수 목재와 함께 활엽수 목재의 이용은 새로운 공정과 설비가 요구된다. 하지만 활엽수 목재는 현재 종이 원료의 25% 정도가 사용되고 있으며, 계속 증가하고 있다.

목재의 화학제품으로 이용은 석유자원이 고갈되어 감으로 중요성이 커지고 있어 전통적인 이용으로부터 새로운 이용방법에 대한 관심이 증가되고 있다. 목재의 기름은 증류되어 접착제, 아스팔트 타일, 카본지, 청정제, 가솔린 첨가제, 윤활유 및 인쇄용 잉크 등을 생산하고 있다. 또한 바비큐용 목탄이 폐목재를 사용하여 만들어지고 있다.

제 11 장 미래의 세계와 목재

오늘날 인류는 매우 심각한 지구의 환경문제에 직면해 있고, 산림과 목재산업은 지난 50년 동안 매우 많은 변화를 경험했다. 산림이 지구환경의 보존에 매우 중요한 역할을 하는 것도 사실이고, 목재산업의 원료인 목재는 산림을 구성하고 있는 나무를 벌채하여야만 얻을 수 있다. 따라서 목재이용은 환경에 부정적인 영향을 미치지 않는 범위에서 생산이 이루어지도록 산림을 경영할 때만 가능하고, 미래의 목재산업은 안정적이고 지속적인 목재공급에 달렸다. 따라서 이 장은 미래의 인간생활에서 산림과 목재의 역할 및 목재산업에 대해 알아본다.

11.1 산림과 지구환경

지구의 기후는 일정하지 않고, 과거부터 변하여 왔고 앞으로도 변할 것이며, 현재에도 지구의 온도가 상승하고 있다는데 의심이 없다. 1850년부터 이용이 가능한 믿을 만한 자료들은 지구온도가 상승하는 경향을 분명하게 보여주고 있다. 지난 100년 동안에 지구온도는 0.7℃ 이상 상승하였고, 상승속도가 증가하고 있다. 산업혁명 초기부터 지난 200년간 이산화탄소양은 25%, 지난 50년에 연간 약 0.4% 증가했다. 또한 양은 매우 작지만 다른 온실가스인 매탄 등의 증가율도 커지고 있다. 모든 사람이 최근에 온도가 올라가고 온실가스의 양이 증가한다는 사실에는 동의하지만 그에 따른 효과와 원인은 확신하지 못하고 있다. 어떤 과학자는 예측에 대한 많은 불확실성을 지적하고, 다른 과학자들은 태양의 흑점 활동과 관계가 크다고 주장한다. 하지만 많은 학자들은 증거가 아직 명료하지 않음에도 불구하고 지구 온난화를 인간의 활동에 의한 온실가스의 증가와 연결시킨다.

기후 영향으로 지구의 평균기온 상승은 인류역사에서 어떤 시기보다 더 크게 되어 50년 후에 지구표면의 온도가 1.5℃에서 4.5℃ 상승할 것이다. 이는 모든 지역의 기후형태 변화에 중요한 역할을 할 것이고, 특히 지구의 극지에서 온도상승으로 변화가 일어날 것이다. 지구 표면의 증가된 열은 수증기의 증발을 증가시키고, 그 결과로 지구의 평균강수량을 증가시킨다. 변화된 기후형태는 어떤 지역에서는 강수량을 감소시킬 것이다. 기후변화는 토지이용에도 많은 영향을 줄 것이다. 극단적인 경우는 사막이 확산되고, 지역에 따라 다른 농사법에 의해 작물을 경작해야 할 것이다. 강수량의 변화는 토양의 수분에도 영향을 미치고, 토양의 많은 수분 감소가 강수량이 감소된 지역에서 예상된다. 또한 평균 해수면의 상승이 아마 이루어질 것이다. 평균 온도가 올라가면 실질적으로 열에 의한 팽창은 피할 수 없다. 또한 빙하와 대륙의 얼음이 녹는 정도와 그에 따른 해수면의 실질적인 상승에 대한 예측은 불확실하고 추정하기 어렵지만 어떤 과학자는 다음 30년에 1.5~3.5m정도의 해수면 상승을 예상하고 있다. 이 정도의 상승은 물론 바다로부터 가까운 지역의 산림과 섬을 물에 잠기게 할 것이다.

산림의 면적과 형태에서 변화는 기후 변화의 필연적인 결과로 고려되지만 중요한 크기, 율 및 형태는 불확실하다. 한 예측은 지구 전체에서 산림면적이 6% 감소하고, 북반구에서는 산림면적의 37% 감소와 열대림은 강수량 증가로 산림면적의 28% 증가를 예상했다. 지구의 온난화는 모든 다른 인자가 같을 경우 넓은 지역에 걸쳐 빠르게 많은 영향을 미칠 것이다. 영향이 너무 커서 넓은 지역에서 수종의 구성이 변화되고, 현재의 산림은 더 이상 유지되지 않을 것이다. 그러한 결과로 물 공급과 침식은 물론 산림에 의지하는 임업, 목재공급, 레크리에이션 및 야생동물 등에서 중요한 변화가 일어날 것이다.

대기 중의 이산화탄소 증가에 의한 가능하고 유익한 영향을 살펴보면 불분명하지만 나무의 생장이 있다. 실험결과에 의하면 광합성율은 증가했지만 더 적은 수분이 요구되었다. 따라서 이산화탄소량의 증가는 이론적으로 건조한 기후와 물 부족이 있는 지역에서 나무의 생장을 이롭게 한다. 하지만 생태적으로 식물을 먹이로 하는 동물, 빛과 함께 수분과 양분을 필요로 하는 식물, 질병 및 유기물로 균형을 이룬 생태계에서 생장율이 증가하는가는 불분명하다. 높은 온도는 생존하는 기간이 짧은 곤충에게는 더 좋은 조건이 될 것이고, 이는 30~100년이 생장주기인 나무보다 더 빨리 진화하고 적응할 수 있기 때문이다.

이산화탄소의 상대적 중요성

인류가 크게 균형을 바꾸기 전에는 소위 탄소 사이클이 균형을 이루고 있었다. 즉, 식물, 동물 및 세균 등의 호흡으로 대기 중에 내뿜는 이산화탄소의 탄소량은 식물의 광합성작용으로 균형을 이루었다. 식물 특히 나무에 의해 고정되는 탄소량이 공기 중으로 되돌려지는 탄소량과 같았다.

화석연료의 연소와 산림파괴가 대기 중의 이산화탄소량을 증가시키고 고정된 탄소의 양을 줄인다. 공기 중의 탄소량은 7억3천만 톤으로 추정되며, 반면에 광합성작용을 통해 식물은 매년 1억2천만 톤을 이용한다. 하지만 화석연료의 연소는 대기 중에 매년 2백만 톤의 탄소를 증가시키는 것으로 추정되고, 산림파괴가 연간 1백만 톤을 추가로 증가시킨다. 공기 중에 화석연료의 연소와 산림파괴에 의한 탄소배출은 상대적으로 작지만 지속적인 탄소의 배출은 50년 후에 지구온도를 1.5℃~4.5℃정도 증가시킬 수 있다.

메 탄

메탄은 온실효과에 두 번째로 크게 기여한다. 역사적으로 오랜 기간 일정하게 0.6ppm을 유지해왔지만, 지난 세기에는 1.7ppm으로 상승하였고, 현재 연간 이산화탄소의 0.5% 증가와 비교하면 0.9%~1.2%로 더 크게 증가하고 있다. 메탄은 상업용 기름과 유전으로부터 나오는 천연가스의 성분이다. 그러나 대부분이 가축의 위, 흰개미의 장, 홍수 때 논과 습지에서 발견되는 무기성미생물(박테리아)에 의해 생성된다. 메탄은 산불에 의해서도 만들어지고, 100 단위의 이산화탄소마다 1 단위의 메탄이 만들어진다. 적외선을 흡수하는 능력은 이산화탄소의 100 단위당 25 단위와 같다.

이산화탄소(CO_2) 양에 대한 벌채와 조림의 영향

열대림의 벌채에도 불구하고 온대림은 탄소가 어느 정도 평형이거나 열대림에서 손실되는 탄소만큼 축적하고 있지만 과거의 산림파괴가 현재 대기 중의 높은 이산화탄소량에 공헌하지 않았다는 것은 아니다. 대부분의 벌채가 열대지역에서 일어났고 열대림의 파괴는 매년 탄소 1백만 톤(이산화탄소 4백만 톤)을 증가시켰다.

적게 생장을 하는 성숙림은 다른 용도의 토지이용과 갱신으로부터 보호할 필요가 없다. 주의 깊게 갱신을 허용한다면 갱신을 위한 벌채로 대기 중에 이산화탄소의 증가는 없을 것이다. 목재로 만든 제품이 탄소를 보관하고, 반면에 아직 자라고 있는 나무는 탄소를 계속하여 저장하는 역할을 한다. 또한 목재가 영원한 탄소저장소는 아니지만 화석연료를 사용하여 만든 제품 대신에 사용함으로써 탄소저장소의 역할을 계속할 것이다. 이산화탄소에 의한 온실효과의 영향을 줄이기 위해 목재와 같은 재생이 가능한 에너지원이 화석연료를 대신하는 방법도 있다. 목재의 연소는 단지 나무 생장에 도움을 주는 탄소를 공기 중으로 되돌려준다.

조림은 3가지 방법으로 이산화탄소에 의한 온실효과를 줄인다. 첫째로 자라고 있는 산림은 공기로부터 이산화탄소를 제거한다. 둘째로 새로운 조림이 경작지에 이루어진다면 나무는 가축으로부터 생산된 메탄을 제거할 것이다. 세 번째는 목재로 만든 제품이 화석연료를 사용하여 제조되는 알루미늄, 시멘트 및 철 등을 대신할 수 있다. 목재는 에너지원으로서 화석연료의 역할도 대신할 수 있다. 이러한 이유들로 많은 나라들에서 이산화탄소에 의한 온실효과의 완화를 위해 넓은 면적에 조림이 이루어지고 있다. 그 중에 한 지역이 브라질로 총 2천만 헥타르가 넘는 면적에 고유수종과 외래 수종의 조림이 시도되고 있다.

11.2. 미래의 산림역할

목재수요가 증가하므로 새로운 산림경영은 목재공급과 함께 산림으로부터 다른 이익들인 공기, 물 및 종의 다양성이 요구되고 있다. 하지만 많은 국가에서는 나무의 벌채가 크게 이루어지고 있다. 자세하고 정확한 정보는 알려지지 않고 있지만 산림과 습지는 매년 0.3~1.0%가 사라지고 있다. 특히 산업화가 진행 중인 나라들에서 벌채가 매우 크게 이루어지고 있지만 세계는 나무의 생장과 수확에서 균형을 이루고 생산성이 낮은 토지를 인공림으로 사용하려 할 것이다.

오늘날 인류는 조림하는 것 이상을 할 수 있다. 현재 산림은 줄어들고 새로운 산림이 목재와 다른 이익들을 증가시켜 준다. 새로운 산림은 천연림에 대한 중압감을 줄이고, 인류가 필요한 목재공급에 크게 이바지할 것이다. 지구는 인류의 간섭에 적응하고 변화하며 회복할 수 있는 뛰어난 능력을 가지고 있다. 산림에 대한 가치의 전체적인 균형을 위한 다양한 형태의 경영은 인류의 책임이다. 인공림은 증가하는 목재수요를 위해 기여하지만 현재 지구전체 산림면적의 3%에 지나지 않는다. 새로운 산림형태는 산업용 목재의 공급을 위해 중요한 역할이 기대된다.

인공림의 집약경영

다음 20~30년 동안에는 공익에 대한 인식이 커지기 때문에 목재산업과 임업에 대한 도전이 예전보다 더욱 크게 되고, 현재는 상상할 수도 없는 도전을 맞게 될 것이다. 인간은 현재보다 더 잘 입고, 먹으며, 좋은 집에 살게 될 것이다. 따라서 인류는 예전에 알고 있었던 것보다 생태적으로 더 다양하고 건강한 산림을 원할 것이다.

집약적으로 경영되는 인공림은 위와 같은 인류의 욕구를 충족시키고, 산업용 목재와 함께 에너지를 천연림 대신에 제공하게 될 것이다. 또한 인공림에서 생산되는 목재를 재구성 형태로 사용하는 것이 천연림에서 생산되는 목재보다 장점을 가지고 있다는 것도 알게 된다. 또한 나무에 대한 생명공학의 잠재성은 천연림보다 식재 조건 혹은 수분이 덜 요구되고, 질병이나 곤충에 강한 나무의 인공조림에 더 크다. 따라서 집약적으로 경영되는 인공림은 천연림에 대한 대치가 아니고, 천연림에서 다양성과 생태계의 지속성을 증가시킬 것이다.

산림과 생명공학

산림학자와 생명공학자는 새로운 기술을 개발하여 나무의 생장을 빠르게 하였다. 새로운 나무는 원하는 특성을 가지고 있으며, 매우 빠르게 생장한다. 현재 섬유나 화학제품을 생산하기 위한 목재는 최상의 생장조건에서 3~7년이 요구된다. 그멜리아(*Gmelina aborerea*)는 열대 활엽수로 적당한 위치에서 자란다면 2년 반 만에 흉고직경이 23cm에 이른다. 변종 사시나무는 6년에 21.3m가 되고, 흉고직경이 축구공만한 크기가 된다. 인도네시아에서 자라는 유전공학에 의한 유칼리나무는 1년 만에 11.6m로 처리되지 않은 나무보다 3배 빨리 자란다. 그들은 또한 병균 및 가뭄 등에 이겨낼 수 있는 여러 성질들도 얻었다. 오랜 생장기간의 침엽수 대신에 새로운 산림은 현재 10년보다 짧은 주기로 수확되고 있다. 예로 오레곤의 북부지역에 위치한 예전의 감자농장은 6900헥타르에 변종 사시나무를 천백만 그루 심어 전에 사용했던 이 지역의 침엽수 목재를 대신하고 있다.

유일하게 미국화한 오동나무(*Paulownia elongata* Carolinia)는 활엽수 아종으로 미국 남부지역에서 현재 주목받고 있고. 한때 상대적으로 느리게 자라고 목재 모양도 좋지 않았으나 현재 어떤 사람은 최상의 나무(super tree)라고 부른다. 오동나무는 치수가 안정적이고 가벼워 가구재로 좋고 장식용 몰딩과 단판을 만드는데도 사용된다. 뉴질랜드, 오스트레일리아 및 칠레 등에서는 라디에타 소나무 인공림이 있다. 캘리포니아의 북부지역에서 자생하는 라디에타 소나무는 원산지에서는 상업적 이용이 부적당한 것으로 알려졌으나 유전공학이 목재시장에서 세계적 수준의 경쟁력이 있는 나무로 만들었다.

나무에 대한 유전공학은 목재부족에 주목했지만 두 가지 점에서 비판이 있다. 유전적으로 개량된 나무는 생산성을 증가시켜 목재수요를 충족시킬 수 있지만, 나무 특성의 조절은 단일 재배의 반복으로 단일 수종의 넓은 산림지역이 될 수 있다. 또한 산업용 산림은 화학비료와 제초제 등의 과도한 사용을 통해 환경에 크게 영향을 미쳐 오랜 기간 계속되면 생산성이 떨어질 수도 있다. 경제적 압력과 함께 환경적 고려는 산림경영인이 더 많은 목재 공급과 더 경제적이고 덜 환경에 영향을 미치게 해야 하는 도전에 직면하고 있다. 이들 문제점은 생명공학으로부터 해법을 찾으려고 할 것이다.

미래에 어떻게 될 것인가는 아무도 알지 못한다. 큰 발견이 이루어졌지만 이는 빙산의 일각이다. 시간이 지나면서 점차 컴퓨터와 같이 편리해지고 쉽게 사용이 가능하게 되며, 복잡했던 기술은 익숙해지고 이해하기 쉽게 될 것이다. 또한 미래에 예상되는 것은 고객이 점차 더 경치, 물, 휴양 및 야생동물과 같은 다른 이익들을 고려하고, 목재공급은 더 작은 나무와 짧은 기간에 수확할 수 있는 나무로 바뀌게 되며, 소비자의 요구는 계속 증가하게 될 것이다. 또한 특수한 공정과 제품에 맞춘 나무가 공장과 시장에서 현실적으로 더 요구될 것이다. 예로 종이생산에 쓰이는 목재는 더 적은 리그닌을 함유할 것이다. 리그닌이 적은 목재는 더 적은 시간, 에너지 및 화학약품을 종이 만드는데 사용되게 할 것이다. 세계적으로 목재 산업은 원료로 더 많은 목재를 요구하게 되므로 이를 위해 유전공학은 새로운 차원에서 이용되게 될 것이다.

목재수요와 산림경영

목재수요의 증가는 목재공급량이 나무의 생장량보다 많아 재활용을 포함하여 대체 공정과 재사용이 필요하게 된다. 산림경영은 경제 혹은 비경제적인 모델 중 하나에 기초할 수 없다. 이는 산림에 대한 선택권이 아니고, 사용과 이익 사이에 균형과 함께 더 많은 이익을 주어야 한다.

시민들은 산림의 중요성을 점차 이해하여 공공적인 논의와 함께 산림계획을 세우고 결정하는 일에 참여하고자 할 것이다. 산주와 산림경영인은 산림이용을 규제하려고 노력하는 시민과 고객의 증대된 기대 및 지구 온난화 등의 환경문제도 고려해야 한다.

11.3 목재산업의 환경변화

목재산업은 예상하지 못했던 변화에 직면하고 있다. 지난 20년 동안 목재산업의 성공은 대부분 마케팅과 함께 재정적이고 정치적인 기술에 의해 이루어진 반면에 미래에는 과학기술에 크게 영향을 받을 것이다. 환경을 생각하는 사람들은 많은 법과 규정들을 기초로 산림소유자와 목재를 원료로 사용하는 제조업자들을 간섭할 것이다. 이들 변화를 인식하고 받아들이는 것이 미래의 목재산업 발전에 기여하게 될 것이다. 소비자는 천연림의 감소에 대한 염려로 경제개발보다 환경보호가 우선이라고 믿는다. 공동체 이익과 산림의 존재 사이에 선택이 주어진다면 산림을 선택하고, 동시에 산림을 생물학적으로 다양하고 생태적으로 건강하게 만들려고 할 것이다. 목재산업은 이들 변화에 긍정적으로 대처하기 위해 변화들을 이해하고 고려해야 한다.

목재산업은 소비자의 많은 기대들을 어떻게 만족시킬 것인가를 고려해야 한다. 이는 분명히 연구와 기술적 변화에 달렸다. 기술적 변화는 생태적 감소 원인보다 생태적 완전함을 유지하기 위한 하나의 해법을 찾게 될 것이다. 여기서는 연구 및 기술적 변화에 우리가 도전하는 근본적인 부분에 대해 알아본다.

인구증가와 경제성장

지구의 인구증가율은 지난 수십 년간 감소되고 있지만 인구의 수는 매년 약 9천만 명이 증가하여 2년 반 동안에 미국 인구, 9년에 인도 인구, 12년에 중국의 인구만큼 증가하고 있다. 분명한 사실은 자원에 대한 압력이 근본적으로 증가할 것이다.

다른 관점으로는 도시의 인구증가가 목재제품의 수요를 증가시킨다. 1990년에 세계적으로 13개 도시가 천만 명을 초과하였다. 2025년에는 26개로 추정되고 세계 인구의 60%가 도시에 거주하게 될 것으로 예상된다. 목재로 만든 제품의 수요관점에서 더 중요한 것은 세계 경제가 인구증가보다 더 빠르게 발전한다. 1950년과 1990년 사이에 세계의 인구는 2배로 증가하였지만 경제는 5배 성장했다.

경제학자와 인구 통계학자의 인구와 경제성장의 추정은 다르겠지만 분명히 세계시장은 성장하고, 경제발전과 함께 높은 삶의 질이 요구될 것이다.

시장과 국제교역

빠른 정보전달은 지구를 아주 작게 만들고, 소비자와 판매자가 즉시 접촉할 수 있게 만들었다. 그에 따른 정보는 다른 원자재, 새로운 제조공정 및 혁신적인 목재제품에 대한 것을 제공한다. 큰 원목으로 제품을 생산하는 시대는 지나가고 원목은 더 작게 되며, 수종은 덜 중요하게 된다. 목재는 원료로 도시 폐기물과도 경쟁할 것이다.

빠른 정보전달과 함께 국가간에 제품의 자유로운 교역이 이루어진다. 육상, 해상 및 지상으로 운송은 결코 싸거나 편리하지 않다. 관세나 정치적 영향이 아닌 소비자가 가격과 제품의 상세한 기준에 의해 선택할 것이다. 어떤 나라들은 국제교역의 확대를 강력히 요구할 것이고, 또 다른 나라들은 무역을 더 보호하게 될 것이나 교역확대에 대한 역행할 수 없는 경향이 있다. 정부의 보호무역 정책은 자유무역으로 이익을 얻는 다국적 기업의 증가로 방해받게 될 것이다. 교역의 균형개념조차 국제교역의 1/3 이상이 내부의 협력에 의해 복잡하게 된다. 즉, 한 나라의 공장 A는 다른 나라의 B에 자회사가 되고, 이러한 가능성은 국제교역에서 자원과 제품의 이동을 증가시키며 지속적인 경제성장의 목표를 이루려고 한다. 국제무역의 증가와 함께 많은 나라에 분산투자의 중요한 결과로 중간계층의 이탈이 일어날 것이다. 중간계층의 이탈은 국제교역의 성장과 함께 더 확대될 것이다.

목재산업은 제품과 서비스의 자유로운 유통으로 빠르게 국제적인 산업이 될 것이다. 가격과 수요의 변동은 증가되는 원자재 선택, 소비자의 요구를 충족시킬 수 있는 생산기술 및 소비국과 생산국의 변화된 경제 여건에 의해 조절될 것이다. 가격변동이 일어나지만 오래 지속되거나 급격히 일어나지는 않을 것이다. 종이, 제재목 및 보드 시장에서 한 지역의 수요는 다른 지역의 과잉 생산능력에 의해 균형을 이루게 될 것이다. 가격은 더 안정될 것이고 제품들과 국가들 사이에 일반적이 될 것이다. 그러므로 기업은 세계적으로 생각하고 행동해야 한다. 경쟁은 시장과 원료가 지역적이라도 국제적이 될 것이다.

소비자의 선택

과거에 목재제품을 구입하는 사람은 취향과 겉모양에 기초하여 선택했다. 균일한 목리와 결함이 없는 목재를 생산하는 침엽수와 활엽수가 한 때 모든 원료를 제공했다. 선택은 몇 개의 바람직한 수종, 즉 큰나무와 고운 목리를 가진 수종의 목재로 좁아졌다. 겉모양은 중요하지만 가격을 상승시키고 큰나무에 대한 부정적인 견해가 소비자의 취향을 사정없이 파괴한다. 소비자는 환경적으로 지속이 가능한 재료로부터 만들어졌는가에 대해 알기를 원하고 전통적인 목재로 만든 제품의 가격에 충격을 받을 것이다. 새로운 도장방법 및 제재목과 복합재료 사이에 선택의 증가는 가격을 낮추고 선택의 기회를 늘린다. 새로운 제품과 공정에 만족하는 소비자는 더 이상 특정수종의 제품을 원하지 않는다. 특정제품을 고집하는 사람은 그 만큼의 대가를 지불해야 하고, 예전의 제품 선택기준은 영원히 사라질 것이다.

산림은 목재산업의 원료 공급원이었고, 목재는 계속 중요한 자원으로 남아있겠지만 목재산업은 세계적으로 증가하는 쓰레기의 문제해결에도 참여하게 될 것이다. 최근에 폐 목재와 폐 종이는 '제 4의 산림' 이라고도 한다. 생산되는 양으로 볼 때 제 4의 산림이라고 부르는 것은 의미가 있는 일이다. 1993년에 미국 내에서 5600만 톤의 폐 목재와 폐 종이가 매립되었다고 한다. 이는 1990년에 국유림에서 생산되는 나무벌채양의 3배에 달한다. 나무와 목재가 이산화탄소의 저장소라는 인식의 증가는 오래되고 폐기된 목재제품이 새로운 제품의 원료로 원자재의 비용을 절감시키고 탄소저장소에 대한 보호를 위해 재활용될 것이다.

제조공정의 변화

대량생산은 큰 공장의 긴 제조라인에서 생산할 때 가능하다. 대량생산은 또한 생산라인에서 생산되는 물건이 거의 같을 때 가능하다. 이는 가격을 싸게 하여 많은 사람이 차, 집 및 가구 등을 갖게 하지만 대다수가 이웃과 매우 비슷하게 된다. 설계와 제조 공정의 컴퓨터응용은 더 작은 제조공장의 효율을 증가시키고, 큰 공장은 생산하는 물건의 다양성을 증가시킨다.

하지만 목재제품의 다양성은 다른 제품에 비해 뒤처지고 있다. 예로 미국에서는 거의 모든 주택이 거의 같은 목재제품으로 건축된다. 예를 들면 건축에는 2인치(5cm) 두께에 4인치(10cm) 폭과 길이가 8피트(2.4m)인 판재와 함께 4피트(1.2m) 폭과 8피트(2.4m) 길이의 합판이나 파티클보드가 사용된다. 다른 나라들 또한 표준제품을 충분히 생산하고 있지만 사회에서 요구하는 변화에는 보조를 맞추지 못하고 있다. 주택건설에 목재제품들이 중요한 역할을 계속할 때 이들 제품의 변화가 가까운 장래에 이루어질 것이다.

미래에 산림과 공장에 큰 돈을 투자한 회사는 투자자로부터 많은 어려운 요구에 직면하게 될 것이다. 사업의 확장이 판에 박히지 않은 원료로 새로운 제품을 생산하는 벤처기업에서 일어날 것이다. 도시의 쓰레기를 사용하는 공장은 새로운 기계로 산지에서 생산하는 공장보다 더 많은 이익을 얻게 된다. 변화와 투자의 증가는 큰 기업이 실적을 개선하기 위한 사업을 찾게 할 것이다. 많은 이러한 산업은 대도시 지역에 위치하고, 시장의 크기가 공장의 크기에 영향을 줄 것이다.

에너지수요의 변화

1970년대는 기름값이 국제시장에서 배럴당 50달러에 접근해서 많은 노력들이 에너지절약에 기울여졌다. 선진국들은 제조업과 운송의 에너지 효율 개선에 특히 많은 노력을 했다. 하지만 기름값이 배럴당 17달러에 접근하면서 에너지절약에 대한 열정은 감소하였다. 또한 아시아에서 석유

소비가 연간 5% 증가하여 현재는 아시아의 태평양지역이 북아메리카대륙의 에너지소비를 능가하고 있다. 미래학자들에 의하면 선진국들에서 소비가 증가하지 않아도 1인당 에너지 소비량은 2025년에 1990년의 66%로 예측되지만 같은 기간에 나머지 나라들의 에너지소비는 160% 증가한다.

화석연료의 소비와 대기 중에 이산화탄소 등의 농도 증가는 최대한 억제될 것이다. 대부분의 에너지가 화석연료로부터 얻어지고 에너지의 과다사용이 대기 중에 이산화탄소양을 증가시키므로 에너지 절약형 공정에 대한 연구가 필요하다.

11.4. 미래의 목재산업과 기술개발

미래에는 목재산업에 대한 기술적인 변화 요구가 과거보다 더 커질 것이다. 소비자의 기대가 더 커지고 경영이 가능한 산림면적이 줄어드는 것은 산림과 목재산업에서 기술개발의 필요성을 크게 한다. 미래의 목재산업에서 가장 중요한 것은 지속가능한 산림으로부터 얻은 목재자원을 더 효율적으로 제품을 생산하는 것과 재료로서 환경과 친화력이 있어야 한다는 점이다. 다른 재료에 대해 경쟁력을 유지하기 위해 목재는 더 치수가 안정적이고, 불에 잘 견디고, 더 강하며 쉽게 결합하고 모양을 만들 수 있도록 노력했다. 예전에는 덜 선호되었던 수종과 작은 나무를 이용하는 방법도 찾았다. 지금은 다른 재료와의 경쟁력보다 보완되어질 아이디어를 찾을 필요가 있다. 목재는 공장에서 생산된 값싼 표준제품으로부터 모양을 쉽게 만들 수 있고 미생물에 의해 분해가 될 수 있는 목재제품으로의 사용이 요구될 것이다. 따라서 특정수종의 목재가 덜 요구되고, 인공림으로부터 목재가 더 효과적으로 공급될 것이다.

환경에 대한 인식이 커지면서 제품의 생산 및 디자인에 새로운 추세가 나타나고 있다. 이 개념은 보수, 유지 및 해체가 용이한 제품 및 디자인 개발로 모든 제품에 적용할 수 있다. 제품은 각 부품을 쉽게 재이용하고, 보수할 수 있으며, 수명이 다했을 때 쉽게 재활용될 수 있도록 설계되어야 한다. 이는 재료와 부품의 사용기간을 연장하여 폐기물을 줄일 수 있는 기회를 제공함으로 목재의 이용에 많은 영향을 미칠 수 있다.

미래의 목재산업은 생산성 향상, 수요확대 및 투자 효율을 고려하고, 지구환경보존이라는 인류생존의 기본 목표를 가지고 전환해야 한다.

사회 환경의 변화에 따른 목재산업

각종 폐기물이 지구의 생태계를 위협하고 있다. 오늘날 산업은 이러한 문제를 해결하면서 환경친화적인 기술로의 전환을 모색하고 있다. 목재는 환경친화적인 재료의 이미지를 가지고 있지만, 목재산업의 종류에 따라서 환경에 나쁜 영향을 미치는 경우가 있는 것도 사실이다. 이에 대응하기 위해 10대 공해산업으로 알려져 있는 펄프제지 산업에는 차세대 펄프 표백기술을 개발하여 적용하고, 또한 생물학적 보존기술의 개발을 통해 환경친화적인 이용체계를 구축하는 일이 중요하다.

오늘날 기술개발에 대한 필요성은 예전보다 더 절박하다. 과거의 벌채와 생산공정에 대한 기술개발로부터 어떻게 하면 더 좋은 품질의 목재생산과 함께 더 빠르게 환경적으로 전환할 것인가를 고려해야 한다. 하지만 미래의 목재산업은 인공림, 목재 폐기물 및 다른 원료의 사용이 증가된다. 유전적으로 우수한 수종으로부터 선별된 목재가 예전의 산림에서보다 더 많이 생산될 것이고, 폐 종이와 건설 폐 목재 등은 전통적인 산림과 새로운 인공림에서 생산되는 목재를 보완할 것이다. 새로운 제품은 기존 제품과 같은 특성이거나 크게 개선될 것이다. 성공적인 제조업자는 원자재 가격, 생산비 및 운송비의 절감 등을 위해 더 기민하게 움직일 것이다. 운송비 및 배달의 신속성과 정확성이 성공에 중요한 열쇠가 될 것이다.

자본은 생산설비를 위해 사용되고, 자본의 실용가치가 중요하게 고려되며, 창의적이고 노력하는 사람은 경쟁력을 갖게 될 것이다. 미래에는 자본이 충분하고 더 기술적으로 진보된 시설을 가진 회사가 더 크게 되지 않고, 값이 싼 원료의 사용과 현대화된 설비가 생존을 보장받지 못할 것이다. 원료의 재활용 및 소비자의 욕구는 더 빠른 변화를 계속 요구할 것이다. 목재산업은 제품보다 고객에 더 의지하게 되고, 원료의 선택 등은 연구개발의 노력으로 이루어질 것이다.

목재산업의 원료 변화

목재는 인류에게 꼭 필요하고 일반적으로 이용되어 목재공급에 대한 확실한 정보와 목재수요에 대한 예측의 중요성이 증가하고 있다. 목재는 예전에는 고갈되지 않는 자원으로 생각되어왔다. 미국에서는 산림의 대부분이 2번에서 3번의 벌채가 이루어져 광물과 같았다면 목재가 완전히 고갈되었을 수도 있다. 목재가 불가사의한 것은 갱신이 가능하다는데 있다. 또한 가장 중요한 사실은 목재 이용방법을 개선하는 것이다. 목재를 재사용하는 것이 목재를 최상으로 이용하는 것이다. 목재는 목재산업의 중요한 원자재이고 또한 미래에도 중요한 원자재일 것이다. 하지만 많은 변화가 제품과 공정에서 일어나고 있고, 목재의 재활용은 꾸준히 증가하여 현재 50%에 이르고 있다. 오늘날 사용되는 모든 형태의 물질에 대한 재활용은 필수이다. 제조업자는 재료의 확대, 고객은 싼 가격에 더 많은 선택과 환경에 대한 이익을 얻는다. 원료, 공정 및 제품에 대한 경향을 아는 사람은 미래의 공급 및 시장에 대해 더 잘 이해하게 될 것이다.

목재는 수요의 증가와 함께 벌채 제한으로 공급부족이 예상되어 가파른 가격상승이 예상된다. 수요와 공급의 위기는 단지 하나의 문제이고, 또한 환경문제가 고려되어야 한다. 산림은 기후 보존이라는 가치가 있는 역할을 하고, 목재산업은 이중의 도전에 직면하여 삶의 질을 좋아지게 하고 지속시키면서 목재로 만든 제품의 증가되는 수요를 충족시켜야 한다. 따라서 목재산업은 목재를 재활용하고 환경친화적인 대체 원료의 사용으로 산림에 대한 의존을 줄여야 한다.

목재는 5번까지 재활용이 가능하다. 지붕재료에는 현재 수요의 40%만 원목으로 사용되게 줄이려고 한다. 지붕 트러스, 덮개 및 서까래는 재활용 목재로 만들 수 있어 제재목을 대체할 수 있다. 재활용 종이의 목섬유는 지붕 펠트에 적합하고 목섬유는 지붕 타일용으로 만들기 위해 콘크리트와 혼합할 수 있고, 갈기갈기 찢어진 목섬유는 플라스틱 쓰레기와 혼합하여 좋은 단열재로 만들 수 있다. 이러한 개선은 시작 단계로 중밀도 섬유판 공장에서는 폐 목재 사용에 큰 진전이 일어나고 있다. 미국의 한 목재회사(Willamette 사)는 폐 목재 이용의 개척자로 지역에서 이용이 가능한 폐 목재와 함께 침엽수 목재 칩과 제재소 및 단판의 부산물을 이용한다. 공장은 생산될 제품에 적당한 원료로 폐 목재를 처리하는데 비용이 적게 드는 방법을 고안하는 것이 필요하다. 물질을 미리 분류하고 오염된 물질은 선별하여 연료 등 다른 용도로 사용한다.

공장은 소비자에 더 가까이 위치하고 환경친화적인 현대적 시설로 설계된다. 값싼 원료는 여러 형태를 가지고 있고, 값싼 운송비와 환경친화적인 제품으로 세계 시장에서 중요한 경쟁자로 나타날 수 있다. 옛날 공장, 주택과 다른 구조물로부터 나온 폐 목재는 다시 새로운 제품으로 만들어진다. 밀짚 또한 보드를 만들 수 있다. 최근까지 밀짚은 쓸모없는 것으로 생각되어 왔으나 밀짚의 성분은 일반적으로 사용되는 침엽수 및 활엽수의 목재성분과 비슷하여 셀루로즈가 42%, 헤미셀루로즈가 36%, 리그닌이 22%이다. 1990년대 초에 노스다코타에서는 밀짚을 사용하여 파티클보드의 일종인 프라임보드(PrimeBoard)를 만들어 사용하기 시작했다.

전통적인 원료는 감소하고 폐 목재의 양이 증가하므로 소각로와 쓰레기장으로부터 고객이 요구하는 제품을 만드는 방향으로 전환해야 한다. 대체 원료를 찾고 이들 원료를 사용하는 제품은 목재를 사용하는 것보다 제품생산에 더 많이 노력하게 된다. 밀짚과 도시의 폐 목재는 일반적으로 가격이 싸고 환경을 생각하는 고객에게 더 큰 매력을 주며 경쟁력이 있는 겉모양과 물리적인 성질을 제공할 것이다. 미래에는 새로운 의미, 새로운 재료 및 새로운 공정이 목재산업을 새로운 방향으로 이끌 것이다. 직경이 큰 활엽수와 침엽수 원목으로 생산된 제재목은 희귀해지고 가격이 비싸지기 때문에 직경이 작은 활엽수 및 침엽수 원목이 많이 이용되게 될 것이다.

목재산업의 제품 변화

산림의 현명한 이용에 대한 노력 없이 인류는 다양한 목재제품을 가질 수 없었을 것이다. 1세기 전에 건축업자는 목재의 원래 형태대로 건축에 사용했다. 현재의 가공방법들은 건축가와 공학자에 의해 원하는 크기와 모양으로 목재를 생산한다. 큰 패널과 성형된 보, 기둥, 관 및 곡 부재들이 모두 이용가능하다. 재구성 제품에서 목재 성분들의 재배열은 팽창과 틀어짐 및 수축에 얽매이지 않게 했고 필요한 기계적 특성도 주었다. 현재의 가공방법들은 소량의 화학약품 첨가에 의해 목재에 내화성을 주었다. 썩게 하는 유기체의 생장에 필요한 성분들의 제거로 독성물질의 첨가 없이 목재는 곤충과 부패하게 하는 유기체들의 공격으로부터 보호된다.

미래에 대부분의 목재제품은 더 이상 원목으로 만들어지지 않고, 예전에 사용된 목재의 재활용과 한번 사용된 목섬유로 만든 제품이 원료에 포함된다. 외피와 낮은 등급의 목재가 화학제품을 생산하는데 사용되고, 이들 변화와 함께 목재회사들은 경쟁력을 유지하기 위해 제품을 크게 변화시킨다. 제재목은 패널 및 복합재가 대신하고 상자, 보트 및 주택들은 필요한 특정기준에 맞춘 제품을 요구한다. 제재목은 필수품으로 한때 시장에서 판매되었으나 대부분 사라질 것이다. 목섬유와 접착제를 사용하여 만든 제품이 특수한 목적을 위해 더 복잡하게 분류되고 제조될 것이다.

공학목재산업

공학목재는 제재목, 단판 및 다른 목재 성분들을 서로 접착하여 만들어진다. 이렇게 생산된 목재는 더 강하고 다양한 성질을 가지게 될 것이다. 제품의 또 다른 특성은 무게, 취급의 용이성 등이 있다. 특정한 목적에 맞는 공학목재가 건축가와 건축업자의 폭넓은 기준에 충족되고, 고객은 가격, 성능 및 취급이 어렵지 않아 더 이익이라는 사실을 알게 된다. 또한 소비자는 직경이 작은 원목으로부터 생산된다는 사실에 더 선호하게 되어 공학목재산업에서는 제재목을 대체할 수 있는 구조용집성재와 구조용패널 등을 생산한다. 구조용제품은 목재자원을 보다 효율적으로 활용하는 방법을 제시하고 있다. 이들 제품은 과거에 저급재로 활용하거나 폐기되던 것을 변이가 적고 고급인 구조용재로 이용할 수 있게 되어 미래에는 더욱 많은 용도로 사용될 것이다.

구조용집성재는 또한 큰 제재목의 구조적 한계를 극복했다. 1960년대와 1970년대에 구조용집성재는 계속 발달했고, 1980년대에는 새로운 구조용집성재로 만든 다리가 소개되었다. 경제적인 관점에서 목재는 사용기간을 기준으로 가치를 비교하면 경쟁력이 있다. 목재는 어떤 기후 조건에서도 건설될 수 있고, 설치하는데 특수한 장비가 요구되지 않으며, 고도로 숙련된 기술자들 없이 건설할 수 있고, 특히 주변 환경과 조화되며 자연적인 모습을 제공한다. 따라서 목재다리들은 미국 등 선진국들에서 주목을 끌고 있고, 다리의 재료로서 공학목재에 대한 새로운 관심이 일어나게 했으며, 많은 목재다리가 매년 건설되고 있다. 구조용패널(LVL)은 구조용집성재와 비슷하게 목재 단판과 접착제를 사용하여 만든 복합재이다. 처음으로 사용된 것은 2차 세계대전 중에 비행기의 프로펠러를 제작하기 위해서였고, 최근에 구조용으로 응용되기 시작하였다. 목재로 만든 I-보는 수평재에 제재목이나 구조용패널을 사용하고 합판이나 OSB를 수직재로 사용한다. 목재로 만든 I-보는 제재목 대신에 마루 제작에 많이 사용된다. 이는 더 긴 스팬길이, 더 큰 휨강도와 강성도 및 설계의 유연성에 있다. 균일한 강도와 강성도 및 무게가 가볍다는 사실은 주거용이나 상업용 건물의 마루 장선이나 서까래에 매우 적합하게 한다. 목재로 만든 I-형 장선이 강철로 만든 장선 대신에 여러 용도로도 사용이 가능하며, 아직은 초기 단계에 지나지 않지만 짧은 스팬길이의 목재다리는 용도에서 전망이 밝다.

지금까지는 목재를 구조용으로 사용하는 것을 크게 망설였다. 이는 아마 목재 사용의 가장 큰 장애물로 재료의 성능과 설계에 관계된 지식의 부족 때문이었다. 철이나 콘크리트와 같은 다른 재료에 대해서는 잘 교육을 받았지만 대부분의 구조 설계자들은 목재에 대한 같은 수준의 지식이 부족했다. 목재가 다른 재료처럼 주목을 받지 못한 이유는 다음과 같을 것이다.

철강/시멘트와 목재 사이에는 가장 기본적인 차이가 있다. 철강/시멘트 회사들은 하나의 큰 기관을 형성하여 필요한 연구를 하고, 그 결과를 발표한다. 이는 회사 수가 상대적으로 적기 때문에 가능하다. 미국에서는 생산되는 강철의 약 90%를 3개의 회사에서 생산한다. 시멘트를 생산하는 회사는 약간 더 많으나 목재산업과 비교하여 상대적으로 수가 적다. 목재는 많은 작거나 큰 제재소에서 생산되고, 제품 또한 여러 수종으로 더 다양하다. 모든 잠재적인 시장과 경제적인 장점으로 다리 등의 구조에 성공적인 목재이용을 위해서는 목재의 기본 성능과 디자인에 대한 기술자들의 교육, 새로운 구조 체계의 개발을 위한 협동연구와 사용자들에게 디자인, 건설 및 유지 보수에 대한 정보를 널리 보급하기 위한 효과적인 기술 전달체계의 개발이 필요하다.

목재화학산업

목재화학산업은 목재의 주성분인 셀룰로스와 리그닌을 화학제품으로 이용하기 위한 공정들의 출현과 함께 시작되었다. 셀룰로스 섬유는 거대한 분자로 된 체인이나 목화의 셀룰로스와 같은 중합체로 구성되었다. 가장 큰 중합체 부분은 레이온이나 인조견사, 에스테르로 변환되고 이들은 차례로 폭약, 플라스틱 및 래커로 재구성된다. 셀룰로스는 화학적으로 당 및 알코올로도 변환되고, 그 다음에 화학제품이 된다. 식용은 물론 비식용 당이 알코올이나 단백질의 이스트 제조에 사용된다. 이들 공정들이 오래전에 알려졌지만 최근까지는 결코 완전하게 이용되지 않았다. 현재는 촉매제의 출현으로 목재에 압력과 열을 주기적으로 가해 빠르게 직접 기름을 생산한다. 또한 석유로부터 예전에 생산된 플라스틱, 자동차 연료 및 많은 다른 화학제품이 목재로부터 만들어지고 있다.

목재의 25~30%를 차지하고 있는 리그닌의 성질에 대한 이해는 목재화학의 지식을 발전시키는데 결정적이었다. 중요한 연구결과로 목섬유를 연결하는 이 플라스틱 물질은 목재로부터 분리시킬 수 있게 되었다. 셀룰로스 펄프화 산업의 부산물로서 리그닌은 플라스틱과 석유 이후의 많은 화학산업을 위한 기본 물질을 제공할 것이다. 목재구조 내에서 리그닌구조를 변화시켜 휘거나 모양을 내고, 늘리거나 압축에 의해 목재는 금속과 같이 되고 무늬를 눌러서 찍거나 플라스틱과 같이 성형할 수 있게 될 것이다.

목재산업의 인간, 제품, 공정 및 디자인을 다루기 위한 복잡성과 기술

미래의 목재시장은 인간, 제품 및 공정을 취급하기 위해 증가되는 복잡성과 기술을 반영시킬 것이다. 종종 복잡하고 혼란스런 정치적이고 기술적인 문제점들 사이에 상호관계는 노련하고 융통성이 있는 사람들조차 도전을 받을 것이다. 인류는 더 많은 것을 기대하고, 많은 회사들은 경제적 · 기술적인 변화의 도전을 극복하기 위해 많은 투자를 한다. 목재산업은 어떻게 하는 것이 최상인가에 대한 답은 많고 여러 가지이다. 중요한 것은 다음과 같다. 생각의 변화가 하나이다. 만약에 다른 사람과 같은 방법으로 실행에 옮긴다면 실패하는 것이 당연하다. 자기 자신이 유행을 볼 수 있다면 이미 너무 늦었고, 자신 스스로 변화를 주도하고 변화해야 한다. 자기 자신은 변화를 생각하고 찾으며 다른 직원도 변화를 찾을 수 있도록 격려해야 한다. 둘째는 다른 곳으로부터 지식을 찾는다. 공정에 대한 지식은 주변의 기술과 목재산업의 지식으로부터 찾을 수 있고, 다른 사람과 분야로부터 얻을 수도 있다. 지구상의 다른 산업 및 문화와의 접촉은 예상하지 못했던 지식을 얻을 수 있다. 지식은 매우 빨리 얻을 수 있고 현재 배우는 것은 두 가지를 제공한다. 하나는 더 많은 지식을 얻을 수 있도록 하고, 다른 하나는 생각하고 분석하는 기술을 제공한다. 산업의 지식과 제품, 기술 및 도전을 어떻게 생각하는가는 변화하고 경쟁적인 환경에서 생존을 위한 필수이다. 외부의 변화속도가 내부의 변화속도를 능가하면 곧 파멸하게 되므로 기꺼이 받아들이고 빨리 조건을 충족시켜야 한다. 공장이 문을 닫는 것은 종종 사업 수행 능력의 부족이지만 계획의 실패 및 변화에 대한 대처 부족이 원인이다.

목재산업에 대한 가능한 정보, 예측 및 가격 동향 등은 상업적이거나 비공식적인 경로를 통하여 풍부하게 얻을 수 있다. 인터넷을 통하여 즉시 얻을 수 있고 언제든지 원한다면 얻을 수도 있다. 하지만 이들 정보는 산업이 받아들일 수 있는 수준의 변수로 받아들일 수도 있으나 종종 그러하지는 않다. 많은 정보와 컴퓨터는 많은 일만을 할 수 있다. 계속해서 진행되는 변화는 지역들과 나라들 사이에 목재로 만든 제품과 원료에 대한 수요 및 가격을 변하게 한다. 시장 변수에 대한 작은 변화는 가격과 수요를 빠르게 변화시킬 수 있고, 이들 변수는 헤아릴 수 없이 많다. 책략은 3개의 중요한 변수, 즉 원료, 판매 및 공장 성능을 고려한 예측과 재정적 모델에 초점을 맞춘다.

민첩성과 저가가 이익을 주는 열쇠이다. 큰 회사는 저가를 원했을 때 큰 공장의 설치가 해답이라고 종종 생각했다. 높은 기술력은 모범이고 많은 생산량은 추진력이었다. 경쟁자는 가격을 낮추기 위해 너무 집착했다. 인구와 소비 경향을 고려해야 한다. 전통적 시장, 제품 및 고객과의 관계는 인구증가와 소비경향 및 목재의 유용성에 따라 변한다. 세계의 지도자들은 무역협약을 통하여 세계를 작은 시장으로 만들었고, 예측이 가능한 생산량, 제조업자와 산림경영인 및 대중의 역할을 변화시켰다. 이들 변화된 역할에 대한 분석은 산림의 이용과 소비경향의 깊이 있는 이해를 제공한다.

목재부족이 급박하게 닥쳐올 것으로 믿어왔다. 사실 목재를 주의 깊게 재사용하고 목재의 이용 및 나무의 생장을 조절하는 한 목재부족은 없다. 1980년과 2020년 사이에 세계인구는 45억에서 74억으로 64%의 증가가 예상된다. 같은 기간에 종이 생산량과 소비는 목재 소비의 좋은 인디케이터로 442% 성장이 예상되고, 목재 패널의 소비는 207% 증가를 예상할 수 있다. 같은 기간에 목재 생산량은 1980년에 29억m^3에서 2020년에 55억m^3으로 증가가 예상된다. 이 수요를 충족시키기 위해 원료를 다시 명확히 할 필요가 있다. 전통적인 목재의 대체재는 고객이 편리한 곳에 위치하지 않고, 원목과 같이 생기지도 않았다. 산업은 이들 새로운 원료를 이용하는 방법과 함께 운반법을 찾을 것이다. 중요한 고려는 가격, 공장으로 운반비, 제품 생산비 및 소비자에게 제품을 운반하기 위한 운반비이다.

기술혁신은 강도 및 아름다움과 실용성에 대한 것이 있다. 예를 들면 가구는 전통적으로 원목으로부터 제작되었다. 대체기술은 같은 아름다움과 실용성을 보일 수 있어야만 한다. 가구부재로 인공림에서 자란 목재를 가운데 넣고 전통적으로 가구에 사용되었던 목재는 0.6mm 두께로 잘라 외부 표면에 접착하여 가구에 아름다움을 제공하게 되므로 더 가치가 있는 나무는 보존될 것이다. 인간의 신체가 변하지 않는다면 아이디어들에 대한 계속적인 과거로의 복귀와 참고가 도움이 될 것이다. 이는 미래에도 변화가 눈에 보이는 겉모양과 다른 인자들에 기초할 것이기 때문이다. 목재에 대한 그리움과 시각적인 따뜻함 등에 대한 인간의 요구는 골동품들과 그들의 복제품들이 그 자리를 차지하게 할지도 모른다. 스타일, 취향, 편안함 및 필요의 궁극적인 판단은 제조자나 비평가가 아닌 소비자들일 것이다. 좋고 나쁘며 추한 디자인들에 대한 인식 또한 항상 있어 왔고, 현재를 포함한 모든 시대와 사회에 공헌했다. 최상도 최악도 아닌 우리가 현재 사용하고 인식하며 내일을 준비한다면 좋은 디자인은 과거, 현재 및 미래로부터 발견될 수 있고, 그렇게 하기 위해 역사를 통한 많은 겉모양에 우선 익숙해져야 한다.

참 고 문 헌

Baldwin, R. F. 1999. Maximizing forest product resources for the 21st century. Miller Freeman Books. San Francisco, CA.

Baldwin, R. F. 2004. Breaking new ground: The forest Industry quest for public acceptance. Forest Products Journal 54(1): 9-14.

Casson, Lionel. 1991. The ancient mariners. Princeton university press, New Jersey.

Culver, H.B. 1992. The book of old ships:from Egyptian galleys to clipper ships. Dover publications, Inc., NY.

Felipe, Fesrnandez-armesto. 2001. Civilization. Touchstone book, New York.

Gazo, R and H.J. Quesada. 2005. Competitive strategies of furniture manufacturers. Forest Products Journal 55(10): 4-12.

Laszlo, Veres and Woodman Richard. 1999. The story of sail. Naval institute press, Maryland.

Lucie-smith, Edward. 1979. Furniture: a concise history. Oxford university press, NY.

Perlin, J. 1989. A forest journey. Harvard university press, Massachusetts.

Pina, Leslie. 2003. Furniture in history. Pearson education ltd., New Jersey.

Rault, L. Musical instrument. Harry N. Abrams, Inc., publishers, NY.

Sachs, Curt. 1968. The history of musical instruments. W. W. Norton & Company Inc., NY.

Schroenauer, N. 2000. 6,000 years of housing. W.W. Norton and company Inc., NY.

Smith, D. C. 2004. The generation and utilization of residuals from composite and panel products. Forest Products Journal 54(2): 8-17.

Spetre, P.H. and David Larkin. 1991. Wooden ship. Houghton Mifflin Co., Massachusetts.

Youngquist, W. G. ad H. O. Fleischer. 1977. Wood in American life. Forest Products research society, Madison, WI.

Whaley, R. S. 1996. The key to the future. Forest Products Journal 46(3): 15-20.

Welsh, Joe, Jim Boyd and W. F. Howes, Jr. 1999. The American railroad. MBI publishing Co., WI.

Willis, F. R. 1981. Western civilization. D.C. Hearth and company, Massachusetts.

Willis, F. R. 1981. Western civilization(II). D.C. Hearth and company, Massachusetts.

찾 아 보 기

목재와 문명

값10,000원

초판발행	2006년 2월 6일
1판2쇄발행	2008년 8월 22일
저 자	차 재 경
발 행 인	이 성 우
발 행 처	국민대학교 출판부
주 소	서울시 성북구 정릉동861-1
전 화	02-910-4243
팩 스	02-910-4030
등록년월일	1975. 6. 17
등록 번호	제6-33호
인 쇄	삼아인쇄사

 ISBN 978-89-7812-084-5 03400